大数据丛书系列之八

总主编◎曾　羽　龙奋杰

大数据采集及存储技术

DASHUJU CAIJI
JI CUNCHU JISHU

主　编◎景亚萍
副主编◎李　欣　贾凤玲

电子科技大学出版社

图书在版编目(CIP)数据

大数据采集及存储技术 / 景亚萍主编. -- 成都：电子科技大学出版社，2017.7
ISBN 978-7-5647-4826-5

Ⅰ.①大… Ⅱ.①景… Ⅲ.①数据采集 – 高等学校 – 教材②数据存贮 – 高等学校 – 教材 Ⅳ.①TP274 ②TP333

中国版本图书馆CIP数据核字（2017）第175984号

大数据采集与存储技术
景亚萍　主编

策划编辑	杨仪玮　李燕芩
责任编辑	杨仪玮　李波翔
出版发行	电子科技大学出版社
	成都市一环路东一段159号电子信息产业大厦　邮编　610051
主　页	www.uestcp.com.cn
服务电话	028-83203399
邮购电话	028-83201495
印　刷	四川煤田地质制图印刷厂
成品尺寸	165mm×240mm
印　张	13.25
字　数	250千字
版　次	2017年7月第一版
印　次	2017年7月第一次印刷
书　号	ISBN 978-7-5647-4826-5
定　价	49.00元

版权所有　侵权必究

序　言

大数据时代背景下，"数据"已经无孔不入地渗透到我们的生活。人们在日常生活和工作中收发邮件和短信、拍照、视频、撰写文稿、计算机绘图及编程，每天都在源源不断地产生大量的数据。这个世界，每时每刻有数以百亿计的电子精灵在产生数据，一个崭新的大数据爆炸时代已来临。本书以大数据与大数据采集与存储来写，以在线课堂"一问一答"的形式，从什么是大数据入手、到大数据的采集与存储技术以及大数据应用发展趋势来阐述，共分为七个章节，什么是大数据、大数据技术概述、大数据采集与处理、分布式存储技术、云数据中心、海量数据挖掘及大数据应用发展趋势与局限。　　本书可用做理学、工学等专业进行大数据数据采集、存储技术学习等相关课程的本科高年级学生教材或教学参考书。

为进一步让其了解大数据的采集与存储技术，在多方支持下，我们编著了这本《大数据采集与存储》，作为本科各专业学生的指导和参考用书。全书由景亚萍主编，贾凤玲、李欣为副主编，参与了各章节的编写及资料收集整理工作。由于编者水平有限，书中不足之处，还请广大读者批评指正，以不断改进。

目　　录

第一章　导论——什么是大数据 ··· 1
1.1　大数据概述 ··· 1
1.2　大数据的本质与特征 ··· 5
1.2.1　大数据的概念 ·· 5
1.2.2　大数据的特征 ·· 8
1.2.3　大数据的认知 ··· 10
1.3　大数据思维的变革影响 ··· 13
1.3.1　大数据思维是什么 ··· 13
1.3.2　大数据对思维方式的变革影响 ·························· 16
1.3.3　大数据对科学研究影响 ··································· 20
1.3.4　大数据对电子商务产生的影响 ·························· 22
1.3.5　大数据对商业健康保险产生的影响 ···················· 24
1.4　大数据的价值与挑战 ·· 25
1.4.1　大数据的企业应用价值 ··································· 25
1.4.2　金融业应用价值 ·· 28
1.4.3　科研创新价值 ··· 29

第二章　大数据技术概述 ··· 32
2.1　大数据关键技术 ·· 32
2.2　大数据与云计算 ·· 40
2.3　大数据与移动互联网 ·· 46
2.4　云计算与物联网 ·· 47
2.5　大数据主要分析平台 ·· 48

     2.5.1　Spark ·· 48
     2.5.2　Hadoop ··· 49
     2.5.3　NoSQL 数据库 ·· 52

第三章　大数据采集与处理 ··· 58
  3.1　数据采集 ·· 58
     3.1.1　采集方法 ·· 58
     3.1.2　采集的基本流程 ·· 61
     3.1.3　采集的关键技术 ·· 62
  3.2　数据处理 ·· 65
     3.2.1　数据处理基础 ··· 65
     3.2.2　数据处理过程 ··· 66
     3.2.3　数据处理工具 ··· 67
     3.2.4　数据处理的关键技术 ·· 71
  3.3　数据采集技术方案实例 ·· 80
     3.3.1　系统整体架构设计 ··· 80
     3.4.2　数据信息的采集提取 ·· 82
     3.4.3　数据采集实例 ··· 83

第四章　分布式存储技术 ··· 86
  4.1　分布式存储技术概念 ··· 86
  4.3　分布式存储类别 ··· 89
     4.3.1　分布式存储分类 ·· 89
     4.3.2　单机储存引擎 ··· 92
  4.4　数据存储模式 ·· 98
     4.4.1　数据模型 ·· 98
     4.4.2　事务与并发控制 ·· 102
  4.5　分布式系统相关概念和性能估算方法 ······································ 108
     4.5.1　异常 ·· 108
     4.5.2　数据分布 ·· 115
     4.5.3　复制 ·· 119

目 录

  4.5.4 容错 ………………………………………………………… 124
  4.5.5 可扩展性 ……………………………………………………… 129

第五章 云数据中心 …………………………………………………… 134
 5.1 数据中心的演变与挑战 ………………………………………… 134
  5.1.1 数据中心的演变 ……………………………………………… 134
  5.1.2 数据中心的挑战 ……………………………………………… 139
 5.2 云数据中心的发展 ……………………………………………… 144
 5.3 分布式云数据中心架构系统平台 ……………………………… 150
  5.3.1 分布式云数据中心总体架构 ………………………………… 150
  5.3.2 数据中心云操作系统 ………………………………………… 156
 5.4 运维管理方案 …………………………………………………… 160

第六章 海量数据挖掘 ………………………………………………… 168
 6.1 大数据挖掘 ……………………………………………………… 168
 6.2 分类算法的应用与技术 ………………………………………… 172
 6.3 数据挖掘过程与结果 …………………………………………… 176

第七章 大数据应用发展趋势与局限 ………………………………… 186
 7.1 适应商业社会的未来趋势 ……………………………………… 186
 7.2 大数据的发展趋势方向 ………………………………………… 192
 7.3 大数据挑战和机遇 ……………………………………………… 193

参考文献 ………………………………………………………………… 201

第一章 导论——什么是大数据

1.1 大数据概述

老师：当今社会，创新创业的源泉是新思想，而大数据带给我们的就是新思想。在韩国的《新华报》曾经出现这样一句话：如果说方块字是我们的第一母语，告诉我们从哪里来，那么大数据就是我们的第二母语，指引我们到哪里去。这个'哪里'就是未来，谁相信未来，谁就能成功①。从今天开始，我们将要一起走进"一问一答"课堂，来共同探讨关于大数据采集与存储的各方面。

今天第一课，我就为大家介绍一下，什么是大数据。

小M：大数据的"大"说的是数据规模大吗？

老师：大数据的"大"一方面是指数据的规模大，另一方面指的是能够实际被使用的数据存储量大。

大家都知道，人类社会产生的数据规模在互联网与电子信息技术不断发展的今天呈指数级增长，根据研究表明，在2020年之前数据规模都会以两年翻一倍的速度增长下去，大家注意，这相当于什么概念呢，2011年的时候，全世界的数据可以装满近300亿个64GB的iPad，而到2020年的时候，需要近6000亿个同样的iPad才能够装满这些数据了。

老师：你们对数据量有概念吗？

齐声：没有。

老师：这些数据量有多大呢，我这样打个比方。人类在最近两年产生的数据量相当于之前产生的全部数据量。

小S：那像我们几乎每周都要用的淘宝，它的数据量是多少哪？

老师：淘宝每天的数据产生量就超过50TB了，50TB的数据相当于50个1024GB，也就是说每天产生的数据，都要我们50台PC才能够存储得下呢？

小X：那大数据是因为交易增多产生的吗？

老师：大数据在现在已经是一个专有名词了，这样来讲，大量新数据源的出现导致了非结构化、半结构化数据爆发式的增长，信息数据的单位有TB、PB、EB、ZB的级别。这些由我们创造的信息背后产生的数据，早已经

---

① 韩国《新华报》

远远超越了目前人力所能处理的范畴，如何管理和使用这些数据，逐渐成为一个新的领域，于是大数据的概念应运而生。

小S：大数据的产生是因为数据增长过快吗？

老师：任何一个新事物或者新概念的出现都是因为出现了对它的需求，主要取决于研究工具科技水平的提升，在大量基础研究、信息系统仿真、互联网、电商等领域的数据的增长量都已经开始渐渐的接近摩尔定律（即每十八个月翻一番）的规律，这些数据都是近几年才产生的，美国IDC则指出，互联网数据每年将增长五成以上，每两年就翻一倍，并且在世界上，百分之九十以上的数据都是产生于最近几年。

要知道，数据并非单纯指人们在互联网上发布的信息，全世界的工业设备、汽车、电表上有着无数的数码传感器，随时测量和传递，有关位置、运动、震动、温度、湿度乃至空气中化学物质的变化等每时每刻都产生着海量的数据信息。

小F：大数据不是最近才兴起的吗？

老师：这当然不是啊，大数据在很早以前就有出现的端倪了，二十世纪八十年代就有人预测到了，并且认为大数据会成为"第三次的新科技浪潮"。从2009年开始大数据这个概念就随着电子商务和云计算的发展而逐渐热门，2012年美国政府为大数据的研究和发展计划投资两亿美元，紧随其后的Google、Facebook、Oracle、IBM、Microsoft Sybase、Intel、EMC等拥有大量数据资源的企业开始推出大数据产品和产品方案，其中比较有名的产品如IBM公司的Info Sphere Big Insights Data分析平台、Microsoft在其Windows Azure上推出的HDInsight Big Data解决方案、Oracle NoSQL Database、EMC的Green plum UAP Big Data Engine等，其中得到迅猛发展的有以GFS、HDFS、Hadoop、H Base、MapReduce、Mongo DB、Storm为代表的一大批大数据开源项目和通用技术。

小S：在科学研究方面产生的大数据很多吗？

老师：是的，在科学研究上，当今任何领域都离不开大量的信息交流处理，特别是在各个大型的科研实验室之间去传递大量的研究信息，打个比方，人类社会发现希格斯玻粒子就进行了大量的数据交流，大概每年在三十六家计算中心之间传输了26PB的数据量，在已经过去的这十个年头里面，能源科学网（Esnet）（注：其连接了超过四十个国家的实验室、超级计算中心和科学仪器）上面的流量每年增加七成，在2012年的时候它的存储升级到100Gbps。

小M：网络产生大数据的数据量应该更大吧？

老师：这就是看各自增长的所需，大数据来自于现代海量的网络信息，

第一章
导论——什么是大数据

无数的设备、企业和个人无时无刻不在产生及获取新的数据，Google每个月需要处理的数据就超过了400PB，其处理的web page数量是千亿级的，同为搜索引擎的百度每天大概要处理六十亿次搜索请求，其存储的网页总量高达一万亿，数据总量接近1000PB；Facebook的注册用户超过美国人口数的两倍，平均每天会上传三亿张照片，生成300TB日志数据；新浪微博的用户们每一分钟都会发出几万条微博，每天都有数十亿的外部网页和接口访问需求。IDC研究表明，当前人类社会的信息总量的单位级数为千万EB，等到2020年，全球每年产生的数据信息将达到35ZB。

随着计算机技术的进步及社交网络的不断成熟、互联网逐步从PC端转移到移动端，越来越多的先进传感设备和智能设备逐步接入网络，这些设备使得人类社会所产生的的数据规模比起历史上任何时期都来得迅猛。

小Y：大数据的发展就目前来讲，具体体现在哪些方面？

老师：就现在伴随着中国经济的迅速增长，大数据成为引领中国经济社会变革的关键，"互联网+"中国制造"一带一路"与大数据一脉相承，催生着中国产业结构与商业模式的变化。

小T："互联网+"到底是指什么？

老师：所谓"互联网+"，是指以互联网为主的一整套信息技术（包括移动互联网、云计算、大数据、物联网等配套技术）在经济、社会生活各部门的传播、应用，并不断促使数据流动释放价值的过程。

小R：基于大数据环境下，"互联网+"的要素构成有哪些？

老师：主要涵盖三个方面第一是"互联网+"之生产要素构成，数据资源。2015年，互联网已经进入新的拐点，"互联网+"开启了大数据时代的大门，大多数的数据都通过互联网进行存储，而不像曾经都散布在个人电脑和机构服务器的信息孤岛上，就是"互联网+"这个时代的特征，在这个时代由于新技术带来的各种基于移动互联网、物联网以及车联网的智能硬件提供了远超PC互联网时代的数据采集能力，使得大数据不断地走进人们的日常生活，并成为各个领域各个行业中的重要生产要素。现在，数据资源正和土地、劳动力、资本等生产要素一样，成为促进经济增长的基本要素。

第二是"互联网+"之生产要素价值，数据应用。随着大数据概念及技术的发展应用，以及大数据产业外部环境的形成，随着数据作为电子商务、金融交易的驱动成分，数据产品的研发更为数据资源的汲取提供了新的渠道。由于"互联网+"的推动，海量数据的积累、交换、分析与运用，极大地促进了生产效率的提高，为充分挖掘数据要素的价值提供了超乎寻常的力量。根据数据研究显示，以"数据驱动型决策"模式运营的企业，其生产力普遍可以提高5%~10%，由此可看出，数据作为生产要素，愈发显示出其价

值增值的优势。

第三是"互联网+"之生产要素流通,数据交互。社交网站与社交软件改变了传统的社交方式,也改变了数据交换的速度与方式,这些改变使得数据这个概念也发生了翻天覆地的变化。"互联网+"使得"云计算+大数据"成为新的生产工具,而数据本身也成为新的劳动对象,在新的数据驱动交易模式下,数据的投入远比物质投入要大,大数据通过互联网对公众公开共享,激发了人们的创新潜力,促进了新创业模式的产生。

小E:听说现在大数据讲"一带一路",这个对我们生活里面的哪些方面有影响啊,老师?

老师:经由物联网和务联网的飞速发展,未来社会的生活肯定会有翻天覆地的变化,最近这三十年来的经济社会发展,为我国积累了巨大的力量,要在这样的情况下保持经济结构的平衡,不能孤立的只靠自己,还得要需要带动周边地区的共同发展,于是,"一带一路"顺势而出带动中国的进一步繁荣,它对我们生活的影响可能主要有三个方面:

一是使得"一带一路"的调研得到更好的结果。因为在大数据的环境下面,数据的处理速度与准确性都得到了全面的提高,这就使得调研的价值飞速提升,在"一带一路"的建设当中,大数据调研可以更好的成为决策的基础和前提。打个比方,我们要建设高铁、港口等一系列的基础设施,那决策过程中就必须思考很多东西,比如说涉及沿线国家和地区的生活习俗和民族风情、经济发展和政治稳定的状况等各种因素都是必须要纳入思考范围的因素,借助大数据手段来进行前期调研,能够得到比传统方式更多的信息。这样中央有关部门就能更好地在"一带一路"上开展公共外交,促进地区的人文交流,保证"一带一路"的顺利进行。

二是大数据助力"一带一路"协调。在大数据时代,资讯高度发达,数据随处可见。可以对数据进行整合,建立"一带一路"的大数据决策系统,将杂乱无章的数据进行整理、处理,通过建模分析、可视化分析等实现数据的价值与意义。通过借助于大数据决策系统,决策高层能够统揽全局,对"一带一路"的事务进行全面协调,通过系统的强大数据分析能力,判断未来的变化趋势,知晓沿线国家的政经动态,审查沿线国家内部的利益纠纷,全面规避"一带一路"建设过程中遇到的风险,有条不紊地推进"一带一路"建设。

三是大数据助力"一带一路"预警。所谓"一带一路"的预警就是要建立可供参考的国家健康形态指标体系,这是需要国家结合长期数据和现有数据由专家协助建立完成的,通过采用大数据技术,预警系统的指标会越来越精确,在此以后将"一带一路"沿线区域的数据输入,再将其与预警系统的指标进行比对。

老师：今天的课程就是这些内容，这第一堂课主要给大家普及大数据是怎么一回事，下次课开始我们大家就要一起来探索大数据的本质和特征。

（tips："一带一路"是"丝绸之路经济区"和"21世纪海上丝绸之路"。它将充分依靠中国与有关国家之间现有的双边和多边机制，以现有有效的区域合作平台，一路借用古代丝绸之路的历史象征，高举和平发展的旗帜，并积极发展和沿着国家的经济伙伴关系共同建立政治互信，经济一体化，文化包容的利益共同体，社会的命运和社区的责任[①]。（"一一路走"经济区开通，承包项目超过3000个。2015年，中国企业"一路走"49个国家直接投资相关，投资增长18.2%。2015年，中国承接"一路走"相关全国服务外包合同金额178.3亿美元，实施金额121.5亿美元，同比增长42.6%，增长23.45%。）

1.2 大数据的本质与特征

1.2.1 大数据的概念

老师：似乎每个人都把大数据挂在嘴边，甚至对许多人来说，大数据是需要考虑的头等要务，因此，有人认为，每个人都已经知道何为大数据，其实不然，尽管大数据有各种各样技术上的定义，但大多数人仍然不确定大数据的大小与常规数据库的大小之间确切的界限，这给介绍和探索大数据的发展，尤其是定义大数据项目参数带来一定困难。我们这堂课将探讨对"大数据"概念的不同解读，大家想一想我们从什么地方开始讲能够比较好讲清楚这件事呢？

小M：我们学什么都要先学历史，才能弄清楚整件事，那么大数据的起源是哪里呢？

老师：1989年，Gartner Group的Howard Dresner首次提出"商业智能"（Business Intelligence）这一术语，什么是商业智能呢，它指的就是把企业经营中产生的各种数据转化成有用的信息，通过对这些信息的分析来帮助企业做出更好的经营决策。这样，企业就将原本那些压箱子底的东西变成了制胜的法宝，提高了企业的竞争力。

怎么样，这样描述大家听起来是不是很熟悉呢？对了，这就是现在大数据所做的事情，但是历史上没什么事情可以一蹴而就，大数据的发展也是渐进的，类似商业智能这样的需求也伴随着技术的发展而逐步演化，随着计算机领域逐渐进入互联网时代，企业能够获取的数据越来越多也越来越多样

[①] 金立群、林毅夫等，《"一带一路"引领中国》[M]，中国文史出版社，2015.10.

化，曾经的数据挖掘技术越来越无法满足需求。所以，新的采集、存储和挖掘数据的方式也随之而诞生，这就是"大数据"。

而为什么用"大数据"这个词语来描述这样一件事呢？在这个主题开始大量被人们研究的时候，很多文章都引用了全球研究院（MGI）麦肯锡在2011年发表的一篇研究报告："Big data：The next frontier for innovation and productivity"（大数据：未来创新、竞争、生产力的指向标）描述，用得多了，大家也就熟悉了，也就约定俗成了"大数据"这样一个表达方法。

小S：那么"大数据"的明确定义是什么呢？

老师：其实"大数据"目前还没有一个明确的定义，不过虽然各个机构或个人对它有不一样的描述，但是对它的内容核心还是存在一个普遍的共识，就是大数据指的是在种类多、规模大的数据中快速获取有效信息。

Wiki百科这么描述大数据："当相关数据规模大到无法用当前的主流工具，在一定时间内获取管理和处理，并且能够成为企业决策支持的信息。"

IDC这么定义大数据："为了更经济的从大容量的不同结构和类型的数据中获取价值而设计的数据处理架构。"

Gartner这么形容大数据："需要新的处理模式才能体现出强烈的决策力、洞察力和优化能力的巨量的、高增长的、多样化的信息[1]。"

业界认为，大数据主要呈现出四个方面的特点：

1. 数据总量大；2. 数据种类多；3. 数据价值率低；4. 数据处理能力快。

小Y：明白了，凡是符合这些特征的，我们就可以称之为大数据吧？

老师：是的，大数据概念虽然描述上各有不同，但归纳其核心无外乎就是大量的混乱的数据集合。大量很好理解就是说数据非常多，难以想象的多；而混乱、就是指的用传统的方式难以采集、加工和处理。这些海量数据既有用，又难用，用好了就能够帮助人梳理出单靠人类难以发现的"数据中的秘密"。

小M：用传统的方式难以采集加工处理，是不是可以这样理解呢？比方来说，现在大部分有关数据的系统所采用的关系型数据库难以管理的数据？

老师：对，这些非关系型的，各种各样的具有复杂结构的数据就是"大数据"所处理的内容了，当然大数据不只是这一个角度的含义，从另一个角度来说，由于数据量的增大，导致对数据的查询响应时间超出允许范围的庞大数据也是大数据。

"大数据"不只是数据的事，一方面它是对信息技术发展的高度抽象和概括；另一方面它也体现了信息技术服务于数据蕴藏的巨大价值。大数据给

---

[1] 方巍、郑玉等，大数据：概念、技术及应用研究综述[J]．，南京信息工程大学学报，2014.10.

第一章
导论——什么是大数据

数据的采集、存储、维护、共享带来了具有研究意义的现象和挑战，但更多的意义是可以去处理、分析并使用大量数据，通过对这些数据的采集、整合和分析，可以发现新的知识，创造新的价值。

小U：大数据从技术层面上，指的是什么？

老师：大数据并不只是存储规模从GB到TB这样简单的数量级增长，更确切的说，大数据是各类数据集合的汇总，包括一些结构化和非结构化数据，一些由物理数据源转换为在线数据集的数据集，以及事务型和非事务型数据库，而且这些数据的来源也是多种多样的，它既包括自产数据，也包括第三方数据，这样的数据集，可以想象肯定是各种各样又没有一致性的。

虽然大数据繁冗复杂，在技术上，规定什么样的数据集才能算作符合大数据的标准难成共识，但在技术领域，还是出现了一种方法，从描述数据特征、衡量数据规模、计算处理大规模数据量三个方面来定义大数据。

2001年，美国Gartner公司（原为Meta集团）的一份报告中对大数据进行了定义，强调大数据必须具备3V特征，即容量大（Volume）、多样化（Variety）和速度快（Velocity）。现在，有机构在3V之外又定义了第4个"V"——价值化（Value），用以强调数据质量价值的重要性。

本质上，大数据是使用现有的技术和工具处理难以解决的数据集，它的大小本是个相对的概念，现在认为"大"的数据未来可能只是"一般"。所以"大数据"的"大"这个修饰语并不是很恰当，它不能够准确的描述出大数据概念的本质。即便如此，大数据还是被认为以TB为单位，而且这通常是指在规定的时间周期内，例如每周数据中心不断流入的或不断增长的数据流。

小Y：这么大量的数据都是怎么来的呢？

老师：大数据有各种各样的来源：各种新的移动设备、各种物理传感器、各种公开信息、各种数据日志等太多方面。比如说我们到了一个地方吃到了个好吃的东西，我们会做什么呀？发微博，发朋友圈，对不对？这些都是数据的来源。

当前，大数据来源虽然多，但还是可以大致分为以下下类型：

1. 人类活动：比如说像微博啊、朋友圈啊、或者是驾驶者的购车记录啊等这些由人类通过自身的各种活动所产生的信息。这些信息一般以文字、图形、视频等方式存在。

2. 计算机系统：比如文件、数据库、多媒体、审计、日志等信息系统产生的数据。

3. 物理世界：在各种设备实验和观察中由传感器产生的数据。

小T：大数据现在的应用多吗？

老师：在现代社会，大数据的应用涉及到吃穿住行的任何一个方面，而且还在以惊人的速度不会扩展，除非人类社会遭受了不可抗拒的毁灭性打击，否则它一定会随着人类的发展而不断发展。随便举几个例子，在电子商务方面，淘宝、亚马逊、当当、天猫这些都是大数据应用的主力军；在互联网应用方面，有百度、腾讯、新浪等；传统行业在大数据应用上也不落后，像零售企业有沃尔玛、Zara，制造行业企业有联想、宝马；人力资源行业有SAP、IBM等。

小W：老师，能够举几个现实生活中应用大数据的例子吗？

老师：这样的例子太多了，我给大家讲几个典型的：

1. 汽车制造商通常会记录驾驶员的常用坐姿数据，并让专家仔细分析后把这些数据用到汽车的防盗系统中去，减少了盗车事件的发生。

2. 某个医疗服务机构运用了IBM最新的沃森技术医疗保健内容分析预测系统，这个系统能够让医疗机构获取大量病人的相关临床信息，再将这些信息运用大数据分析的手段进行处理，以便于更好的掌握和分析病情，分析出适合于病人的药物、或者手术。

3. 在快递行业中利用先进的电子设备对车辆目的地，结合道路状况进行大数据分析，获取最佳行车路线，提高快递配送效率。

4. 零售商通过用户购买商品时留下的消费信息，运用大数据技术分析出顾客是否怀孕。

5. 更为惊奇的是，在美国，用户购买商品时会留下很多的消费信息，折扣零售商恰好能够根据这些消费数据运用大数据技术分析判断出顾客是否怀孕。

1.2.2 大数据的特征

老师：大数据并不只是数据量大，数据量大只是它的特征之一，要理解大数据的内容，不能只考虑数据量。对于大数据的特点，我们上一堂课给大家说过，可以称之为四个"V"。

小M：大数据的四"V"是指什么呀？

老师：大数据的四"V"说的是大数据具有4个关键特征，它们分别是：海量化（Volume），多样化（Variety），快速化（Velocity），价值化（Value），也称4V特征。

海量化，指的就是数据量海量。我们上堂课也讲过，只要是现有的技术难以管理的数据量，我们就算是海量。按现在的情况来看的话，TB以上的数据一般就可以认为是海量化的数据了。IDC最新发布的研究报告表明，随着PC和智能移动设备在全球范围内越来越多，以及互联网访问量、智能感知设

第一章
导论——什么是大数据

备产生的数据暴增，数字宇宙的规模在近两年增加了100%，达到2.8ZB，估计到2020年的时候将达到40ZB。

小M：多样性特征体现在什么地方呢？

老师：数据多样化一般来说体现在两个地方，一方面是数据来源多，有搜索引擎、社交网络、通话记录、传感器、网络日志等[1]；另一个方面是数据格式多，有结构数据，半结构数据和非结构数据。打个比方吧：微博和朋友圈每天都有数以亿计的状态更新，视频网站的视频日上传量也是亿级数据，而我们在交通管理部门及保险公司的交通事故数据量也多到难以计算。虽然在这些种类的数据中有一些是过去就一直存在并保存下来的，但是所构成的总数据量极大，而且微博、视频、交通事故数据这些都有各种不同的特征。

小S：平常经常用到的监控视频数据也是这些种类当中的吗？

老师：当然，监控摄像机的视频数据是其中非常重要的一种。现在很多公共环境里面，像超市、书店这些地方都装备了监控设备，虽然他们安装监控设备的原始目的是为了防止盗窃，但这些视频数据在大数据时代有了更多的用处，美国大型折扣店Family Dollar Stores，以及高级文具制造商万宝龙，都开始尝试利用监控摄像头对顾客在店内的行为进行分析，他们通过对监控数据的分析，找出顾客最想买的东西，然后再把这些东西放到显眼的位置，万宝龙做了这件事以后，它的销售额就提高了20%。

小S：快速化主要指得是速度吗？

老师：是的，是速度，大数据的快速化讲的就是数据分析和处理的速度。

大家想一想为什么快速化是个重要特征呢？要知道在互联网发展到今天这个程度以前，我们的大多数数据都是在自己面前这台电脑上面处理的，当然机构的服务器也姑且算为面前的电脑吧，既然是面前这台电脑，能处理的数据规模就比较小，与其他数据的交互也少，而现在网络已经足够发达了，大量的网络交互带来了数据的快速动态变化。

据相关数据统计，早在2013年，每秒钟人们就发送290万封电子邮件、亚马逊处理72.9笔订单；每分钟人们在YouTube上传20小时的视频；每天每个家庭要使用375MB，每月人们总共在facebook上浏览7000亿分钟[2]。日本的便利店在24小时内产生的POS（Point Of Sales）数据，电商网站中由用户

---

[1] 严霄凤，张德馨. 大数据研究[J]. 计算机技术与发展，2013（4）：1-5. YAN Xiao feng, ZHANG De xin. Big Data Research[J]. Computer Technology and Development, 2013（4）：1-5.

[2] 李鹏，大数据时代来了[J]. 北京科技报，2013.01.

访问所产生的网站点击流数据，高峰时高达每秒7000条的Twitter推文，日本全国公路上安装的交通堵塞探测传感器和路面状况传感器等，每天都在产生着庞大的数据，无法快速的处理，就相当于不能够处理。

小X：那么价值化，指的就是有价值的才算吗？

老师：并不是这个意思，虽然价值化的确是指大数据的价值巨大，但是其价值密度却是很低的，虽然在这个大数据时代数据量呈指数级增长，但隐藏在其中的有价值的信息比例却没有同步上升，那么在海量的数据中获取有价值信息的难度就更高了，打个比方来说，在百亿条数据中，可能只有少数对数据分析有价值，所以价值化，指的是要在大量的无价值数据里面挖掘出有价值的。

1.2.3 大数据的认知

老师：前面讲了大数据的概念与特征，不知道同学们有没有理解，那我们如何认知大数据哪，今天从四个主要方面来探讨。

1. 如何解读大数据：3个发展趋势、6种商业模式；
2. 以数据资产为核心，演绎各类商业模式；
3. 围绕数据资产，产业间的融合与分立；
4. 泛互联网化积累数据资产，形成竞争壁垒。

小R：在企业界是怎么看待大数据的呢，怎么分辨哪些才是真正做大数据的呢？

老师：要识别出哪些是真正利用大数据创造价值的企业很有难度，所以其实资本市场对大数据的态度比较中立，如果没有关于大数据的完整的理论认识和实际经验，是很难洞悉分明的。

我倒是认为围绕数据和最终用户能够有三个方面比较好的证明企业在利用大数据创造价值，就是"三大发展趋势、六种商业模式"里的三大发展趋势：

1. 让数据变成资产，强调数据战略意义。
2. 在数据运用层面进行行业垂直整合，大量收集用户数据来理解用户需求，帮助提供能好的服务。
3. 建立泛互联网化的硬件设备和应用软件，驱动飞轮效应来获取用户的行为数据。

小Q：那六种商业模式是什么呢？

老师，围绕数据资产，考察不同行业的盈利方式和经营策略，归纳总结了基于大数据的六种商业模式：

1. 租赁数据模式：所谓租赁数据模式，就是指将精心收集过滤的有价

第一章
导论——什么是大数据

值的数据销售或者出租给客户,这也就是之前所说的数据资产,根据客户的不同,我们通常认为这种模式有两种不同的类型,其一是像公交运行情况,提示APP的客户增值服务,其二是像大智慧这类,从证交所获得股票交易行情数据这类的第三方数据服务。

2. 租售信息模式:在海量的数据中筛选出大量的有价值信息是很困难的,但是如果将注意力放在某个垂直领域,在这个范围内进行大数据挖掘与分析,辅以专门的营销渠道来进行经营。

3. 数字媒体模式:我们都知道广告市场很大,是很多公司生存的土壤。那么结合大数据、通过获取实时、海量、有效的数据来进行精准营销和信息聚合服务的企业。可能就是未来媒体企业的一种发展方向。

4. 数据使能模式:打比方说就像有些小额信贷公司,通过在线分析企业交易数据和财务数据来核算放贷金额、回收期限。但是,如果缺乏一个海量的数据和有效的分析技术,这类业务很难开展起来。

5. 数据空间运营模式:传统的IDC就是这种模式的代表,很多互联网领域的大厂家都在提供基于这种模式的服务,大数据的概念起来了以后,各家企业很敏感的嗅到商机,开始拼抢数据资源,像国外的Dropbox、国内的微盘都属于开始得早做得又好的代表。基于这种模式的公司有可能成长为数据的聚合平台,盈利模式也更加的多元化。

6. 大数据技术提供商:大数据提供商可能来自于非结构化数据处理领域,从量上来看,非结构化数据远远超过结构化数据,它的未来一定会有很大的作为,比方说在语音处理方面、视频处理方面、图像处理方面都有可能出现新一代高速成长的企业。

小E:数据成为资产,如何进行理解哪?

老师:数据资产可以说是推动产业融合的关键战略资产,因为它是在工业化和信息化之间进行深度融合的关键枢纽。在当前社会,数据可以成为完全独立的生产因素,极有可能成为城市发展思路转换和推动公司转型的新方向,数据、就像是农耕社会的土地,是企业存在和成长的最核心基石。

像Google、Facebook和Amazon作为部分在互联网时代最重要的企业,都积累了大量不同种类的数据资产,Google为全球公共网页建立了最庞大的索引;Facebook积累了全球最庞大的人际关系数据库;Amazon沉淀出全球最为庞大的商品数据库,而这些数据资产类型的不一样,决定了这些企业商业模式和战略选择的不同,而且在互联网时代,他们都可能引领整个产业的发展方向。

这些拥有特别数据资产的企业会以让人难以相信的速度发展,令人惊叹的商业模式,这使得他们具备冲击甚至于颠覆其他行业的让人难以想象的优

· 11 ·

势，未来难以估量。

小T：行业垂直整合又怎么理解呢？

老师：新兴的产业通常都在垂直领域发力，而当产品成熟以后产业链专业分工的创造力就被激发出来了，优势就会逐渐转换，不过在当前这个时期，大数据效应改变了产业竞争格局，比如说在信息产业，行业垂直整合的趋势就很明显。去了解这个趋势可以帮助我们了解很多企业是怎么成长的，所谓三十年河东，处于这种趋势下越接近终端用户就能够在产业链中获得越大的发言权，所以说在Microsoft横了十年以后Apple一飞冲天。

过去大家关注计算机，关注的是它的内部，它的CPU、内存这些东西，而现在买一个iPad大家并不去关心他的CPU有几个核，关心的是什么呢，是直观感觉酷不酷，这就代表着消费者已经开始更加关注来自于自身的需求了，在企业级市场也是一样，现在客户不喜欢听你讲你有什么新功能，但是他们会问你能不能满足他的业务需求。这种趋势可能来自于两个方面的原因，其一是平台软件的同质化，其二是对自己业务更高的关注。

软件同质化是当前一个重要的问题，我们可以观察到，现在基本上所有大型商业软件都有对应的开源软件，而且他们（开源软件）不管从功能还是性能上来说都可以满足绝大部分用户的需求，哪怕是Google和Facebook这种世界级平台，他们的核心技术里面开源软件都占了很大部分，同时开源也进一步加剧了软件的同质化，在这样的情况下，越是拥有客户越是了解客户需求的企业，越能够拥有更大的发展机遇。

小Y：泛互联网化指的什么？

老师：在与行业人士交流的过程中，或在研究中，你会发现研究人员一再强调，大数据不只是一家大型公司的游戏，小公司和传统企业也可以这样做，泛互联网的范式为它提供了一个现实和可行的理论基础。到目前为止，实现大数据的战略也是最好的做法。在泛互联网范式中，强调终端，平台，应用"三"加"大数据"这一"一"，这四个方面可以成为利润的主要来源，但如果你想获得竞争优势，你需要清楚，这主要取决于利润？什么需要补贴？即使在不同的发展阶段，主要利润也不尽相同，根据公司的主要利润来源，可以分为五种简单模式，即强终端模式、强应用模式、强平台模式、强数据模式以及混合模式。

泛互联网范式的标准化，批判了标准化思维的工业时代，指出使用技术手段分散应用程序来满足用户的个性化需求是王道，应用碎片化，只是为了解决产品的标准化和用户个性化服务之间的矛盾，泛互联网内容非常丰富，应用分片的趋势、服务、内容需要碎片化，以适应新的媒体，教育如何满足零星地学习知识的愿望？同时我们需要注意的是，传统企业如果灵活使用基于互联网的范式，往往能够实现意想不到的高速增长。

1.3 大数据思维的变革影响

1.3.1 大数据思维是什么

小M：在现今时代，大数据成为广泛的词汇，很多课程的老师包括网上的一些学习资料都谈到大数据思维，那大数据思维是什么那？

老师：大数据时代带给我们的是一种全新的思维方式，思维方式的改变在下一代成为社会生产中流砥柱的时候就会带来产业的颠覆性变革。简单来说，大数据时代，我们必须用数据的眼光重新审视我们周围的一切，将一切数据化，并且依托数据做出更为有效的决策。

同时在在大数据时代，人们认为数据的方式将在以下方面进行改变：首先，人们将样本数据中的数据转化为所有数据；第二，因为它是全样本数据，人们必须接受混合数据，放弃追求准确性；第三，人类通过处理大数据，放弃对因果关系的渴望，而是关心关系。事实上，伟大的数据时代给人们带来的深刻变化的思维方式远远超过以上三个方面，大数据思维是从自然思维转向智能思维的最关键的转变，使大数据如活力、如智力的"大脑"，甚至智慧。

小S：那关于大数据思维，你讲之后倒是有点理解，有没有我们需要重点认识了解的方面？

老师：这就是后面我要说的，关于大数据，你们一定要有以下两点认识：一是大数据并不在于"大"，而在于"有用"。价值含量、挖掘成本比数量更为重要；二是大数据将改变企业的经营方式，形成基于大数据决策的模式。

小D：平时我们说到创新思维的时候，它涵盖很多思维方式，比如联系思维、批判思维等，那大数据思维涵盖哪些方面的思维方式？

老师：大数据思维概括来讲，主要涵盖四方面：总体思维、容错思维、相关思维以及智能思维，具体思维涵盖的要点，我简单分别做一下介绍：

1. 总体思维。社会科学研究社会现象过去的整体特征，抽样一直是数据采集的主要手段，这是在人类无法获得整体数据信息的无奈选择。在大数据时代，人们可以获得和分析更多的数据，甚至所有的数据相关联，而不是依靠抽样，这可以带来更全面的理解，可以更清楚地发现在样本中不能揭示细节信息。正如肖恩伯格所说："我们总是习惯于统计抽样作为建立文明的坚实基础，就像同一个法律的几何和引力定律一样"。然而，统计抽样只是在技术有限的特定时期，当时存在的一些具体问题，不到一百年的历史，今天的技术环境已经大大提高，在大规模数据分析的时代，就像在一辆马车上骑马一样，我们可以仍然使用样本分析方法，但这不再是我们分析数据的主要方式。换句话说，在大数据时代，随着数据收集、存储、分析技术的突破，我们可以更方便、快捷、动态获取所有与对象相关的数据，而不是为了一些限制，必须使用样本研究方法。因此，思维方式也应该从样本思维转变为整体思维，这可以更全面，立体了解总体情况。

2. 容错思维。在小数据时代，由于收集的信息量相对较少，有必要确保记录的数据尽可能结构化和细化，否则分析的结论将是"直接反对"。然而在大数据时代，由于大数据技术的突破，大量的非结构化异构数据可以被存储和分析，以增强我们从数据获取知识和洞察，另一方面传统的思维精度提出了挑战，5%的数据是结构化的，可以应用于传统的数据库，剩余95%的非结构数据。Schoenberg说"只有接受不准确性，我们才能打开一个从未踏进世界的窗口。"换句话说，在大数据时代，从精确思考到容错思维，当有大量实时数据时，绝对精度不再是追求的主要目标，适当忽略微观水平精度，在一定程度上错误和混乱，但可以更好地在宏观层面上获得知识和洞察力。

3. 相关思维。在小数据的世界里，人们为了分析其内在机理，并试图有限的样本数据，还有就是坚持现象背后的原因和结果的关系的倾向。另一个缺点是，小样本数据是有限的，不反映事物的关系的一般性，在大数据时代，大数据技术使人们得到了很多知识和见解，可以帮助人们看到很多以前不曾注意的联系，也可以掌握以前无法理解的复杂技术和社会动态，我们不需要知道这种现象背后原因的复杂性，只需要通过大数据分析得到它是什么，这就是大数据分析的意义所在，给我们提供新颖且有价值的观点、信息和知识，即我们的思维从因果转向相关。

4. 智能思维。机器的智能化，智能化水平的提高是人类研究的方向，人类进入信息社会，智力水平有了很大的提高，计算机的出现极大推进了人工智能的发展，应该说，人类的智能化水平已经得到很大发展，但始终面临瓶颈，无法得到突破性进展，机器的思维仍然是线性的、简单、自然的物理思维，智力水平还不尽如人意。因此，我们利用大数据将有效推进机器思维方式向自然思维转向的方式，大数据时代的到来，有可能带来的机会，提高了机器的智能，这是最重要的大数据的模式转变的核心内容。大家都知道，为什么人类的大脑是有智能，智慧，就在于它能够进行逻辑判断，收集全面数据，了解和洞察获得关于事物和现象的信息。"智能、智慧"是大数据时代的显著特征，大数据时代的思维方式也要求从自然思维转向智能思维，不断提升机器或系统的社会计算能力和智能化水平，从而获得具有洞察力和新

第一章
导论——什么是大数据

价值的东西,甚至类似于人类的"智慧"。

同时,像舍恩伯格所说:"大数据开启了一个重大的时代转型,就像望远镜让我们感受宇宙,显微镜让我们能够观测到微生物一样,大数据正在改变我们的生活以及理解世界的方式,成为新发明和新服务的源泉,而更多的改变正蓄势待发"。大数据不仅仅改变我们的日常生活、工作方式,商业运行、社会组织的方式,还从根本上改变我们社会生活中存在的"治理难题",使其国际和社会治理更加透明、有效和智慧。

小Y:关于大数据对思维的影响,在现实生活中由哪些变革?

老师:我们平常会接触很多广告,如果你认为浏览网页时看到的、恰好符合你心意的弹窗广告,只是简简单单的企业推广,那么你错了,我们平常会接触很多新品,新衣服、新设备、新彩妆,如果你认为这仅仅是商家的研究成果,那么你想得太简单了,大数据正在用它的方式改变着现代企业的经营模式、智能决策、风险管理等。首先是从改变消费者的思维方式开始,过去的几个世纪里,消费者获得商品信息来源于媒体,比如电视、报纸、宣传册,不同的传播方式都在表达同一个主题—这个商品是好的、适合你的、值得购买的。然而,在大数据的商业化时代,当广告吸引了消费者的眼球,他们接下来做的不是购买,而是对信息的搜集,消费者可以非常便捷地在互联网上搜索到全面的商品反馈信息,比如体验感、性价比、适合人群、负面效果等,这直接导致了消费者更加理性的消费抉择。同时,在我国的消费结构由生存型消费转向发展、享受型消费的大环境下,消费者已经不再局限于商品的使用价值,他们对于自我、创新、潮流、想象力的追求更加具体,对产品的个性提出了更高的要求。过去企业对于产品质量、性能的单一追求已经随着"工业4.0"时代的到来逐渐走到尽头,个性化消费方式正在对企业的固有思维形成强烈冲击。

小T:在大数据思维下,商业化完全被其影响了吗?

老师:这个是相互的,怎么说哪,尽管大数据商业化时代下消费者正在做着更加理性的决策,然而他们依旧是一群被影响的人。正如前文所说,消费者通过互联网搜集商品的反馈信息,这些信息或许来源于其他消费者的真实评价,但不可否认的是,其中的正面信息或许已经被商业企业或数据服务公司效应扩大化,其中的负面信息或许淹没在了正面反馈的海洋之中,消费者正是凭借这些或真或假的信息对商品性能进行衡量,最终反映到是否购买上,但消费者并不能完全被影响,至少在对品牌的追逐中不是如此。在大数据商业化时代之前,品牌在大多数情况下代表着质量、品味甚至层级,然而现在,消费者可以有广阔的途径获取一个非品牌商品的反馈信息,从中做出基于数据的自我判断,因此品牌不再是衡量商品质量的唯一标准。另外,消费者对于个性化的追求也使得他们不再拘泥于热销品牌，各类潮牌的崛起以及原厂、原单、尾货概念的普及正在悄悄改变着消费世界的原有规则。

1.3.2 大数据对思维方式的变革影响

老师：与小数据时代时人们的思维方式相比较，大数据时代显然发生了巨大的变革，今天我们谈一下大数据对思维方式有哪些影响趋势？

小M：大数据思维是进行数据预测的思维方式吗？

老师：这是其中的一种方式，就是用数据看未来，这种预测性思维方式的变革，简单来说，大数据时代，我们必须用数据的眼光重新审视我们周围的一切，将一切数据化，并且依托数据做出更为有效的决策。就像维克托·迈尔一舍恩伯格所说："每天早上起来想一下，这么多数据我能用来干什么，这些价值在哪里可以找到，能不能找到别人以前都没有做过的事情。你的想法和思路，是最重要的资产。"

小S：它具体表现在哪里？

老师：我们知道，预测大数据，我们的数据不仅是先进的数据分析技术，巨量的数据与其的结合给我们带来最为关心的预测能力。不管是总统大选还是汽车零件的更换时间，大数据带给我们最为重要，也是我们最想得到的就是它无与伦比的预测能力。我们已经可以说能够对事物的进一步发展进行预测，虽然我们还做不到百分之百地掌控。比如，苹果教父乔布斯在与癌症做斗争时，运用了大数据对自身的DNA和肿瘤DNA进行排序，医生据乔布斯的特定基因组成，按所需要的效果进行用药，一旦监测发现药物失效，就及时更换另一种药物，虽然这种治疗方法并没有能够克服癌症，但是，也给乔布斯延寿了数年。由此可见，大数据的预测能力已经可以在各行各业崭露头角，并且很快地被大家所运用起来。而这种预测能力带给我们的就是思维上的前瞻性和预测性的变化趋势。

小X：这不会是一种思维及行动上的预言吧？

老师：不是，对于数据可以看到未来这点毋庸置疑，但是预测并非是预言，大数据能做到的是短期内影响因素较少的事物的发展预测，这种预测有着极大的限制，并非是臆想中的无所不能、无所不知。可是，即便如此，大数据的预测能力已经给了人们看向未来开了一扇窗，在大数据的帮助下，人们并不再是摸着石头过河，而是可以站的高一些，稍稍看清前方的路子了。这种转变对人类来说是非常重要的，具有重大意义的。人们对于未来不再是彷徨无措、一无所知，可以通过大数据的能力对未来进行推测，这是人类思维方式变革的一个大方向。

小Z：那其他的影响方式哪？

第一章
导论——什么是大数据

老师：大数据时代下，思维方式上的模糊性也将会成为思维变革的影响。"正确的"如果不能解决所有的问题，我们需要改变一个角度，考虑正常的"模糊"思维。大数据的模糊性来源于数据的混杂和错误，大数据的"大"已经可以解决当下许多问题。模糊性就成了人们思维方式上需要变革的方向了，对于放弃用简单的为某一件事情定性，而学会用概率和数据说话，或许需要一定的时间来改变，但不可否认的是，这终究是我们今后进步的方向。另外，数据的模糊性还来自于数据的生长性，大数据时代大多数的数据不是静态的，而是不断生成、不断变化的动态数据，对于这种具备生长性的数据，很难做到精确地、简单地定性，而是需要我们用模糊的和概率的数据来表达。因此，在大数据时代，接受了错误和混杂，认识到数据的动态变化，我们的思维方式必将展现出一种模糊性的变化趋势。

小M：大数据不是说强调用数据来跨界吗？那这样未来的思维会更复杂吧？

老师：对的，复杂性思维趋势也是大数据思维方式变革的一个方向，大数据时代相关关系的研究打破了传统的线性因果关系的科学研究思路，从许多通过传统科学研究方法根本无法联系在一起的事物寻找到了一定的联系。这打破了传统的机械思维和还原方法论的统治，同复杂性科学研究方法类似，甚至可以说大数据时代的研究方法本身就是一种复杂性科学，而这种复杂性科学也代表了这个时代人类思维方式向着复杂性的趋势发展。

小S：现在还有一个比较火的词"创新"，那大数据思维与创新应该紧密联系的，现在有没有实际运用的案例哪？

老师：很好，我们说大数据思维它涵盖很多不同的方面，与创新一词紧密关联，尤其在破坏性创新方面。大家现在比较熟悉的余额宝，余额宝现在非常受年轻人的喜爱，很多人都把自己的一部分钱放到余额宝上存着，每天看着它涨一点，余额宝是2013年6月13日阿里巴巴上线的一个理财产品，上线之后，余额宝的规模就一直处于急剧膨胀之中，6月底，其用户突破50万户；8月中旬，规模超过200亿元；三季度末规模更是超过500亿元；到12月中旬，其资产规模突破千亿大关[①]。中国基金业发展至今历时超过15年，从未出现千亿级别的基金，然而基于支付宝平台的余额宝，用了仅仅6个月就实现了，这样的成绩令公募基金界为之震惊，他们一改过去消极合作的态度，纷纷来到杭州与阿里巴巴洽谈合作事宜，是什么让余额宝如此火爆呢？又是出于什么考虑，基金界此前会出现消极态度呢？

小Y：余额宝的创新与大数据思维有关？

老师：我们继续深入探讨，余额宝为何能够创造"奇迹"？它所嵌入的货

[①] 张庆，王越．互联网理财产品探微，财务与会计，2014.03．

币基金并不是市场收益最高的产品，合作的基金公司也不是行业知名公司，它的奇迹就在于突破了传统的金融思维，依托大数据创造了优质客户体验、风险精准预测。余额宝的成功，实际上是与互联网开放、服务的文化密不可分的，在我们进入大数据时代后，很多银行依然没有吃透长尾理论，他们只要长尾的"头部"，也就是少数的拥有数额可观的资金的客户，而对在互联网时代可能占大部分的草根用户，其服务是很不到位的。余额宝的理财思维明显具有大数据时代的特征，它不设置任何门槛，明显就准备好了为长尾理论里的"长尾"用户群体服务。同样，在管理余额宝时，大数据一样起着非常关键的作用。业内人士认为，余额宝快速成长的背后，风险也变得越来越大，现在用户可以随时消费余额宝里的资金，用于网络交易，这实际上是支付宝先垫钱给余额宝，因为余额宝每天产生的收益是在每日收盘后才给支付宝结算的，这中间，如果出了什么问题，导致余额宝没办法按时和支付宝交割，支付就会成为余额宝这个庞大基金遭遇风险的第一个受害者，对于这个隐患，余额宝似乎一点儿都不担忧，这种信心来自阿里巴巴的大数据分析能力。比如，支付宝每天多次提供用户转账、购物等数据给余额宝及其他基金公司，而余额宝的数据分析师会对这些数据进行监控、分析，将结果给基金经理进行参考，预估第二天要赎回多少资金，以安排货币基金第二天的流动性。

余额宝的成功，并不单纯来自产品的收益，更是基于大数据的全新的客户体验，余额宝引起的轰动效应，其实是会使用大数据分析的互联网企业在金融行业冲击传统银行业的正常案例。未来，大数据将会在更多领域打造奇迹。

小H：大数据本质到底是什么哪？可否简单说一下

老师：很好，所有技术的发展都是为社会进步服务的，大数据技术也不例外。但是，大数据技术对社会生产的促进作用是变革性甚至是颠覆性的。

"大数据商业应用第一人"维克托.迈尔—舍恩伯格在其著作《大数据时代》中，前瞻性地指出，从共同为大数据相关的时代的研究，以找到科学思想之间的明确联系很多不可能的事情，通过传统的科学方法，它会破坏传统的线性原因和结果的关系。这一点，摧毁了传统的机械思维，恢复方法的规律，科学方法的复杂性是相似或相同的大数据的研究方法本身的时代，是一个复杂的科学，这种复杂性科学是，认为对这种复杂的趋势，也代表了这个时代的人类。我们可从以下方面对其本质进行认知：

1. 全样本

我们将使用更多的数据甚至是全部数据来进行分析，而不再采用随机样本。从可能性角度，当前的技术能力已经可以支撑海量数据的处理；从必要

第一章
导论——什么是大数据

性角度，有时候数据分析的目的就是要发现大量正常数据中的少数异常情况，例如跨境汇款中的异常交易，这无法通过采样分析获得。

2. 概率化

我们将不再沉迷于精确性，而是允许劣质数据混杂其中。大数据时代不可能实现精确，反之用概率来表示事物发展的大方向，混杂性变成了一种标准途径。

3. 相关性

我们将更关心相关关系，因果关系被放到次要的位置。在很多场景下，"是什么"比"为什么"对决策的帮助更大，可以在快速变化的环境中帮助你先发一步。甚至，在一些不知道"为什么"的场景下，知道"是什么"反而有助于人们取得发现"为什么"的突破。

基于这种思维发展起来的大数据技术，具有以往的各种技术不具备的准确性和实时性优势，当它应用到社会各行业生产中时，对社会生产效率的提升是异常显著的。很多人对于大数据应用的认识，都始于Google对于流行性疾病的成功预测。

小Y：大体有所认知了。

老师：Google利用当前人们喜欢上网搜索解决方案（如搜索流感症状或者治疗药物）的习惯，找出了对应时段内某些特定字段的搜索频率与美国疾控中心历史记录中某些流行性疾病在空间和时间上的相关性，并据此而建立了一个数学模型。利用这个数学模型，Google成功预测了2009年甲型H1N1流感的发展过程。

而这个成功应用带来的振奋远不止如此。首先，作为一家互联网公司，Google在与其毫无关联的医学专业领域获得了成功；更重要的是，它的预测在准确性特别是实时性方面，远远超过专业的美国疾控中心。于是，更多的人在更多的行业开始了大数据应用尝试。

小Y：具体哪些行业哪？

老师：在零售业：梅西百货（Macys）已经实现对多达7300万种货品进行实时调价，以实现销量和利润的双重最大化；塔吉特（Target）公司通过对用户历史消费记录的大数据分析，实现对用户下一阶段消费行为的预测，从而实现精准投放。

在博彩业：通过预测模型，KXEN软件和Tipp24 AG公司交易的数十亿美元和客户特点仪和动态的市场营销活动分析特定的用户。这一举措将减少预测模型90%的时间[1]。

---

[1] 陈坚《大数据架构师指南》[M]. 清华大学出版社，2016（05）：22-101.

在通信业：中兴通讯创新性地提出了基于大数据技术的电信系统反馈环理念，让电信网络作为一个整体获得实时的系统反馈，从而使网络性能更加稳定，网络运维更加高效，而全球120家运营商中，已经有48%的企业正在实施大数据战略，通过提高数据分析能力，他们正试图打造着全新的商业生态圈，实现从电信网络运营商（Telecom）到信息运营商（Infocom）的华丽转身。

在金融业：阿里通过对用户消费习惯的大数据分析，已经可以将余额宝第二天的赎回规模的预测准确率保持在97%以上，连"双十一"等大促销造成的大规模资金流动也不例外；中信银行与中兴通讯大数据平台强强联合，打造一个全新的"数据银行"，利用金融大数据更科学地实现加强风险管控、精细化管理、业务创新等业务转型。

在公共管理行业：中兴通讯为2014南京青奥会打造的"环宁护城河"项目，将各种警务数据在大数据平台上集中处理，从时间和空间两个维度进行实时统计和展现，为青奥安保工作部署提供科学的决策依据。越来越多的实践证明，大数据运用可以为各个行业带来巨大的收益。

麦肯锡在它的报告中，根据各行业利用大数据技术获取利益的潜力，将各个行业分为5个组别。

（1）计算机和电子产品及信息行业必然能够从大数据中获取巨大利益，该行业本身就有巨大的信息池，且具有快速创新的特点，与大数据天然吻合。

（2）社会公共管理及金融业则需要通过细分和自动化算法来克服技术障碍，从而大为受益。

（3）建筑、教育服务、艺术和娱乐等行业则面临着获取海量数据价值的系统障碍。当然，如果这些障碍是可以克服的，则也可以从大数据中获益。

（4）制造业、批发贸易等行业全球交易程度高，如果能够克服数据和技术上的障碍，则从行业普遍意义上讲获益巨大，但面临的困难同样不小。

（5）零售、医疗、住宿和食物等本地服务行业全球交易程度低，则从行业普遍意义上讲，从大数据中获取价值的潜力相对较小。

1.3.3 大数据对科学研究影响

老师：在生产科研的变化和数据专注于研究和技术，目前的技术为导向，主要是大规模数据存储，处理，分析，可视化的一个方面的目的，和其他重要技术的研究。

小X：大数据对科学研究技术手段有哪些方面的影响哪？

老师：目前影响主要集中在三个方面，一是由传统关系型数据库到非关系型数据库和分布式文件系统；二是处理模式由选取一种到两种并存；三是

第一章
导论——什么是大数据

数据分析由采用单一技术到多种分析技术协同。

小S：这三种影响能否具体介绍一下？

老师：第一，由传统关系型数据库到非关系型数据库和分布式文件系统方面。随着互联网和云计算的不断发展，各种类型的应用层出不穷，数据存储对数据库技术提出了更多要求，主要体现在高并发读写需求、海量数据的高效存储和访问需求以及高可扩展性和高可用性需求上。传统的关系型数据库已经不能满足大数据存储的要求，尤其是大数据中包含的大量的半结构化数据和非结构化数据，此时就需要我们把目光从关系型数据库转移到非关系型数据库以及分布式文件系统上来。目前应用比较广泛的分布式系统是Google文件系统及其开源实现HDFS。一个HDFS集群一般由一个命名节点Namenode和若干个数据节点Datanode组成，Namenode相当于一个中心服务器，主要负责管理文件系统的命名空间和客户端对文件的访问，而Datanode负责管理节点上附带的存储，在集群中一般是一个节点一个。

第二，处理模式。目前大数据主要的数据处理模式可以分为流处理和批处理两种，流处理是直接处理，批处理是先存储后处理。流处理的处理模式将数据视为流，当新的数据到来时就立刻处理并返回所需的结果，其主要应用场景有传感器网络，实时统计和高频金融交易等。流处理具有这种响应速度快的特点，所以其处理过程基本都在内存中完成，处理方式也更多地依赖于在内存中设计巧妙的概要数据结构，内存容量是限制流处理模型的一个主要瓶颈，存储级内存设备的出现或许可以缓解和改善这一制约条件。

第三，数据分析。在协同效应多种技术的大数据分析的需求，以反映大数据的价值。显示大规模数据之前，有集中与预置数据处理，一个或少数的数据分析技术便能较为准确的分析我们需要得到的有价值的信息，但如果数据量巨大，数据形式多样，那我们就需要采用多种数据分析形式才能得到我们有用的结果。通常使用主要数据分析技术如下：

机器学习：怎么样，以获得新的知识和技能，学习计算机仿真和人类学习行为的实施，重新组织已有的知识结构，不断提高其性能作为人工智能的核心，让计算机具有智能的根本途径，在大数据中表现为在对数据分析处理时更接近人的思维，使分析过程更加智能化以及各个符合人们的预期。

数据挖掘：结合统计数据和机器学习，使用数据库管理技术从大型数据集中提取有用信息和知识的技术。根据其他属性的值预测特定（目标）属性的值，如回归、分类、异常检测等，或寻找概括数据库中潜在联系的模式，如关联分析、演化分析、聚类分析、序列模式挖掘等。

数据融合和集成：利用从互联网等传感器数据，复杂的分布式系统的性能进行全面分析，并整合多个方法从源数据进行分析。

网络分析：如何基于图论和运筹学理论解释，在图或网络中描述离散节点之间特征关系的方法。通过分析操作产生的数据，研究网络和网络仿真上资源的流动分布的状况来优化网络结构和资源，使其网络各要素充分发挥作用。

1.3.4 大数据对电子商务产生的影响

老师：大数据的应用已经渗透到各个领域，尤其对电子商务行业，今天与大家一起探讨大数据对电子商务的影响。

小Y：电子商务发展现进入到什么阶段？大数据阶段吗？

老师：电子商务的发展可以分为三个阶段：第一阶段是扩大用户规模；第二阶段是扩大销售规模；第三阶段是收集和分析用户信息分析。在第一阶段，电子商务企业（B2C，C2C）在初始阶段，最受关注的是人气，即用户数量。网站产生了人气，吸引眼球，它会有广告，通过广告实现真正的利润。第二阶段，电子商务在经历第一阶段后名气提升，开始真正专注于销售增长，在这个阶段，销售确定市场的地位，也决定了发言权，在这个阶段电子商务企业用过如作病毒性广告、价格战和其他营销工具来实现销售增长。目前，电子商务近年来，"烧钱"式发展，逐步成熟稳定，行业龙头企业也已形成。在这个阶段，电子商务企业重视数据，营销模式已经升级，通过使用用户的数据分析来实现客户营销的精度，提升客户点和平台价值。

小R：目前阿里巴巴比较成功，它怎么运用大数据进行服务的哪？

老师：目前在电子商务领域最成功的就是阿里巴巴，阿里巴巴对大数据的利用也比较充分。近年来，阿里巴巴首先利用支付宝，实现了电子商务的关键环节—支付环节，使陌生的买卖双方通过支付宝完成支付交易。另外，淘宝、天猫的发展壮大，形成了国内独一无二的商品大集和用户大集，阿里巴巴将买卖双方、产品与服务、下单与支付进行了打通，形成了完整且成功的电子商务模式。而阿里巴巴更是针对用户的消费行为进行大数据采集、分析、处理。对外提供中国网购消费特征报告，并向每个消费者提供用户信息统计；对内给商家提供每个用户的行为需求分析，让商家可以针对每个用户做到有的放矢的推荐。通过大数据，阿里巴巴将电子商务的战场提升了一个档次，通过大数据形成服务，实现了真正

的差异化竞争优势。

电子商务在三个阶段发展后，掌握数据成了其成功的关键要素之一，掌握用户的数据就掌握了市场的需求方向，定准用户的需求，就可以做到精准营销，未来的电子商务将与大数据紧密捆绑在一起，可以这么说，未来谁掌握了数据，谁就抓住了电子商务的主动权。

第一章
导论——什么是大数据

小U：所谓的精细化营销，就是现在提倡的精准营销吧，在大数据环境下，具体是怎么开展的？

老师：这个我们今天一起来探讨一下，所谓营销，重点要把准消费者的"脉"，精准营销（Precision Marketing），是时下非常时髦的一个营销术语。

小H：什么叫精准营销？

老师：精准营销公司，测量方法，可以实现低成本扩张，以创造一个通信服务系统和个性化的客户需求，它是依托现代信息技术，进行准确市场定位。简单来说，精准营销就在进行精准的市场定位、准确的产品输入、精确的定价策略、、精准广告投入等在目标市场精准实施。精准营销能够有效地降低了产品的附加费用，也能够给用户更多的好处。与此同时，企业也可以借此机会更好地完成营销任务，精准营销在以下三个领域展示出传统决策无法企及的优势：一、精确分析，找到产品的主要购买者；二、精确营销，使你的主要购买人群随时看到你的产品；三、精确产品定位，提升购买体验，目的是吸引其再次消费。

小Y：上面讲到精准定位营销，现在好多都在提"用户画像"，从大数据的视角下，这又是什么意思？

老师：肖像的用户是为已知的用户的要求而设计的，在各领域的肖像的用户的方向上的用户作为人物，是作为一种针对目标用户、联系用户诉求与设计方向的有效工具，用户画像在各领域得到了广泛的应用。在实际的生活应用中，我们将用户最贴近生活的习性、话语、行为等联系起来，这样形成的用户角色就比较具有实际性，而不是虚构的用户画像。一般来说，定性人像用户可以有效地节省时间和资源，以获得用户的画像，案头研究，更逼真，花费的时间相对较短。实际上，用户画像是一种能将定性与定量方法很好地结合在一起的载体，通过定量化的前期调研能获得一个对于用户群较为精准的认识，在后期的用户角色的建立中能很好地对用户优先顺序进行排序，将核心的、规模较大的用户着重突出出来。定性化的方法虽然无法对不同单位的特征做数量上的比较和统计分析，但能对观察资料进行归纳、分类和比较，进而对某个或某类现象的性质和特征做出概括，在角色构建的过程中，定性化的方式能获得大量用户的生活情境、使用场景、用户心智等资料，进而形成鲜活的用户类型。基于后台数据的支持和挖掘，将定量化和定性化方法结合起来创建用户画像。

学生：那么究竟如何通过大数据视角去构建用户画像呢？

用户画像要解决三个关于购买的问题，即：他是谁、他想买什么以及他去哪里买的问题，首先他是谁，用户作为一个自然人，我们可以从很多角度和层次去描绘出"他是谁"，例如他的自然特征（多大年纪、身高如何、是否肥胖、教育情况如何）、社会特征（是否结婚、家庭情况如何、子女亲友朋友圈如何）、消费特征（收入如何、消费情况如何、消费偏好是怎样的）等，都会在消费者购买决策过程中起到作用。通过大数据方法，我们将各种各样与"他"相关的信息进行集合，便可以得到一幅非常直观的用户画像。

其次他想买什么，商品的属性相对于消费者的标签，就简单了许多，而且更加直观了一些。例如功能、颜色、价格、外观等，都是一些事实性数据。而如何将这些商品属性和上面提到的消费者属性进行合理的匹配，是这件商品在上市前需要仔细思考和计算的。

针对已有产品，寻找所偏好的精准人群分类，来决定广告投放和活动开展的位置、内容等，实现精准营销，或者针对已经有画像的人群，设计出适合他们消费的产品，吸引他们购买，这都是用户画像的重要应用场景。

最后他去哪买，把合适的商品放到消费者最容易购买的那个地点，这是营销的"真理"之一，那么，如何找到和确认消费者的渠道喜好呢？这同样需要数据分析来帮忙，消费者进入实体店，喜欢走什么路线，喜欢去看哪些货架，喜欢去哪个区域挑选商品；消费者进入电子商务网站，希望通过什么方式找到自己的商品，是否点击了促销信息且进行了购买，这些都和消费者最终的购买决策息息相关，是市场营销所要考虑的关键内容之一。

1.3.5 大数据对商业健康保险产生的影响

老师：当前，我国医保虽然覆盖范围广，但难以满足民众日益增长的医疗保障需求，城乡居民对于民生福利的诉求持续高涨。此外，国务院陆续出台政策支持我国商业健康保险的发展，并且在北京、上海、广州等31个城市实施商业健康保险个人所得税政策试点。在医疗需求和政策的双驱动下，我国商业健康保险的未来发展空间巨大。但在实际发展过程中却是困难重重，其中最突出的问题是对实际医疗费用的估算控制能力不足，导致在健康保险设计方面无据可依，从而限制了保险产品的开发。而当前基于大数据环境下，"数据+商业健康保险"解决方案则是利用信息化技术整合各方数据，包括医疗诊断数据、处方数据、医疗账单、个人体检数据等，再通过大数据技术挖掘、分析、建模监测医疗不合理行为，控制医疗费用不合理增长，这些将从根本上促进商业健康险的发展。

小S：在健康保险方面，大数据促进了哪些变革哪？

老师：就健康保险来说，其根本诉求是如何更好地提高民众生活和生命的质量，提高医疗机构管理绩效，最后才是保费补偿。在大数据时代，保险业也应改变经营模式，借助日益发达的物联网技术，获取被保险人的智能穿戴设备数据，将其导入健康指标动态评价和监管平台，有针对性地提出健康管理方案，确保被保险人的健康水平不断提升。

小U：在商业健康方面，大数据产生的变革主要解决哪些问题哪？

老师：主要从三个方面：一是保险产品设计。商业健康保险企业可以重点布局政府医保覆盖不到的疾病领域，深度挖掘分析理赔数据，获得疾病不同类型的治疗方案及相关费用信息，再结合不同群体的发病率及疾病演变规律来设计保险产品，将有助于提升产品的竞争力；二是理赔运营管理。在理赔运营管理中，及时发现过度医疗及不合理医疗行为是很重要的一个环节。利用医疗检查项目、医用耗材、医院诊断和处方数据等，结合临床知识通过大数据技术分析可以挖掘出不合理医疗项目、药品剂量超标等问题，帮助保险企业提高理赔运营管理水平；三是健康管理。保险企业可以利用健康物联网技术，为被保险人提供智能穿戴设备，动态获取被保险人的健康指标数据，导入健康指标动态评价和监管平台。结合其他科学数据，通过大数据技术分析，得出合理的、个性化的健康管理方案，并通过终端实时传达给被保险人。

1.4 大数据的价值与挑战

1.4.1 大数据的企业应用价值

老师：我们上面介绍了大数据的特征，大数据在应用方面基于特征有广泛的应用，我们一起探讨一下它的应用价值。

小S：大数据运用的真正价值在哪里？

老师：这是一个很好的问题，因为如果你找不到大数据的独特特征，你就不能解释大数据的当前趋势。你需要使用一个特征值中最大的一个值，使用大数据将真正的4V特征数据集成到日常业务中，特别是在过去没有使用的数据，或者不能在过去使用新数据，这就可以带来巨大的价值。

小M：具体价值运用是怎么体现的哪？

老师：例如，乐天旗下包括乐天市场、乐天书店、乐天旅游、乐天银行、乐天证券等各种服务，这些服务间成员的ID是共通的，并且其属性信息、购买记录、点和优惠券以及与各种数据相关的信息的使用的其他成员，被集中式的存储在一个叫做"乐天超级DB"的系统里面，通过使用基于存储在乐天超级DB中的行为记录的个性化服务和商品推荐系统等适当手段来增强公司的服务水平。

小X：那像银行的这些大数据怎么进行利用的哪？

老师：当大型数据被银行用于异常检测时，检测过程不是在银行存款交易数据保存到数据库之后，而是利用实时处理技术，流入数据处理，几乎可以实时检测异常。例如，对于每天产生成千上万的银行存款交易，可以在系统中设置"如果发现大量提款在短时间内发出警告"这样的规则，对于信用卡交易的异常，类似于"如果在两个商店中发生的交易在30分钟间隔（更远离）内不能到达"，则发出警告。对于大数据处理，只要使用Hadoop，模块化的异常检测规则也可以在很短的时间内完成。

小S：那未来类似于交通堵塞这样的预测不是也可以用大数据实现吗？

老师：对的，当然，对于今天现有的分析提高处理的准确性，提高实时这种情况，不足以显示大数据的全部价值。如交通拥堵预测、电力需求预测等，通过使用数据不能在过去获得一个新的服务，这才是未来大数据时代最大的期望。

小Y，从商业价值来看，大数据究竟能往哪些方面挖掘出巨大的商业价值呢？

老师：根据IDC和McKinsey的大数据研究，大数据可以在四个主要领域提取重要的业务价值：细分客户群体，然后单独定制每个组以获得独特的商业价值；使用大规模数据来模拟现实，探索新需求，提高投资回报率；改善大数据分享结果，在相关部门完善管理链和投资回报产业链；商业模式，服务创新。

比如在商业领域，沃尔玛公司每天通过6000多个商店，向全球客户销售超过2.67亿件商品，为了对这些数据进行分析，HP公司为沃尔玛公司建造了大型数据仓库系统，数据规模达4PB，并且仍在不断扩大，沃尔玛公司通过分析销售数据，了解顾客购物习惯，得出适合搭配在一起出售的商品，还可从中细分顾客群体，提供个性化服务。在金融领域，华尔街德温特资本市场公司通过分析3.4亿微博账户留言，判断民众情绪，依据人们高兴时买股票、焦虑时抛售股票的规律，决定公司股票的买入或卖出。

小M：相对于管理层来讲，大数据对它们意味着什么哪？

老师：管理层对大数据的感知，取决于个人数据的水平，通常被认为是有点神秘，但在不同程度上是有用的，有两个完全相反的观点，一方面认为，大数据可以揭示一切，为人类认知和世界传播的方式提供新的模型，另一方认为它只是以新颖的方式解析原始数据，他们更习惯于使用熟悉的电子表格处理数据，即使对于大型数据可视化应用程序，至少在初始阶段，后者仍然将大数据看作另一种形式的电子表格。当然除了极端的意见，还有一些认为大数据是万能的，对管理使用大数据期望的快速预测，最好的报告数据不是以量取胜，而是要从结果和价值上来看，大数据的应用有它的特定价值，而不是单纯的数据量的暴增。

老师："大数据"中所谓的"数据"与"数字"具有不同的涵义，今天

第一章
导论——什么是大数据

再给大家探讨一下它的潜在价值特性。

小M：那潜在价值特性具体怎么理解？

老师：我们知道，在所有方向上，评论和背景的根据其他数据的分析，来查找数据的重要性。例如，如果测试的学生的分数是80分，那么，"80分之后"的"数字化"的概念来描述"数据"，这种与学习的态度、智力、办学质量等相联系。而数据的真正价值浮在海面上就像冰山一样，只能看到冰山一角，绝大部分还隐藏在海下，所以有些数据被认为是无用的，被丢弃或者搁置，现在大数据时代下，所有的数据都有它潜在的价值，不存在无用之说，不同的数据可以给予新的数据价值，从数字支持到支持数据的平滑转换，了解海量数据的潜在特性是至关重要的。

小S：上面讲的特性是说明大数据其特色价值在于预测吗？

老师：对，这个关键的核心点，预测以达到估计的事件的可能性目的，它是大数据的核心价值，预测系统之所以受到重视，关键在于它们是建立在海量数据基础之上的，接收和处理的数据量越庞大，系统纠错和自我改善的功能则越发达。

小M：能否举个相应的实例哪？

老师：我们知道，许多现象，如太阳日食、洪水和干旱，以前被认为是不可解释的，现在被人类理解、描绘、量化和预测。过去五年的天气预报系统在未来三天内准确率为95%，该系统使用的预测方法与上一世纪的预测方法几乎相同。问题不在于方法，而是在于科技支持人可以控制的数据。今天的气象系统依靠复杂的雷达和卫星地图，世界各地的气象站也更新了地面和高空的温度，消除了到处收集不均匀大气数据的需要。在大数据时代日益复杂的数字技术下，人们的活动、决策和社会关系可以被记录，并且这些电子踪迹的分析为人类行为洞察打开了大门。人类行为不再被视为一个单独的、随机的、独立的事件，而是作为一个相互依存，相互联系的网络的一部分。

小S：大数据预测是完全正确的吗？

老师：可以说，数据预测能力强，但也有局限性。在短时间内如果没有很多因素干扰未来事件的某种规律，数据预测能力具有很强的控制能力。对于长期来看，大数据未来演进的总体方向可以使得结果不那么可靠，毕竟具有大的数据预测能力，而不是预测能力。在大数据时代，我们应该正确地看待大数据的预测能力，利用其短期预测能力和干预能力为社会发展做出更多的贡献，而不是迷信它的预测能力，将其作为预言。追求虚幻的东西。可以看出，大数据时代的数据控制力非常大，包括事件的发生和发展以及人类的行为。然而，预测的有效性随时间而减弱，随机事件很可能直接推翻所有预测结果。

1.4.2　金融业应用价值

老师：2009年以来，大数据成为互联网行业的流行语，数据每年50%的增长，因特网上的数据，全世界是近年来所产生的数据的90%以上。世界的工业设备、汽车、存储的数字传感器等都产生了巨大的数据量，它们在空气中的运动、物理振动相关位置、温度变化、甚至任何在测量过程中和化学品传输所需的时间、物联网、云计算、移动互联网、汽车网络、移动电话、平板电脑、PC和地球每一个角落的各种传感与活动，都在产生数据。尤其在金融行业方面，大数据已经产生丰硕价值成果，未来价值更是客观。

小R：大数据金融如何进行信用评估？

老师：基于对金融管理涉及的相关数据的基础上，通过大数据管理系统来对个人或团体进行相应数据收集，对其分析，从而完成个人或团体的信用价值的自动识别，当然也可以利用大数据上面的财务数据来获得个人或者团体信用评估所得到的一些行为信息，当然须在法律和道德允许的范围内，基于数据的价值分析，从而实现在管理上的决策，从"以利润为中心"向"以客户为中心"转变，从关注整体到关心个人转变。

小U：关于大数据在金融业的应用有哪些典型业务已经体现其价值了哪？

老师：大数据应用已逐步推进，比如无论是一个大规模的金融交易还是金融业小额贷款，都是一些比较典型的业务类型的形成，它的实时性要求和金融交易的数据量是非常大的。如上海和深圳，虽然每天只有4小时交易时间，但可以通过交易数据生产超过3亿个交易，并且随着时间的推移，数据将变得越来越大规模。与其他数据的区别在于，金融领域中的这些数据具有高分析值。为了提高创新创造金融投资，历史数据和实时数据挖掘的定量交易模式，它将被应用到研究和基于计算机的实时证券交易。与此同时，我们有多年来的小额信贷，小型和中小型企业贷款是大银行的一个瓶颈，我们知道，收入不稳定的小企业，也很难适用于从银行贷款，但是中国的小企业有大量的贷款市场，这个问题已经解决，在2007年，阿里巴巴与中国建设银行已经启动了中小型企业的贷款计划，阿里巴巴有详细的大量用户的信息和信用记录，使用的交易平台淘宝，它可以掌握公司的交易，根据大数据技术，自动确定是否给予贷款。中国建设银行希望贷款没有不良信用记录，小企业发展势头良好，截至2012年底，阿里巴巴累计服务小微型企业有20多万家，贷款超过3000亿元坏帐率只有0.3%，远低于商业银行。

小T：其实金融业也是比较注重营销的，比用信用卡办理等，哪大数据在营销方面有哪些价值？

老师：精确营销也是金融行业结果中使用的另一个大数据。招商银行通过数据分析，识别招商银行信用卡高价值客户经常出现在星巴克、DQ、麦当劳等服务机构，通过"多点积累"和"一体化店面交流"等活动，质量客户。通过构建客户流失警告模型，保持前10%客户流入前20%的客户流失率，分别将黄金和向日葵客户的流失率降低15%和7%通过对客户交易记录的分析，可以有效识别潜在的小微企业客户，并利用远程银行和云端平台实施交叉销售，取得了较好的效果。

1.4.3 科研创新价值

老师：众所周知，在信息获取有限和信息流通有限的时代，研究人员需要处理数据以解释未知世界的规律，但缺乏使用随机抽样方法收集和分析数据的技术工具，在获得最多信息的数据中，其本身具有许多固有的缺陷。

那今天跟大家一起探讨一下在大数据时代应用研究是怎样的？

小X：是不是原来存在的缺陷问题已经解决了呢？

老师：在云计算等互联网技术发展迅速的今天，传感器，移动导航，网站点击产生大量数据可以很容易地获得，而且计算机也有这些数据的高速甚至实时处理，那些属于工业时代的一系列问题不再难以解决。

大数据时代的技术甚至可以实现所有特定目标数据的收集和处理，即"样本"和"群体"之间的等价。使用大数据进行研究不仅意味着更高的准确性，而且还有助于显示先前不可用的细节。与限制在小区域的数据相比。无论是社会学、心理学、经济学还是教育学，过去一直非常依赖于问卷调查方法进行样本分析，即使没有经验数据，纯粹依赖于假设，试图解释未知领域的规律的经验。大数据时代的到来，使社会科学研究者在更多领域和更深层次获取和使用全面完整的数据，从而实现从演绎到归纳这一思维路径。

小T：大数据这个词越来越泛化，几乎在每个行业都有它的应用，它未来的价值挖掘是不是很大？

老师：大数据挖掘价值巨大，随着用户对大数据的理解，行业巨头正在积极增加对大数据的投入，使大数据渗透到更广阔的领域。无论是在制药行业，还是在制造业、零售业、服务业等，都具有很大的社会价值和空间。互联网时代，数据就是金钱。金融业，制造业，零售业有很多数据，并且是几何增长。对于电子商务公司，潜在的机会隐藏在大数据。大数据处理和分析工具中，用于深度数据挖掘和分析，使公司能够更好地了解客户需求，从而提供个性化的商品和服务。根据麦肯锡调查，零售商可以在不到三年内获得大数据，但可以使用它来增加经营利润率超过60%。2011年《纽约时报》报道了大数据业务应用的成功案例。目标是美国第二大超市，希望抢占孕妇市场，探索新的商业模式。营销人员希望创建一个数据模型，可以识别孕妇

4~6个月的怀孕,以在零售商之前获得关于她们怀孕的信息,但怀孕是非常私人的信息,数据分析部门目标在用户注册表以前,通过对这些注册用户的消费者数据处理的建模和分析,他们发现了很多非常有用的信息。例如,在怀孕的前20个星期购买大量补充钙、镁、锌保健品。基于这些信息,数据分析部门选择了25种典型商品的消费数据,构建了"妊娠预测指数"模型,可以最大程度地预测用户的怀孕状态,使得营销人员提前找到孕妇并将其发送给用户,获得宝贵的客户资源。

小R:有人说,数据科学可以改变探索世界的方法,这也指的大数据的科研价值吧?

老师:这是其中一部分,我们说越来越多的东西数字化,从大量数据中找到自然,社会发展和隐藏规律,从这个观点来看,大数据将继续拓展人类视野,大数据给科学和教育事业的发展提供了前所未有的机会,同时也提出了前所未有的挑战。它将对现有的科研和教学体制带来大幅度的变革,对科学与产业之间的关系、科学与社会之间的关系带来大幅度的变革。

当数据被输入到网页,谷歌有一个迷人的全文检索功能,可以发现,大部分的全球网页在几毫秒内,当定位是在数据,任何人都可以快速访问,使用GPS目的地,当情感变成数据时,将根据你的幸福指数来判断股市的跌宕起伏,这些不同的数据,有些可能是由于同一个数学模型,"数据科学"已成为一种普遍适用的学科,生物信息学、计算社会学、天文信息科学、金融学、经济学、电子工程等领域,这一切都取决于数据科学的发展。

从许多来自法律界的披露的数据看,科学数据也带来了一种新的方式看世界,《连线》杂志的主编克里斯·康纳利在2008年的杂志期刊最后一期的后面"所有的科学方法,一系列范式推测,"因果检验的假说指出,这是不现实所需的数据爆炸,它已被纯粹的关系研究所取代,而不需要理论指导,"这是一个海量数据的时代,"安德森说。应用程序数据已经取代了所有其他学科,只要你有足够的数据,你可以说明问题,如果你拥有数据,只要掌握了他们之间的关系,一切都解决了。

小R:安德森的这个观点有点片面吧?

老师:当然,当时安德森的观点引起了巨大的哗然,然而这是值得考虑的。从量子力学到牛顿力学,科学家建立了复杂的模型,它原则上可以作为所有的自然现象说明。量子力学、化学、材料科学、工程和生命科学等,几乎都可以作为自然科学研究的起点,然而,狄拉克指出,如果以量子力学为出发点,如果要解决这些数学问题是很困难的,如果人们使用更简单的数学模型,使用大量的数据可以在工程实践中获得完全可行的结果。

为了提供良好的证据,自然语言处理的研究通过绕行研究,并且安德森

第一章
导论——什么是大数据

的观点提供了有利的证据，如果计算机做翻译，它必须了解几乎所有的20世纪50年代的科学家类的语言，必要了解每句话的含义，在这之后，我们将电脑依据人性化的学习规则，提出了人工智能的概念。此方法结束是在20世纪70年代左右，然而通过使用统计语言模型统计数据基础，大量的数据做自然语言处理。没有这些统计模型的概率，流行的Siri（个人话音处理）的等相关应用，是不可能实现的。

同时我们需要注意，一是数据科学将成为科学研究系统的重要组成部分，逐渐与物理，化学，生命科学等学科，包括自然科学的对手地位；二是数据科学研究与市场、行业有着密切的关系，在数据科学领域，从发现科学原理到工业化的时间比传统的科学领域花费的时间短得多；三是数据科学与人们的日常生活，与社会密切相关。

第二章 大数据技术概述

2.1 大数据关键技术

老师：大数据是最近的一个技术热点，但从名称就能够判断它不是一个新词，毕竟大是一个相对的概念。历史上，数据库、数据仓库、数据集市等信息管理技术，在很大程度上解决了大规模的数据问题，被誉为数据仓库之父的比尔.恩门早在20世纪90年代就经常将大数据挂在嘴边了。

但是，大数据成为一个适当的术语热点，主要是由于互联网近年来云计算、移动和物联网的快速发展。无处不在的移动设备、RFID、无线传感器正在每分每秒都在生成数据，数亿用户的互联网服务在任何时候都产生大量的交互，处理数据量太大，增长太快，业务需求和竞争压力对数据处理，提出更高的有效性要求，传统的技术手段根本无法应对。

在这种情况下，技术人员开发并采用了一些新技术，包括分布式缓存、基于MPP的分布式数据库。分布式文件系统、各种NoSQL分布式存储解决方案。

10年前，埃瑞克.布鲁尔提出分布式系统在三个要求的一致性上是不能满足的，基于CAP定理，只能同时满足可用性和分区容限这两个要求，系统的关注点不同，策略也不一样。只有真正了解系统的需要，才有可能充分利用CAP定理。本节和大家讨论大数据关键技术的有关内容。

小S：大数据技术主要指什么呢？

老师：所谓大数据技术，就是从各种类型的数据中快速获得有价值信息的技术。在这个科技飞速发展的时代，现在在大数据领域已经涌现出了大量新的技术，它们已经成为大数据采集、存储、处理和呈现的非常有价值的工具。

小M：大数据关键技术主要包括哪些方面？

老师：如果只是研究数据本身没有什么意义，我们需要使用一些技术手段来处理，以便为我们获取有价值的数据。那么我们需要使用什么技术来处理大数据？大数据处理关键技术通常包括：大数据收集、大数据预处理、大数据存储和管理、大数据分析和挖掘、大数据显示和应用（大数据检索、大数据可视化、大数据应用、大数据安全等）。这些是大数据处理中使用的关

第二章
大数据技术概述

键技术。至于每个技术如何实现，我们将在后面介绍它们，首先是大数据收集和存储。

小Y：大数据关键是对数据处理，得出处理结果，那处理的技术主要有哪些？

老师：在大数据处理过程中，核心部分是大量的数据用于分析和处理，我们可以想象处理技术应用多么重要。提升大数据处理技术，我们不得不提到"云计算"，这是大数据处理。数据分析和支持技术的基础。分布式文件系统为整个大数据提供基础数据存储支持框架。为了方便数据管理，在分布式文件系统的基础上建立了分布式数据库系统，以提高数据访问速度。在开源数据实现平台上，大数据分析技术可以对不同类型的数据进行分析和排序，并需要获取有用的信息。最后，它可以向用户显示各种可视化数据，根据用户的各种需求。

小R：云计算主要是作为大数据的分析处理技术？

老师：云计算是大数据分析和处理技术的核心，也是大数据分析应用的基本平台，Google的各种内部数据处理技术和应用平台都是基于云计算的，最典型的是分布式文件系统GFS、批处理技术MaP Reduce、分布式数据库Big Table作为大数据处理技术的代表，在此基础上，开源数据处理平台Hadoop，后文对基于平台的技术进行了简要介绍。

小Y：传统的关系型数据库不可以吗？

老师：我们知道，传统的关系模型数据库难以应用于大数据时代，其主要在于，传统数据库往往采用垂直扩展的方式，这种方式的性能远低于数据增长率的提高，大数据时代的数据远远超出了单机这种独立的处理能力，为了使其具有更好的可扩展性，大数据使用数据库系统应该是横向开发，在大数据时代以各种半结构化、非结构化数据的存在形式是大数据的重要组成部分，如何有效利用如此海量数据是大数据时代数据库的一个重大挑战，在大数据应用的时代，不同的应用领域的数据理性、数据处理方法、数据处理时间要求都是有差别的。所以采用分布式数据库系统是必然的选择。

小U：在大数据场景下，数据预处理与传统方式有什么差别，在处理海量数据时，如果不对数据进行预处理，单纯地依赖服务器的计算能力，是否能够满足大数据场景下对处理速度、处理精确性等要求呢？

老师：答案是否定的，大多数数据在现实世界中不完全或不一致，不能直接进行数据挖掘或挖掘结果不理想。数据预处理是对数据进行填充，平滑，合并，归一化和检查一致性的过程，并组织数据的各种属性以提高数据挖掘的质量，减少挖掘时间。

小Y：那与传统数据预处理流程相比，大数据的预处理步骤是什么？

老师：与传统数据预处理类似，大数据预处理的三个基本步骤是数据提取、转换和加载（ETL）。ETL负责在清理、整合后将数据从多个数据源提取并转换为临时中间层，最后加载到目标数据库或相应的文件存储系统中，作为数据挖掘的基础，三个基本步骤如下：

数据清洗。现实世界的数据通常不完整、嘈杂、不一致。数据清洗程序尝试填充缺失值、平滑噪声、识别异常值，以及纠正数据中的不一致。

数据提取。通过接口（例如ODBC，专用数据库接口）从分布式异构数据源中提取数据，并使用元数据来确定如何提取数据。

数据转换。根据业务需求将提取的数据转换为目标数据结构，包括数据清洗、集成、转换、缩小等处理，并实现汇总。

数据加载。将转换和聚合的数据加载到目标数据库或相应的文件存储系统，并启用批量加载。

小T：在大数据场景下数据预处理与传统方式有哪些不同之处

老师：多维数据处理。因为非结构化数据如文本、图像和视频，非结构化数据可以从不同的角度来描述，所以传统的数据描述方法不能满足大数据的多样化需求。在大数据预处理中，我们需要找到这些数据的不同属性，从多个维度描述数据，并增强数据的可解释性，以便灵活地响应分析需求的变化。

大规模并行处理框架的应用。诸如MapReduce的并行处理可以用于诸如平滑和聚类的数据预处理。

分布式存储系统和数据流处理支持。在大数据场景中，导入的数据量非常庞大，甚至达到每秒GB级的数据。因此，需要在预处理后导入到分布式存储系统。实时流数据可以通过存储器的简单实时流处理，然后存储在分布式存储系统中，用于随后分析流结果的使用。

小T：数据量如此之大，传统的存储和数据库技术已经难以应对，那么，大数据技术如何存储海量数据并提高系统容错性？

老师：大数据场景下，数据量爆炸式增长，存储容量的增长远远落后于数据的增长，数十台或数百台大型服务器难以满足企业数据存储的需求。为此，大数据存储程序是使用数千个便宜的PC来存储数据以降低成本，同时提供高可扩展性。考虑到系统由大量廉价和易受攻击的硬件组件，需要确保文件系统的整体可靠性。为此，大型数据存储方案通常将相同的数据存储在不同节点上的三个副本上，以提高系统容错性。

小W：如何保障海量数据的读取能力？

老师：利用分布式存储架构，您可以提供高吞吐量数据访问功能。大数据文件存储技术在大数据领域，较为知名的大容量文件存储技术有Google的

第二章
大数据技术概述

GFS 和 Hadoop 的 HDFS，HDFS 是 GFS 开源实现。它们使用分布式存储来存储数据，具有冗余存储模式以确保数据可靠性，将文件块复制存储在不同的存储节点中，默认存储三个副本。GFS 和 HDFS 处于主从控制模式，即主节点存储元数据，接收应用请求并根据请求类型进行响应，从节点负责存储数据。当用户访问数据时，只有与主节点交互的指令，以及主节点返回的数据存储位置，直接与存储节点获取数据，以避免主节点的瓶颈。

淘宝 TFS 也解决大量小图片存储的问题，架构与 HayStack 类似，但由于业务需求不同，TFS 的逻辑卷轴大小、Raid 机制和底层文件系统的选取均与 HayStack 不同。

小 X：大数据与传统数据相比，有什么不同呢？

老师：首先，大数据通常由机器自动生成。在新的数据生成过程中，不涉及手动参与，它们完全由机器自动生成。如果你分析传统的数据源，它们通常涉及人为因素。第二，大数据通常是一个新的数据源，不仅仅是现有数据收集的扩展。有时，"更多的相同类型的数据"也可以达到另一个极端，从而成为一个新的数据。同样，许多大数据源不是设计为友好的。

传统的数据源通常在开始时被严格定义。数据的每一位都有一个重要的值，否则不包含这个数据位。由于存储开销变得可以忽略不计，大数据源通常不是在开始时严格定义，而是收集可能使用的所有信息。因此，在分析大数据时，可能会遇到各种乱码，充满垃圾数据。

小 U：大数据的数据库相比于传统数据库，有何变化？

老师：传统的数据存储管理不能满足大数据的需要。传统数据存储单表结构不能适应高速数据读写、海量数据存储、复杂关联分析和挖掘需求。对于传统的数据存储，单表结构的内容有限，相关查询效率低。

传统的关系数据库难以满足大数据需求的可扩展性。传统的关系数据库的可扩展性差，并且在海量数据中 I/O 压力大，并且表结构难以改变。大数据的数据管理

使用行存储而不是行存储。很难以结构化的方式描述数据，例如图像，视频，URL，地理位置等。因此，需要通过使用由多维表组成的面向列的数据管理系统来组织和管理数据。也就是说，数据按行排序、按列存储、并使用与列相同的字段数据进行聚合，不同的列族对应于数据的不同属性，这些属性可以根据需要动态增加，通过分布式实时列数据库，可以统一存储和管理数据，避免了传统数据存储模式下的相关查询。

当你只需要查询少量的列数据时，使用列存储解决方案进行大数据存储可以大大减少数据读取量，减少数据加载和 I/O 时间，提高数据处理效率。通过列存储还可以携带更大量的数据，获得高效的垂直数据压缩功能，降低

数据存储成本。

用 NoSQL 数据库对关系型数据库进行补充在大数据场景下，采用 NoSQL 数据库，去除了关系数据库的关系型特性，简化了数据库结构，便于对数据和系统架构进行扩展。此外，NoSQL 可以自定义数据存储格式，是一个非常灵活的数据模型。

小 Q：海量数据挖掘技术有哪些典型应用？

老师：海量数据挖掘技术的代表之一：Hive 和 Mahout。

1. Hive

Hive 是一个基于 Hadoop 的基于 petabyte 的数据仓库平台，管理和查询结构化数据，并在 Hadoop 之上执行大规模数据挖掘。Hive 定义了一种类似 SQL 的查询语言 HQL，它将用户编写的 SQL 转换为相应的 MapReduce 任务，以便习惯于使用 SQL 的用户也可以轻松地执行并行计算。

2. Mahout

Mahout 是一个机器学习和数据挖掘算法的库。它为聚类，分类和推荐过滤提供了一些可扩展的算法，它可以与 Hadoop 组合，提供分布式数据分析和挖掘功能[1]。

小 T：那有了数据分析和挖掘的结果，如何通过与用户进行交互，根据不同用户的需求对挖掘结果进行处理并以图形化手段等直观的方式进行展现，从而通过数据可视化技术实现决策辅助？

老师：这个问题很好，说明对前面的知识有掌握，海量数据存储管理技术的代表是 Google 的 Big Table 和 Hadoop 的 HBase 这两个开源的、分布式的、面向列的存储系统，前者基于 GFS，后者基于 HDFS。作为非关系型数据库（NoSQL 数据库），它们为应用提供数据结构化存储功能和类似数据库的简单数据查询功能（不支持联合查询），并为 MapReduce 等并行处理方式提供数据源或数据结果存储[2]。

其中，数据存储的索引与关系数据库中的表类似，其键值是〈行、列、时间戳〉。表中的数据按照行键进行排序；列键则是采用限定词的语法规则定义列族，同一个列族的数据被压缩在一起保存；而时间戳则保存不同时期的数据，如网页快照等。

与关系数据库中的表不同的是，列族是数据访问控制的基本单元，Big Table 和 HBase 表中的列可以不受限制地增长，表中的数据几乎可以无限增

---

[1] 熊忠阳. 面向商业智能的并行数据挖掘技术及应用研究[D]. 重庆：重庆大学，2004.
[2] 朱志军，余丛国，闫蕾，等.《大数据—大价值、大机遇、大变革》(98-178)，电子工业出版社，2012.

加。完成了数据的存储和管理,下一步就是数据的分析和挖掘。事实上,并行数据挖掘早就实现了。

小W:那么,大数据场景下的并行数据挖掘,是否有其特别之处呢?大数据如何进行数据挖掘?

老师:大数据和传统数据挖掘并行数据差异,传统并行数据挖掘策略常用的有网络并行和典型并行。网络并行计算是利用网络上的计算资源实现大规模并行数据处理,每个处理节点对所有数据进行扫描;在典型的并行处理中,每个处理节点只进行部分数据处理,最终处理节点需要从信息中收集的数据进行交换。大数据场景中的数据挖掘可以通过MapReduce和其他并行处理方法进行分解和并行存储。数据挖掘系统可以并行处理数据,将本地处理结果组合成最终输出模式,实现海量数据挖掘。

乍一看,这种方法非常类似于传统的典型并行策略,是任务的一部分,分配给不同的节点进行处理。但实际上,在典型的并行中,处理节点之间将存在数据交互;但是在MapReduce中,每个处理节点都要完成他们的任务,简单地将结果返回给主控节点,处理节点间不进行任何交互。

除了在数据挖掘中使用的并行性的差异之外,大数据场景需要能够一起分析结构化、半结构化和非结构化数据;随着数据量的增加,只需要增加分布式服务节点,而不需要修改分析挖掘算法。因此,传统的关系型、结构化数据集和挖掘方法不再适用。

小G:处理方式上都一样吗?

老师:大规模数据挖掘中的数据挖掘需要针对特定应用类型采取不同处理方法。对于大多数数据的统计分析,通常更容易分解成多个独立的部分。因此,MapReduce等并行处理方法可用于完成机器学习、处理流量统计、趋势分析、用户行为分析等问题。

对于OLAP分析,数据库需要针对性地进行优化,例如使用混合存储、压缩、分段索引等技术的排名,借助强大的并行处理能力,完成数据分组和表间关联。对于金融、B2C等业务的实时要求,热点数据可以驻留在内存或特定数据库中进行分析,以获得快速处理能力。对于离线统计分析、机器学习等业务的实时要求不高,可以将数据存储在分布式文件系统中,通过MapReduce等并行处理平台进行离线分析数据处理。

对分析结果实时性要求较高的应用,可以实时分析当天的结果与以前的离线分析结合,快速获取进一步的数据分析结果。在大数据场景中,结果显示更加的注重交互和可视化。

1. 用户交互

当用户使用应用程序时,为了快速和容易地获得他们需要的信息,他们需要与应用程序交互,例如各种类型的查询条件的组合,添加和删除查询条件,界面布局定制,从而增加访问到信息性和方便。

大数据提供五种类型的用户交互:统计分析和数据挖掘、任意查询和分析、立方体分析、企业报告、报告分发和预警,它们以用户组的类型和大小差异进行交互。

2. 数据可视化

结果表明,数据可视化的实现,它是从底层数据挖掘结果中进行映射,映射或表格结构,一个简单,好,易于使用的图形化,智能形式呈现给用户进行分析,通过数据访问接口或商业智能门户实现。

3. 结果展现架构

结果表明,该架构分为C/S架构和B/S架构两种。B/S架构是基于Web应用程序显示结果,不重视互动,更多的是由决策者或业务经理使用。

4. 结果展现方式

报表:基于数据挖掘语句的数据挖掘,包括数据表、矩阵、图形和自定义格式报告,易于使用,灵活设计。

图形呈现:提供曲线、饼图、堆栈图表、仪表板、鱼骨分析图表和其他宏观显示模型数据分布的图形显示,从而促进决策。

KPI演示:提供性能指标表格列表,可让您自定义性能如何查看(如电子表格或图表),以便业务经理可以根据可衡量的目标快速评估进度。

查询显示:根据数据查询条件和查询内容,数据表汇总查询结果,提供详细的查询功能,并可以根据钻取,下钻,旋转等操作查询数据表。

小K:基于上面的关键技术那现在大数据技术主要的发展趋势?

老师:随着大数据技术的发展,IT相关系统也正发生着变革。系统的硬件设计、软件设计,甚至商业部署都开始以数据为中心。也正是在这些实践和应用中,发现痛点并解决痛点的过程和探索,反过来推动大数据技术的发展。

从技术层面讲,以下几个方面将是大数据的热点。

(1) 硬件对架构的冲击

大数据对性能的要求都非常高,而硬件对性能的变化会产生直接而巨大的影响,所以当硬件升级时,会促进大数据系统架构的转型,以实现硬件的充分利用,显著增强性能。

例如,下一代非易失性存储器(NVRAM)的性能接近DRAM(最小等待时间是DRAM的2到3倍),这将对基于文件系统的存储架构产生巨大的影响。同时,远程直接数据访问)可以将NVRAM连接到PB级(或更大)的资源池,以实现更简洁的内存计算,这将推动内存计算的发展。

而对于不同场景的数据专用硬件，将直接改变相应的系统架构。例如，可以为极少使用的非常少量的数据开发高密度低I/O低功率，低成本存储。

当大型数据系统部署在云/虚拟化系统上时，系统架构需要考虑当存储部署在虚拟机上时如何保持高I/O需求；诸如MR的计算框架，其使用移动计算到数据侧，如何虚拟化等。

（2）计算框架

随着大数据应用逐渐广泛，单一的计算框架已经无法满足需求。2014年图灵奖获得者Stonebraker认为：一刀切（one size fits all）的数据处理架构将寿终正寝，在流处理、数据仓库、数据库等方面会出现专用化。

SPARK在持续走热，也揭示了从单一的MapReduce计算框架逐渐演变为多种计算框架并存的趋势。未来的计算框架将以通用计算框架为主（SPARK很可能成为主流），在特殊场景下辅以较为专业的计算框架。

（3）数据封装实现数据的封装，是生态型平台必须具备的功能。大数据中间件层就是实现这一功能的组件。它位于应用层与底层数据库之间，屏蔽掉底层传统数据库、MPP、Hadoop等数据存储的差异，同时为上层应用提供统一的开发接口，让应用层无须考虑底层的实现。

在从传统架构向大数据架构演进的过程中，多技术混搭是现实的需求，而大数据中间件层使得混搭方案成为可能。

（4）非结构化数据处理

在今天的互联网数据中，结构化数据仅仅占到10%，非结构化数据成为最重要的源数据。非结构化数据通常有音频/视频、文本、特定行业数据等。对音频/视频数据的分析，已经有较为成熟的分析软件；对于特定行业数据，业内相关公司已经开始探索，如中兴通讯对电信通信的大数据分析；而文本分析也是较为活跃的话题，通过和不同行业的结合，可以产生较多衍生应用。

（5）智能挖掘

学习可以分为数据、信息、知识、智慧4个层次，其中，智能挖掘在未来很重要，在智慧挖掘发现领域，人工智能与大数据有较多的交叉重叠，其中深度学习是一个热点。深度学习是通过构建具有很多层的学习模型和海量的训练数据，来学习更有用的特征。

（6）可视化

只有能被人类所理解的数据，才是有价值的数据，而可视化是最直观、最容易被理解的展现方式，同时不是只有传统的结构化数据可以可视化、流程、信息等，一切皆可可视化。当前可视化技术呈现如下三个趋势。

1）扁平化。即放弃一切装饰效果，所有界面元素的边界都干净利落，更加简单直接地将事物的工作方式展示出来，减少认知障碍的产生。同时扁平化设计更简约，可以保证在所有的屏幕尺寸上都有相同的展示效果。

2）动态化、可交互。即动态图形的表现力更丰富；通过界面的拖拽、点击、放大缩小，即可完成条件选择和切换。采用更少的菜单和更少的对话框，而不用复杂的条件选择对话框。

3）多维度、多图联动。即通过多张图从不同维度展示同一个东西，即可在交互时，通过操作一张图引起其他相关图的联动，并且可以同时获得更多的信息。

小N：大数据技术为什么能提高数据的处理速度？

老师：大数据可以通过MapReduce并行处理技术来处理，以提高数据处理的速度。MapReduce旨在通过大量廉价的服务器实现大数据并行处理，并具有低数据一致性要求，MapReduce的突出优点是可扩展性和可用性，特别是对于大规模结构化，半结构化和非结构化数据混合处理。

MapReduce可进行分布式传统查询，分解和数据分析，并将处理任务分配给不同的处理节点，因此具有更强的并行处理能力，同时作为并行处理的简化编程模型，MapReduce还降低了开发并行应用程序的阈值。

MapReduce是一套软件框架，包括Map（map）和Reduce（简化）两个阶段，可以海量分割数据，任务分解和汇总结果，完成大量数据并行处理。

MapReduce的工作原理其实是先分后合的数据处理方式。Map即"分解"，把海量数据分割成若干部分，分给多台处理器并行处理；Reduce即"合并"，把各台处理器处理后的结果进行汇总操作以得到最终结果。如果采用MapReduce来统计不同几何形状的数量，它会先把任务分配到两个节点，由两个节点分别并行统计，然后再把它们的结果汇总，得到最终的计算结果。

MapReduce适合进行数据分析、日志分析、商业智能分析、客户营销、大规模索引等业务，并具有非常明显的效果。通过结合MapReduce技术进行实时分析，某家电公司的信用计算时间从33小时缩短到8秒，而MKI的基因分析时间从数天缩短到20分钟[①]。

2.2 大数据与云计算

老师：很多人对于云计算和大数据总是容易混淆关系，将"云计算"和"大数据"一起来讨论，实则不然。简单来说：云计算是硬件资源的虚拟化，而大数据是海量数据的高效处理。虽然从这个解释来看也不是完全贴

---

① https://wenku.baidu.com/view/8e34edbcdd88d0d232d46a02.html

第二章
大数据技术概述

切，但是却可以帮助对这两个含义不太明白的人很快理解其区别。当然，如果解释更具体一点的话，云计算相当于我们的计算机和操作系统，将大量的硬件资源虚拟化后在进行分配使用。可以说，大数据相当于海量数据的"数据库"，通观大数据领域的发展我们也可以看出，当前的大数据发展一直在向着近似于传统数据库体验的方向发展，一句话就是，传统数据库给大数据的发展提供了足够大的空间。

从技术上看，大数据与云计算的关系就像一枚硬币的正反面一样密不可分，大数据必然无法用单台的计算机进行处理，必须采用分布式计算架构。它的特色在于对海量数据的挖掘，但它必须依托云计算的分布式处理、分布式数据库、云存储和虚拟化技术。那么它们的关联性在哪里？这是我现在要和大家要探讨的问题。

小M：云计算虽然被提到很多，关于这方面的资料也有所了解，但基于它本身的概念到底是什么呢？

老师：其实它和其他概念上的计算一样，它是互联网的一种计算方式，在此基础上实现软硬件资源和信息的共享，而其提供的网络资源通常是虚拟化的，具有动态易扩展的特点。这种网络应用模式主要是基于互联网的相关服务的增加、使用和交付，最早是由谷歌提出的，Google作为大数据应用最为广泛的互联网公司之一，2006年率先提出"云计算"的概念.所谓"云计算"根据文献[①]对云计算的定义来看，云计算是一种大规模的分布式模式，基于网络来提供动态易扩展的虚拟化自由，来实现相关服务的增加。美国国家标准与技术研究院（NIST）给云计算进行如下定义：云计算是一种按使用量付费的模式，这种模式提供可用的、便捷的、按需的网络访问，进入可配置的计算资源共享池（资源包括网络，服务器、存储、应用软件、服务），这些资源能够被快速提供，只需投入很少的管理工作，或与服务供应商进行很少的交互。狭义的云计算是指IT基础架构模型的交付和使用，通过网络来满足需求，采用易于扩展的方式获得必要的资源，而广泛地涉及云计算，指的是服务模式的交付和使用，通过网络在按需、适当规模的基础上获得您需要的服务。目前，云计算可以被认为包含三个层次的内容：服务（IaaS），平台即服务（PaaS）和软件即服务（SaaS）。国内"阿里云"和云谷的XenSys-tem，以及国外已经非常成熟的英特尔和IBM都是"云计算"的忠实开发者和用户。同时，"云计算"的概念被提出，它对生产环境有很多的使用，国内"阿里云"和云谷的Xensystem，以及在国外已经非常成熟的英

---

① FOSTER i，ZHAO Y，RAICUI，etat. Cloud compu-ting and grid computing 360-degree compared [C]//Proceedings of the Grid Computing Environments Workshop2008 GCE. Austin：

特尔和IBM都在使用，"云计算"应用服务日益扩大。可以这样说，在大数据时代，云计算在未来的影响是不可估量的。

学生：那"云计算"与网格计算、效用计算、自在计算的区别到底在哪里那？

老师：我们来看一下2-1表格：

表2-1 计算类型模式

序号	计算类型	计算具体方式
1	网格计算	属于分布式计算的一种，由一群松散耦合的计算机组成的一个超级虚拟计算机，常用来执行一些大型任务。
2	效用计算	IT资源的一种打包和计费方式，比如按照计算、存储分别计量费用。像传统的电力等公共设施一样。
3	自主计算	具有自我管理功能的计算机系统

老师：事实上，许多云计算技术部署依赖于计算机集群也吸收了自主计算和效用计算的特点。但需要指出的是，云计算与网格的组成、体系结构、目的、工作方式等都大相径庭。

小M：我们知道，云计算已经给我们的生活带来很大影响，在存储的安全性上，可以比较放心地与指定的人进行轻松共享数据，总之它为我们使用网络提供了无限的可能性，而它与大数据之间是怎么的一种关联那？

老师：我们知道，市场上到处充斥着大数据，人们谈论的也都是大数据。大数据的发展是清晰可见的。发展到现在，除了数据本身发生了改变之外，云计算的出现也使数据变得更加分散了。这种趋势是对传统数据库的一大挑战，因为传统数据库已经难以满足市场对于海量数据的需求，而且随着数据的多样化、对数据的需求加快，传统数据库更是显得举步维艰。这时候，各种各样的解决方案纷纷现身。由于大数据本身就是一个问题集，在众多的解决方案中，最重要和最有效的技术是云计算，两者结合起来，产生1+1>2的效果，而这也是人们公认的处理大数据集最有效的分布式处理手段。云计算为大数据的处理提供了基础架构平台，大数据应用可以在这个平台上运行，双方密不可分，互相保障。

小U：那云计算显著的特点主要有哪些？

老师：就云计算本身特点来讲，主要涵盖五个方面：一是云计算系统自身提供服务。服务的实现机制对用户是透明的，用户不需要了解云计算的具体机制，可以获得所需的服务；二是提供可靠性的冗余方式。云计算系统由大量商业计算机集群组成，为用户提供数据处理服务。随着计算机数量的增

第二章 大数据技术概述

加,系统大大增加了错误的概率,在没有专用硬件可靠性组件支持的情况下,使用软件,即数据冗余和分布式存储来保证数据的可靠性;三是高效可用性。通过大容量存储和高性能计算能力的整合,云可以提供一定程度的服务质量满意度。云计算系统可以自动检测节点的故障,并且消除故障节点,不会影响系统的正常运行;四是高级编程模型。云计算系统提供高级编程模型。用户通过简单的学习,就可以编写自己的云计算程序,在"云"系统实现中,满足他们的需求,现在云计算系统主要采用Map-Reduce模型;五是经济性。组建一个采用大量的商业机组成的机群相对于同样性能的超级计算机花费的资金要少很多。

小S:那大数据对云计算会带来影响吗?

老师:会的,对于大数据给云计算带来的影响,美国一位IT公司的技术总监贝斯持表示,大数据对云计算的形式只表现在私有的云架构上,对于公有的云架构,对数据仓库没有影响。因为企业的CIO不会无线无敌把财务数据或者客户数据放到云上,因为那是一件极度危险的事情。而私有的云架构则不同,它对于数据仓库的影响有两点:一是通过私有云,可以巩固数据集,减少利用率不足的问题;二是可以通过灵敏的方式将数据集成,实现业务价值,这保证了双方不会发生任何冲突.反而起到了互相补充的加强作用。

小M:那云计算与大数据的区别在哪里?

老师:具体区别体现在两个方面,一是概念上的不同。从宏观的方面上来讲,云计算改变了IT,而大数据则改变了业务。同时,大数据必须有云作为它的基础架构.才能得以顺利推广并体现出强大的实用价值;二是目标受众的区别。双方的目标受众也是不一样的,云计算代表着一种IT层面的解决方案,是面向CIO的,而大数据则是一种战略构架,是面向管理者和业务层的,它能让我们在业务上展示出更强大的竞争力,完全提升综合实力。同时大数据是云计算的灵魂和升级方向,云计算为大数据提供的存储的空间和访问的渠道,大数据与云计算关系十分密切,从整体上看,大数据与云计算是相辅相成的;从技术上看,大数据植根于云计算,云计算与大数据的不同之处在于应用的不同。

小E:云计算的关键技术有哪些?

老师:云计算的关键技术是虚拟化技术、数据存储管理、并行计算和并行算法、以及Iaas/Paas/SaasS服务模型,下面我们一起做讨论。

小Y:有书上说虚拟化是云计算的主要核心特征之一,虚拟化指的什么哪?

老师:所谓虚拟化是指计算机组件基于虚拟而不是真正的操作基础组

件。虚拟化技术可以扩展硬件容量，简化软件重配置过程。CPU 虚拟化技术可以是单CPU并行多CPU模拟，允许平台运行多个操作系统，并且应用程序可以在空间中独立运行而不会相互影响，从而显著提高计算机的效率。

小M：Iaas/Paas/SaasS 这种服务模式，是什么哪？

老师：看来大家对云计算的主要关键技术都比较干兴趣，下面我们以表格的形式把相应关键技术都做一下探讨，见表2-2云计算主要关键技术分析。

表2-2　云计算主要关键技术

技术类型	技术描述
虚拟化技术	云计算系统的核心组成部分之一，是将各种计算以及存储资源充分整合和高校利用的关键技术。虚拟化分为两种应用模式。首先，将强大的服务器虚拟化成多个独立的小型服务器，不同的用户的服务。第二个是将一些虚拟服务器转换成功能强大的服务器来完成一个特定的功能。这两种模式的核心是统一管理，动态分配资源，提高资源利用率。
Iaas/Paas/SaaS 服务模式	云计算中用户所需要的任何东西都以服务形式体现，服务型包括计算服务、网络服务、软件服务、平台服务、存储服务等；IaaS是基础设施（主要用于计算资源，网络资源和存储资源）作为服务租赁，PaaS是IaaS与定制应用程序为给定的软件堆栈可以描述为一个完整的虚拟平台，其中包括操作系统和必要服务围绕特定应用程序。SaaS是基于互联网提供软件服务应用模式是管理软件的发展趋势，云计算是部署的最佳实践。
数据存储管理	云存储是一种以数据存储和管理为核心的云计算系统，云存储设备大量分布在不同地区，如何实现不同厂家，不同型号甚至不同类型的多设备逻辑卷管理，存储虚拟化管理和多链路冗余管理是一个巨大的挑战。另一个问题是存储操作和管理问题，必须通过实用有效的手段解决集中管理的困难问题，状态监控困难，故障维修困难，人工成本高。因此，云存储具有类似于集中管理平台的高效网络管理软件。目前，成熟的云计算数据存储技术主要是Google的GFS和Hadoop团队开发HDFS。
并行计算和编程模式	云计算并行编程模型是使复杂的并行执行和任务调度为用户和程序员透明。MapReduce是Google提出的云计算，一种新兴的编程模型。目前，几乎所有云计算服务提供商都适用于基于MapReduce的编程模型。虽然MapReduce是用于云计算的，但在并行处理和多核计算方面也有很好的表现。MapReduce主要用于处理数据Master，和高度并行化的程序。彼此相对接近的计算数据的处理是需要改进的。

小R：现今比较知名的网络公司都推出了自己的云计算平台，哪比较典型的云计算平台有哪些？

老师：现在比较典型的云平台主要有四个平台：①Hadoop是云计算平台的基础，现在被诸如FaceBook，Twitter和Yahoo等公司广泛使用，通常由数

第二章
大数据技术概述

千台服务器和数万 CPU 组成。基于 Hadoop 的用户可以编写大量的数据分布式并行程序，并运行在数十万个由大型计算机集群组成的节点上。 Hadoop 已被几家全球 IT 公司用作其云计算环境中的重要基础软件。②Google App Engine（GAE）：虽然 Google 继续推出 Google 搜索、Google 地图、Google 地球和 Google AdSense 等新产品，但 Google 正在构建一个平台，以便为开发者集成其服务。这是 Google App Engine 平台，是一个由 Python 应用程序服务器，Bigtable 数据库和 GFS 数据存储服务组成的平台。除了提供基本的运行环境，它还消除了数百万用户在构建应用程序管理和开发挑战时面临的许多系统。它包括用于将代码部署到集群以及用于监视，故障转移，自动扩展和负载平衡的工具[①]；③Amazon EC2：Amason 是基础设施服务的标准。 AWS 包括一组丰富的云服务。其核心组件是弹性计算云及其附加的存储服务。EC2 向用户提供可以在共享和虚拟化环境中实例化的虚拟模板的选择。亚马逊还提供两种持久存储功能：简单存储服务和灵活块存储[②]；④Microsoft Azure 平台： Windows Azure 是 Microsoft 的平台即服务产品。它类似于 Google AppEngine 的概念，通过使用它可以基于 Microsoft 技术的应用程序托管和运行在 Microsoft 数据中心。 Windows Azure 的结构控制器自动管理资源，执行负载平衡，并复制和管理应用程序生命周期以实现弹性[46]。

小 U：云计算能为大数据带来哪些变化呢？

老师：基于云的数据分析平台将更加完善，企业越来越希望能够拥有各种类型的应用和基础设施到云平台。与其他 IT 系统一样，大型数据分析工具和数据库将转向云计算。具体变化将反映在三个方面：

首先，云计算为大数据提供了灵活的扩展，相对便宜的存储空间和计算资源，使中小型企业也可以像亚马逊一样通过云计算完成大数据分析。

其次、云计算、IT 资源，更广泛分布的异构系统更加及时准确的进行数据处理，当然大数据与云计算，还要依靠数据通信带宽的提高和云资源池的建设，需要确保原始数据迁移到云环境和资源池可以按需弹性扩张。

同时随着数据分析集的逐步扩大，企业级数据仓库将成为主流，未来将逐步纳入行业数据，政府数据等多源数据

当人们尝试到运用大数据分析的好处时，数据分析逐渐扩大。目前，大多数企业的数据分析一般以 TB 为单位，根据目前的数据发展速度，很快就会进入 PB 时代。

---

① 井华，《大数据时代下的互联网金融》，国际融资，2013（11）.
② Google App Engine Blog. Back to the Future for Data Storage[EB/OL]. http://googleappengine.blogspot.com/2009/02/back-to-future-for-data-storage.html.

最后，随着数据分析集的扩展，以前部门层面的数据集将不能满足大数据分析的需要，它们将成为企业级数据库（EDW）的一个子集。根据TDWI的调查，现在大约有2/3的用户一直在使用企业级数据仓库，未来的比例会更高。传统的分析数据库可以正常继续，但有一些更改。一方面，数据市场和运营数据存储（ODS）的数量将会减少。另一方面，传统的数据库供应商将增加其产品的数据容量，数据类型的增加满足了大数据分析的需要。因此，企业内的数据分析将从部门转向企业级，从部门需求转向企业需求，从而获得比部门观点更大的收益。应该注意的是，随着政府和行业数据的开放，更多的外部数据将进入企业数据仓库，使得数据仓库越大，数据的价值越大。

2.3 大数据与移动互联网

小S：近几年来，智能手机、平板电脑等移动终端的普及，让移动互联网成为我们最贴身的媒体和学习的强大工具。移动互联网已经极大地改变了我们的生活方式。那到底什么是移动互联网呢？

老师：移动互联网就是将移动通信和互联网二者结合起来，成为一体。移动互联网是移动网和互联网融合的产物，移动互联网业务呈现出移动通信业务与互联网业务相互融合的特征，它是互联网的技术、平台、商业模式和应用与移动通信技术结合并实践的活动总称，是一种通过智能移动终端，采用移动无线通信方式获取服务的新兴业务，包括终端、软件和应用三个层面。

小S：那移动互联网主要适用在那些方面？

老师：主要体现在以下方面：

1. 衣食住行。运用无线互联网给客户带来全新的感受。比如大众点评网，从传统PC起家，但是移动互联网的发展让它上了一个新的台阶。

2. 健康和医疗行业。通过移动互联网感应设备，能够及时地反映健康和运动当中的一些数据，对用户来说就是巨大的体验改变。

3. 通讯。过去的一年当中，最重要的无线互联网应用是微信的兴起，这是巨大的创新，这个产品带来的冲击是非常大的，与云计算有不可分割的联系。

4. 金融服务。如支付公司，目前已出现很多种支付方式，未来支付公司之间的竞争将越来越烈。

小M：互联网的入口点主要有那些？

老师：移动互联网一共有三个入口：浏览器、App、二维码。但是随着IPhone出世，苹果通过"IOS+ App Store"重新定义底层结构，手机用户开始学习使用本地App连接丰富的网络服务，Android也随之跟进，共同确立了

"操作系统搭台、应用程序唱戏"的游戏规则。

小S：基于现在大数据背景，二维码入口非常常用，也比较普遍，它是如何实现的那？

老师：现在我们对二维码的熟悉程度越来越高，它是指在一维码的基础上扩展出另一维具有可读性的条码，使用黑白矩形图案表示二进制数据，被设备扫描后可获取其中所包含的信息。二维码提供了平台式服务，它的应用有主读和被读两种，在国外，二维码的平台式服务指的是有一个平台来供你生成二维码，并

在那后面附上图片、文字、视频等各种各样的信息，成为移动互联网的第三层人口。

2.4 云计算与物联网

小X：在大数据背景下，云计算指得是什么那？

老师：大数据可以说是计算机和互联网结合的产物，计算机实现了数据的数字化；互联网实现了数据的网络化；两者结合才赋予了大数据生命力，而云计算是一种基于互联网的计算方式，通过这种方式，共享的软硬件资源和信息可以按需求提供给计算机和其他设备。而物联网则是物物相连的互联网具体来说，物联网的核心和基础仍然是互联网，是在互联网基础上的延伸和扩展的网络，其用户端延伸和扩展到了任何物品与物品之间，进行信息交换和通信，物联网技术带给事物的是一种技术上的革新，而它的载体还是原有的事物。

小Y：云计算和物联网之间是什么关系呢？

老师：可以从两个方面来讲，一方面云计算是实现物联网的核心。物联网时代，所有设备实现互联互通，随之而来的则是巨大的数据量，而运用云计算模式，使物联网中数以兆计的各类物品的实时动态管理、智能分析变得可能，物联网通过将射频识别技术、传感器技术、纳米技术等新技术充分运用在各行各业之中，将各种物体充分连接．并通过无线等网络将采集到的各种实时动态信息送达计算处理中心，进行汇总、分析和处理。

另一方面，云计算将成为物联网的重要环节。云计算是以应用为目的，通过互联网将大量必须的软硬件按照一定的形式连接起来，并且随着需求的变化而灵活调整的一种低消耗、高效率的虚拟资源服务的集合形式。物联网强调物物相连，设备终端与设备终端相连，云计算能为连接到云上设备终端提供强大的运算处理能力，以降低终端本身的复杂性，二者都是为满足人们日益增长的需求而诞生的。

2.5 大数据主要分析平台

2.5.1 Spark

老师：基于大数据下的分析平台很多，今天给大家介绍一下其主要的分析平台Spark，它是一种与Hadoop相似的开源集群计算境，但Spark在某些工作负载中表现更好。Spark启用内存分配数据集，它可以优化迭代工作负载，同时还能提供交互式查询。

小M：Spark是基于什么语言实现的哪？

老师：Spark是在Scala语言中实现的，它将Scala用作其应用程序框架。与Hadoop不同，其中Spark可以像操作本地集合对象一样轻松地操作分布式数据集。尽管创建Spark是为了支持分布式数据集上的迭代作业，但是实际上它是对Hadoop的补充，可以在Hadoop文件系统中并行运行，通过名为Mesos的第三方集群框架可以支持此行为，Spark由加州大学伯克利分校AMP实验室开发，可用来构建大型的、低延迟的数据分析应用程序。

小Y：那Spark与Hadoop有什么相似之处，它的主要功能是什么？

老师：这个问题很好，尽管Spark类似于Hadoop，但它提供了一个新的集群计算框架，它具有有用的差异。Spark针对集群计算中的特定类型的工作负载设计，即在并行操作之间重用工作数据集的工作负载。为了优化这些类型的工作负载，Spark引入了内存聚类的概念，它将数据集缓存在内存中，以减少内存集群计算中的访问延迟[①]。

Spark还引入了一种称为灵活分布式数据集（RDD）的抽象。RDD是一组分布在一组节点上的只读对象。这些集合是弹性的，并且如果数据集的一部分丢失，则可以重建，并且重建一些数据集的过程取决于容错机制。RDD表示为Scala对象，可以从文件创建。

小N：那Spark中的程序一般称为什么程序那？

老师：Spark中的应用程序称为驱动程序，它实现在单个节点上执行的操作或在一组节点上并行执行的操作。和Hadoop一样，Spark支持单节点集群或多节点集群，对于多节点操作，Spark依赖于Mesos集群管理器。Mesos为分布式应用程序的资源共享和隔离提供了一个有效的平台，这允许Spark和Hadoop在共享节点池中共存。

---

① 程学期. 靳小龙等，大数据系统和分析技术综述[J]，软件学报，2014年09期.

2.5.2 Hadoop

老师：一般学习过云计算或者了解云计算相关知识的人，应该听说过"Hadoop"这个词，在这里我们简单介绍一下：

Hadoop讲的就是以开源形式发布的一种对大规模数据进行分布式处理的技术。特别是处理其大数据时代所必需的非结构化数据时，Hadoop在性能和成本方面都具有优势，而且通过横向扩展进行扩容也相对容易，因此备受关注。它是由Apache Foundation开发的分布式系统基础架构，允许用户在没有分布式低级细节的情况下开发分布式程序，利用集群的力量来执行高速操作和存储。它具有可靠性高，可扩展性高，效率高，容错性高，成本低的优点[1]。

小M：那Hadoop的基础源自哪里？

老师：Hadoop的基础，是美国Google公司于2004年发表的一篇关于大规模数据分布式处理的题为"Map Reduces：Simplified Data processing on Large Clusters"的论文，该项目目前以美国雅虎公司及由投资的Hortonworks公司等为中心，由Apache软件基金会进行开发。

小S：Map Reduces与Hadoop的关系是什么？

老师：Map Reduces指的是一种分布式处理的处理方法，而Hadoop则是将Map Reduces通过开源方式进行实现的框架的名称。其原因在于，Google在论文中公开的权限仅限于处理方法，没有公开程序本身，即提到Map Reduces指的是一种处理方法，而对其实现的形式并非只有Hadoop一种。而提到Hadoop，指的是一种基于Apache授权协议，以开源形式发布的软件程序。

小Y：Hadoop是一个文件系统吗？

老师：Hadoop实现了分布式文件系统（Hadoop分布式文件系统，HDFS）。Hadoop系统是一个能够可靠和高效处理海量数据的分布式存储和计算平台。其核心架构分为Hadoop分布式文件系统，Hadoop分布式文件系统或用于分布式存储的HDFS，大数据的操作和管理，分布式计算架构MapReduce，用于大数据分析和处理。Hadoop允许用户构建低成本的硬件基础架构平台，而无需使用昂贵的小型机、刀片，集群甚至数千台普通计算机性能，可以依靠几个小型机的性能，HDFS高容错能力，并且设计部署在廉价硬件，并且为具有非常大的数据集的应用程序提供对应用程序数据的高吞吐量访问。

小U：Hadoop的优点是什么哪？

老师：作为一个优秀的开源项目，Hadoop有很多优势。便宜：Hadoop

---

[1] 陈坚《大数据架构师指南》[M]. 清华大学出版社，2016(05)：22-101.

可以部署在普通的配置计算机上，例如普通的家用PC，无需支付大笔钱来购买小型计算机。使用普通PC可以构建一个Hadoop服务器集群来进行数据的分布式处理，这些服务器集群可达数千个节点。弹性：Hadoop可以根据需要增加节点，扩展到更大的集群，或减少节点数量以减少需求减少时减少集群负载。高效：Hadoop可以将分布到每个节点的海量数据进行分布，充分利用每个节点的计算能力，同时每个节点并行处理数据，可以达到二级处理PB级数据的速度。可靠的容错性：文件存储在Hadoop的文件系统中，Hadoop自动生成并保存数据的多个副本，即使数据在任务中丢失，副本也可以被副本快速恢复。

Hadoop不仅具有上述优势，而且一直是Apache基金会的开源，使Hadoop在各个领域受到欢迎。今天，Hadoop不仅用于处理大规模网络处理和科学研究，而且还涉及机器学习，数据挖掘，搜索引擎等领域，不仅对于传统互联网公司，而且还扩展到金融行业、教育行业等领域。

小X：HDFS是Hadoop的核心吗？

老师：Hadoop框架最核心的设计是HDFS和Map Reduce。HDFS为海量的数据提供了存储，Map Reduce则为海量的数据提供了计算。Hadoop平台基于主从架构，可以运行在数十台甚至数千台具有Namenode，Datanode，Secondary，Jobtracter和Tasktracker的计算机上，并且可以利用群集节点的巨大存储和计算资源。

小Y：能简单讲一下它们大致如何工作吗？

老师：Hadoop强调的是移动计算，HDFS将数据分块存储在集群中不同的节点上。计算前，Namenode分析程序需要的数据存储在集群中的哪些节点；Jobtracter将Map Reduce计算任务分配给这些节点上的Tasktracker；Tasktracker启动Map程序，开启计算任务；经过Combiner、Shuffle等过程，在Reduce阶段生成计算结果，后文我们就Hadoop的构成元素具体进行讨论。

小X：Hadoop的构成元素主要有那些？

老师：作为分布式数据处理架构，Hadoop包括许多元素，包括HDFS，Map Reduce，HBase，Hive，Zookeeper，Avro等，核心部分是HDFS分布式数据存储和Map Reduce的数据并存处理机制。

小M：HDFS作为其核心元素，主要用来做什么？

老师：HDFS是Hadoop项目的核心子项目，是分布式计算中数据存储管理的基础，并且基于对流数据模式访问和处理可以在廉价商业服务器上运行的非常大的文件的需要，它具有高容错，高可靠性，高可扩展性，高可用性，高吞吐量等特点的海量数据提供了存储失败的恐惧，为Large Data Set（超大数据集）的应用处理带来了很多便利。

第二章
大数据技术概述

小S：HDFS的存储单位是什么？

老师：HDFS默认的最基本的存储单位是64M的数据块。HDFS体系结构中有两类节点，一类是Na-meNode，又叫"元数据节点"；另一类是Data Node，又叫"数据节点"。这两类节点分别承担Maste和Worrker具体任务的执行节点[①]。Name node是一个中心服务器，负责管理文件系统的name spase和客户端对文件的访问。Datanode在集群中一般是一个节点一个，负责管理节点上它们附带的存储。

小Y：那Map Reduce作为其组成的核心要素之一，主要作用是什么哪？

老师：这个问题正是我想和大家准备探讨的问题，Map Reduce是一种编程模型，用于大规模数据集的并行运算，2004年，Google公司最先提出Map Reduce技术，作为面向大数据分析和处理的并行计算模型。同时Map Reduce技术框架包含三层面的内容：分布式文件系统、并行编程模型和并行执行引擎。Map Reduce并行编程模型把计算过程分解为两个主要阶段，即MAP阶段和Reduce阶段[②]。Ma—PR educe技术是一种简洁的并行计算模型，它在系统层面解决了扩展性、容错性等问题，通过接受用户编写的Map函数和Reduce函数，自动地在可伸缩的大规模集群上并行执行，从而可以处理和分析大规模的数据。Map Reduce技术是非关系数据管理和分析技术的典型代表。

小N：那H Base又是什么？

老师：H Base- Hadoop Database，是一个高可靠性、高性能、面向列、可伸缩的分布式存储系统，利用H Base技术可在廉价PC Server上搭建起大规模结构化存储集群。H Base是Google Big table的开源实现，类似Google Big table利用GFS作为其文件存储系统，H Base利用Hadoop HDFS作为其文件存储系统；Google运行MapReduce来处理Big table中的海量数据，H Base同样利用Hadoop MapReduce来处理H Base中的海量数据；Hadoop HDFS为H Base提供了高可靠性的底层存储支持，Hadoop MapReduce为HBase提供了高性能的计算能力，Zookeeper为HBase提供了稳定服务和failover机制[③]。它也算作为Hadoop主要构成元素之一，H Base（Hadoop Database）是一个高可靠性、高性能、面向列、可伸缩的分布式存储系统，是一个适合于非结构化数据存储的开源数据库，它在Ha—doop之上提供了类似于Big table的能力。

---

① 熊忠阳. 面向商业智能的并行数据挖掘技术及应用研究[D]. 重庆：重庆大学，2004.
② 覃雄派，王会举，杜小勇，等. 大数据分析——RDBMS与Mapreduce的竞争与共生[J]. 软件学报，2012，23(1)：32—45.
③ 陆嘉恒.Hadoop 实战[M]. 北京：机械工业出版社，2011.09 1.

2.5.3 NoSQL 数据库

老师：大家应该知道，传统的关系型数据库讲求的是"One size for all"，即用一种数据库适用所有类型的数据，但在大数据时代，由于数据类型的增多、数据应用领域的扩大，对数据处理技术的要求以及处理时间方面均存在较大差异，用一种数据存储方式适用所有的数据处理场合明显是不可能的，因此，很多公司已经开始尝试"One size for one"的设计理念，并产生了一系列技术成果，取得了显著成效。比如提出了Google公司提出的Big Table的数据库系统解决方案，Yahoo的PNUTS和Amazon的Dynamo等数据库解决方案，这些数据库的成功应用促进了对非关系型数据库的开发与运用，而这些非关系型数据库方案现在被统称为（Not Only SQL），我们今天给大家探讨NoSQL。

小M：那NoSQL的定义是什么？

老师：现在，没有NoSQL的明确定义，一般认为NoSQL数据库应该具有以下特点：无需支持，轻松的复制支持，简单的应用程序编程接口简单的API），一致性，支持海量数据巨大的数据量）。目前有四种典型的NoSQL分类，见表2-2：

表2-2 典型的NoSQL数据库

类别	相关数据库	性能	可扩展性	灵活性	复杂性	优点	缺点
Key-Value	Redis Riak	高	高	高	无	查询高效	数据存储缺乏结构
Colum	HBase Cassandra	高	高	一般	低	查询高效	功能有限
Document	CouchDB MongoDB	高	可变	高	低	对数据结构的限制较少	查询性能低
Graph	OrientDB	可变	可变	高	高	图解法精密	数据规模相对较小

小Y：那我们传统上使用的关系型数据库管理系统（RDBMS），是通过SQL这种标准语言来对数据库操作的，而现在的NoSQL并不使用SQL语言，那它是不是对使用SQL的现有RDBMS的否定哪？

老师：这个问题提的很好，有时候人们误认为是对其使用的否定，并将要取代RDBMS，而实际并非如此，NoSQL数据库是对RDBMS所不擅长的部分进行的补充，因此应该理解为"Not only SQL"的意思。

小M：NoSQL数据库与传统上使用的RDBMS之间的主要区别在哪里？

老师：这两者的区别主要在于数据类型、数据库结构、数据的一致性、

第二章
大数据技术概述

服务器等相关性能方面，详见表2-3：

表2-3　NoSQL与RDBNS

	NoSQL	RDBMS
数据类型	主要是非结构化的数据	结构化数据
数据库结构	不需要事先定义，并可以灵活改变（Schemless）	需要事先定义，是固定的
数据一致性	存在临时的不保持严密一致性的状态	通过ACID特性保持严密的一致性
扩展性	通过横向扩展可以在不降低性能的前提下应对大量访问，实现线性扩展	基本上是向上扩展。由于需要保持数据的一致性，因此性能下降明显。
服务器	以分布\协作式工作为前提	以在一台服务器上工作为前提
故障容忍性	有很多无单一故障点的解决方案，成本低	为了提高故障容忍性需要很高的成本
查询语言	支持多种非SQL语言	SQL
数据量	具有较大规模的数据	数据规模相对较小

小S：在数据模型和数据库结构上，两者在具体设置是怎么进行的？

老师：在RDBMS中，数据被归纳为表的形式，并通过定义数据之间的关系，来描述严格的数据模型。这种方式需要在理解要输入数据的含义的基础上，事先对字段结果做出定义。一旦定义好的数据库结构就相对固定了，很难进行修改。在NoSQL数据库中，数据是通过键及其对应的值的组合，或者是键值对和追加键来描述的，因此结构非常简单，数据库结构无需在一开始就固定下来，且随时都可以进行灵活的修改。

小M：数据的一致性上，ACID是什么意思，两者具体的差异点？

老师：在RDBMS中，由于存在ACID（Atomicity=原子性 Consistency=一致性 Isolation =隔离性 Durability=持久性）原则，因此可以保持严密的数据一致性。

而NoSQL数据库并不是遵循这种严格的规则，而是采用结果上的一致性（Eventual Consistency），即可能存在临时的，无法保护严密一致性的状态，到底是用NoSQL数据库还是RDBMS数据库，需要根据用途来进行选择，而数据的一致性这一点尤为重要。

小Y：能否说一个其应用实例哪？

老师：当然可以，例如像银行账号的转入转出处理，如果不能保证交易处理立即在数据库中得到体现，并严密保持数据一致性的话，就会引发很大的问题。相对地，我们想一想Twitter上增加一个粉丝的情况。粉丝数量从

· 53 ·

1050人变成1051人，但这个变化即便没有即时反映出来，基本上也不会引发什么大问题。前者这样的情况，适合用RDBMS，而后者这样的情况，则适合用NoSQL。

小Y：扩展性方面哪？

老师：RDBMS由于重视ACID原则和数据的结构，因此在数量增加的时候，基本上是采取购买更大的服务器这样向上扩展的方法来进行扩容，而从架构方面来看，是很难进行横向扩展的，此外，由于数据的一致性需要严密的保证，对性能的影响也十分显著，如果为了提升性能而进行非正规化处理，则又会降低数据库的维护性和操作性。NoSQL数据库则具备很容易进行横向扩展的特性，对性能造成的影响也很小，而且由于它在设计上就是以在一般通用型硬件构成的集群上工作为前提的，因此在成本方面也具有优势。

小S：在容错性方面哪？

老师：RDBMS可以通过复制将数据在多台服务器上保留副本，从而提高容错性，但在发生数据不匹配的情况时，以及想要增加副本时，在维护上的负荷和成本都会提高，NoSQL由于本来就支持分布式环境，大多数NoSQL数据库都没有单一故障点，对故障的应对成本比较低。

小M：哪NoSQL数据库的特征有哪些？

老师：从上面对比来看，NoSQL数据库具备以下特征：数据结构简单、不需要数据库结构定义、不对数据一致性进行严格保证、通过横向扩展可实现很高的扩展性等。简而言之，就是一种以牺牲一定的数据一致性为代价，追求灵活性、扩展性的数据库。

小S：哪NoSQL数据库的诞生是因为现有的RDBMS有问题吗？

老师：NoSQL数据库的诞生背景，是因为现有的RDBMS存在一些问题，如不能处理非结构化数据、难以进行横向扩展、扩展性存在极限等。也就是说，即便现有的RDBMS非常适用于企业的一般业务，但要作为以非结构化数据为中心的大数据处理的基础，则很难说是最合适的选择。例如，在实际进行分析之前，很难确定在如此多样的非结构化数据中，到底哪些才是有用的，因此事先对数据库结构进行定义是不现实的，而且RDBMS的设计对数据的完整性非常重视，在一个事务处理过程中，如果发生任何故障，都可以很容易地进行回滚。然而在大规模分布式环境下，数据更新的同步处理所造成的进程间通信延迟则成为了一个瓶颈。

小Y：NoSQL数据库存储模型有几种？

老师：NoSQL数据库根据存储模型和数据库的特点可以分为许多，主要分为关键值模型、列模型、文档模型和图形模型四种类型。

第二章
大数据技术概述

小S：这四种类型的各自代表的思想是什么哪？

老师：键值模型的关键思想是从数据结构中得到哈希表：哈希表中的特定键和值指针，指向特定数据，可以看出，整个NoSQL系统数据访问层只需要存储其关键值，不用在意这些数据是什么，键值模型对于海量数据存储系统来说，最大的优点在于数据模型简单易于实现，非常适合数据通过键查询和修改操作[①]，但如果整个海量数据存储系统更加专注于批量数据查询，更新操作，数据库的价值效率明显不利，同样，键值存储不支持特别复杂逻辑的数据操作。

列模型不支持多表连接等相关操作。它主要应用于像"table"这样的传统数据库。它的主要特点是当存储数据时，它主要围绕这个"列"而不是"行"。换句话说，当存储数据时，相同列的数据将最大程度地存储在硬盘上的同一页中。这样做的优点是同一列数据的海量数据分析，将大大减少硬盘I/O操作，从而大大提高数据的处理速度。例如：2008年Facebook开发了Cassandra项目，是一个典型的列存储数据库，该项目将存储在数据族中，而列族的行则放多列数据，与该行的行键相关联，该行用于对需要一起访问的相关数据进行分组，可能需要访问多个用户的个人信息，但在实际应用中可能很少同时访问他们的订单。

小S：那文档数据库和图形模型又是什么？

老师：文档数据库的主要目标就是在键值存储方式和传统的关系数据模型之间架起一座桥梁，它的灵感来自于Lotus Notes办公软件。数据结构主要是JSON或类似JSON的格式来存储文档。文档数据库可以被视为密钥数据库的升级版本，其允许嵌套键值，并且文档存储模型通常可以索引其值以方便上层应用程序，这是公共密钥数据库不能支持的。

图形模型来解决关系模型的缺陷性能，图的结构可以通过关系数据库模型归一化，由于关系数据库的特性，将在文件树的递归结构和社交网络结构的查询中改进数据库的性能。在网络关系中，每个操作都会导致数据库模型到表的连接操作，这个操作不仅缓慢，而且与表元数目增加的次数不一致，根据图模型的概念，网络图结构包含节点（即顶点），关系（即边）（具有方向和类型，节点和节点可以连接在多个边之间），节点和关系属性。

小Y：哪NoSQL用例能否简单说一下？

老师：当然可以，NoSQL数据库最初用在社交网站中，用来处理由用户社区生成的海量数据。例如，2010年，Twitter每天产生的数据量高达

[①] 蔡斌，陈湘平著.Hadoop技术内幕：深入解析Hadoop Common和HDFS架构设计与原理实现.[M].北京：机械工业出版社，2013.03 4~5.

12TB，全年产生的数据高达4PB。此外，Twitter的数据量还在随着用户的增多而快速增加。

Twitter等社交网站允许用户分享他们的想法、观点和图片，但没有一个简单的方法能够处理这些来自数百万用户的海量数据。HDFS以分布式和可容错的方式来存储这些数据，MapReduce用它的批处理功能来分析这些数据。然而，这些技术并不适合对数据进行实时分析处理，每条Twitter信息都有一个唯一的标识符，同时也会存储用户的ID，键值存储适合处理这样的数据，SQL数据库技术可运行各种查询，如用户搜索以及搜索某个用户发出的所有Twitter信息，图形数据库能够查找用户的好友和关注者。

当今，企业能够处理从社交媒体中获取的用户行为、观点和市场趋势等数据，并从中获取有商业价值的分析，这些数据与CRM中的数据结合，能够得到关于用户的全方位信息，然而几年前，还不能得到这样的数据，现在用户数据不再只是用户相互交互产生的数据，也包括图片、音频、点"赞"信息、网页、偏好信息、用户忠诚信息以及以后可能出现的数据。这些新数据形式，要求系统能够同时处理结构化数据和非结构数据，随着更多的交流与协作渠道的出现，数据的格式也在持续地变化，这就要求开发人员和数据管理系统去处理无固定模式的数据，虽然在事务系统中，每条记录对业务操作都非常重要，但是由用户产出的新数据量很大且是分散的，因此这样的数据需要分布式的存储和计算环境。

用户档案信息主要用于只读查询，它需要一个基于键的访问机制。因此，支持结构化和半结构化数据、键值存储以及分布式部署的NoSQL数据库是理想选择。在进行操作分析时，NoSQL中的用户信息可以与OLTP和数据仓库系统的用户信息相结合，Oracle NoSQL数据库和Oracle关系数据库的紧密集成使关联二者中的数据成为可能。因此，现在企业部署NoSQL数据库，并使之与关系数据库和MapReduce技术相集成。

在线广告系统能用来说明不同数据管理技术和数据分析技术如何共同工作，广告商总是在寻找能引发人们关注的新媒体，快速增长的移动设备就是这样的新媒体。与桌面电脑相比，移动终端的使用时间相对较短。这就要求广告提供商在严格时间限制下，决定应该显示哪些广告。这些决定要求在75毫秒内完成，然而一家中等规模的广告提供商一天需要做出5亿个这样的广告推送决定。短暂的时间间隔，巨大的广告个数和海量的相关数据要求多方面的数据管理系统。这个系统要求能够响应高频度的请求，支持高吞吐量，应对不同的负载和系统故障。没有哪种单一的技术能够实现这些需求。

广告提供商需要快速分析用户，并在短时间内决定应该显示哪些广告。

为了有效地实现这些需求,广告提供商在 NoSQL 数据库中,执行用户查找并加载用户信息,这些用户信息包括人口结构信息、用户行为数据、用户近期活动数据、用户位置信息以及用户级别信息,这些信息可能是通过一个专门的评分引擎来收集的,除了显示广告,NoSQL 数据库可以结合 MapReduce 和关系数据库来管理活动预算,跟踪客户金融交易活动,以及分析活动效果。

第三章 大数据采集与处理

3.1 数据采集

3.1.1 采集方法

小S：老师，什么是数据采集呢？

老师：所谓的数据采集呢，其实并没有那么的神秘，我们简单的来说就是使用某种技术或手段，将数据收集起来并存储在某种设备上。当然了，这和普通的数据分析肯定是有区别的，大数据分析的数据采集在数据收集和存储技术上都是不同的。

小R：那么我可不可以这样举个例子呢，对于一些安防来说，大数据产生的一个最重要的途径就是视频监控，监控摄像机也就成为最重要的大数据采集工具，如果我举的例子正确的话，那具体数据采集定义是什么？

老师：VERY GOOD!小R你的例子很正确，看来你已经大致理解了数据采集，下面听我来给你们说说，数据采集（DAQ）是指传感器等被测设备从被测模拟和数字单元自动收集非电或电源信号，送到主机进行分析处理。数据采集系统集成了信号，传感器，执行器，信号调理，数据采集设备和应用软件。是一种基于计算机或其他特殊测试平台的组合，用于测量硬件和软件产品，实现灵活的，用户定义的测量系统。对于数据采集，通常有两个解释：一个是从数据源收集，识别和选择数据过程。另一种是数字，电子扫描系统，以及编码过程的内容和属性的记录过程。收集的数据是已经转换为电信号的各种物理量，例如温度、水位、风速、压力等，可以是模拟的或数字的。采集一般是采样模式，即在同一数据采集点上有一定的时间间隔（称为采样周期）。收集的大部分数据是瞬时值，但也是一段时间的特征值。准确的数据测量是数据采集的基础。数据测量方法是接触和非接触，各种检测组件。不管哪种方法和组件，都不受测量对象的状态和测量环境的影响，作为确保数据正确性的先决条件。数据采集技术广泛应用在各个领域，比如摄像头、麦克风等都是数据采集工具。数据处理是是通过对摄像机等图像采集设备、RFID射频技术、传感器以及移动互联网等方式获得的各种类型的结构化及非结构化的海量数据进行辨析、抽取、清洗等操作[1]。

---

[1] 孟小峰，慈祥.大数据管理：概念、技术与挑战[J].计算机研究与发展，2013（1）.

第三章
大数据采集与处理

小S：那大数据时代下，是如何进行数据采集的呢？

老师：说起来这个，可就有得说了，要知道，随着大数据时代的到来，数据采集也发生了一系列的改变，现在可以通过RFID射频数据、传感器数据、社交网络交互数据及移动互联网数据等方式获得的各种类型的结构化、半结构化（或称之为弱结构化）及非结构化的海量数据，是大数据知识服务模型的根本。要做好这些，就要重点要突破分布式高速高可靠数据爬取或采集、高速数据全映像等大数据收集技术；突破高速数据解析、转换与装载等大数据整合技术；设计质量评估模型，开发数据质量技术。

我们再往细致了来说，大数据采集一般分为以下几层，智能感知层：这一层主要包括数据传感体系、网络通信体系、传感适配体系、智能识别体系及软硬件资源接入系统，实现对结构化、半结构化、非结构化的海量数据的智能化识别、定位、跟踪、接入、传输、信号转换、监控、初步处理和管理等，这一层要攻克针对大数据源的智能识别、感知、适配、传输、接入等技术。基础支撑层：提供大数据服务平台所需的虚拟服务器，结构化、半结构化及非结构化数据的数据库及物联网络资源等基础支撑环境，这一层要攻克分布式虚拟存储技术，大数据获取、存储、组织、分析和决策操作的可视化接口技术，大数据的网络传输与压缩技术，大数据隐私保护技术等。

小Y：那大数据的采集有哪些主要采用的方法吗？

老师：一般来讲，大数据的数据采集方法有很多，但主要的为系统日志采集方法、网络数据采集方法（对非结构化数据的采集）以及其他数据采集方法。其中很多互联网企业都有自己的海量数据采集工具，多用于系统日志采集，如Hadoop Chukwa，Cloudera Flume，Facebook Scribe等。这些工具是分布式架构，满足每秒数百MB的日志数据采集和传输需求；网络数据采集是指网络爬虫或网站开放API从网站获取数据的方式。该方法可以是从网页提取的非结构化数据，存储为统一的本地数据文件，并以结构化的方式存储。它支持图片，音频，视频和其他文档或附件到集合，附件和文本可以自动关联。除了包含在网络中的内容之外，可以使用诸如处理的DPI或DFI带宽管理技术来收集网络流量；其他数据收集方法，生产和业务数据或学术研究数据，如更高数据的保密性要求，可以通过与企业或研究机构合作，使用特定系统接口等相关方式采集数据。

小U：在数据采集的时候，一般的数据存储规模与数据类型是什么呢？

老师：让我们来把自己想象一个系统设计师，设身处地的想一下，我如果要构建一个大数据系统，首先我要干嘛呢，当然就是要分清我的数据是什么样子的，数据本身就像人一样，有自己不同的特点呢，有的数据需要很精确的处理，有的数据就不需要很精确的处理，有的数据大，有的数据相对而言比较小，所以啊，在进行系统设计的时候，我们首先需要考虑的就是数据存储规模，以及需存储与处理的数据类型。存储规模将大致确定大数据平台的建设规模，而数据类型将决定所需使用的技术以及复杂度。这样我们就知道需要什么样的设备和技术进行数据存储、分析，我们再通过了解相关的产业链有那些解决方案，这样就可以在节约资源的情况下解决遇到的问题。

对于数据存储规模，存储的成本大致是随存储规模而线性上升的。所以我们在项目规划的一开始，就要对数据的来源进行分析，区分出哪些数据需在大数据平台中集中存储，那些不需集中存储，并对各个数据源所产生数据的容量与规模进行一定的估算，然后我们在各主要数据源规模估算的基础上，就可以估算出全系统最终的数据存储容量。在存储方案确定的前提下，可以进一步估算出大数据平台（不包括上层业务系统）的建设成本。

而数据的类型，就非常多样化了。想一想，我们再使用计算机的时候，有多少种文件类型啊，比如文本、图像、音频、视频或其他二进制数据等多种数据，在存储、传输、交换、流转中形成了多样化的数据格式[①]，如TXT、JPG、AVI等。

从数据是否结构化的角度来看，其有三大类。其一是结构化数据，通常针对数据的记录形式，可用二维表结构来逻辑表达实现的数据称为结构化数据，如大多数存储在数据库二维表中的记录、TSV文件、结构化文本等；其二是非结构化数据，其与结构化数据相反，难以采用二维表结构来定义与表达，如办公文档、文本、图片、图像和音频/视频等；其三是半结构化数据，即文件本身提供结构自描述定义，数据的结构和内容混在一起的数据称为半结构化数据。

传统数据库擅长处理结构化数据，但对非结构化数据与半结构化数据，则很难处理。例如，对于文本、图像、视频等，往往需要专业化的处理算法，甚至随着业务的不同，针对相同种类的数据源，也需要采用不同的处理算法与软件。

所以在数据采集初期，对需要处理的数据进行梳理，识别出各类结构化数据、非结构化数据以及半结构化数据的种类，将有助于对整个系统所需要的技术，以及技术复杂度进行全面的评估。

小G：那数据的来源和质量如何保证呢？

老师：一个东西的来源与质量可是非常重要的，来历不明的数据，你是不是不知道是否有用，如果随便拿来用，分析出的结果是不是就会有很大的误差呢，同理，质量不好的数据，也是不能够用于分析的，在现在大数据时

---

① BBC纪录片．地平线．大数据时代．大咖汇．http://dakahui.com/p/9696.html.2013-07-12.

代,数据是组织最重要的资产,掌握了数据就掌握了发展的命脉。所以,数据获取能力,以及数据获取质量就成为项目成败的关键点。

比如一个综合性的系统,往往需要多个数据源提供数据,即使是在一个企业内部,往往也会有多套生产系统在同时运行,这些并行的生产系统共同为大数据平台提供数据。由于涉及数据的归属问题,以及企业内部业务流程的梳理问题等,与规划相比,往往数据的可获得性在现实中要困难很多。

在项目的规划初期,需要对相关数据源进行识别,并甄别出有风险的数据源,在项目规划初期即上升至决策层进行决策,避免出现项目做完后无米下锅的尴尬境地,甚至进一步说,如果关键的数据源无法获得,则整个项目的可行性都需要重新考虑。

小H:在具体实施的时候,如何考虑数据质量哪?

老师:关于数据质量,是一个非常关键的问题。由于涉及组织与系统之间的对接与配合,数据源往往并没有意愿主动输出高质量的数据。特别是利用这些数据生成考核KPI的场景下,数据源甚至有可能故意提供虚假数据或不完整数据。

所以在项目规划初期,就需要考虑后期运营过程中,如何对数据源通过技术手段进行数据质量评估,并对数据源的质量辅以相应的考核机制,只有针对数据质量形成闭环反馈,才有可能在未来的运营过程中逐步提高数据质量,而没有数据质量控制的大数据系统,在运营过程中很可能会逐渐退化,甚至最终失败。

3.1.2 采集的基本流程

老师:以互联网为例,对数据采集的基本流程共同做下探讨。

小S:数据采集是不是从不同的功能模块来进行的?

老师:这个问题很好,从对互联网数据的采集过程来看,主要涵盖其网站页面(Site Page)、链接抽取(Url Extractor)、链接过滤(Url Filter)、内容抽取(Content Extractor)、爬取URL队列(Site UrlFrontier)和数据六个模块。

小M:各模块的功能是什么哪?

六个模块的主要功能如下:网页(Site Page):访问网站的网页内容;链接提取(Url Extractor):从链接地址的内容中提取网站的内容;内容提取器:从网页内容中提取所需属性的内容值。网址队列(Url Queue):提供检索器检索资料网站的网址。数据(Data)包含三个方面:Site Url,需要抓取数据的网站url信息;Spider Url,已经抓取了数据页网址;蜘蛛内容,在提取页面的内容后。

小Y：数据采集的流程主要有哪些？

老师：整个数据采集过程的基本步骤如下：

（1）需要抓取网站的网址信息（网站网址）来写入网址队列。

（2）从URL队列中收集爬行数据以获取站点的URL信息。

（3）获取特定网站内容。

（4）从网站链接地址的内容中提取页面的内容。

（5）从数据库中读取已经爬网的内容的网址（Spider Url。

（6）过滤器UR，将当前的url和已经爬过的url进行比较。

（7）如果页面地址未被抓取，则该地址将被写入（Spider Url）数据库；如果地址已被抓取，则放在抓取操作的地址。

（8）获取页面内容的地址，并提取该内容的期望值的属性。

（9）将提取写入数据库的网页的内容。

3.1.3 采集的关键技术

小M：我们平常在超市中及其他地方用的条码也是采集数据的技术吧

老师：是的，随着科技的不断发展，数据采集技术不断变化，新技术不断涌现，老技术不断发展完善，现在技术已经相对成熟，收集技术有很多，我们比较常见的重点技术有条码技术（Bar code）、光学字符识别技术（Optical Character Recognition）、射频识别技术（RFID）、磁条（卡）技术、集成电路卡技术（Integrated Circuit Card）互联网常用到的链接过滤技术等[1]。

小S：光学字符识别，这种技术是如何实现的哪？

老师：光学字符识别技术，简称OCR（OpticalCharacter Recognition 光学字符识别）技术，是文字自动输入的一种方法。光学字符识别是对文本资料进行扫描，然后对图像文件进行分析处理，获取文字及版面信息的过程[2]。

光学字符识别技术已经发展了30多年。近年来，又出现了图像字符识别和智能字符识别。事实上，这三种自动识别技术的基本原理是类似的。它通过扫描和拍摄获得纸上的文本图像信息，并且使用各种模式识别算法来分析字符，并判断汉字的标准代码，并将它们以通用格式存储在文本文件中，从根本上改变人们在计算机上手动编码汉字，从重键盘输入汉字的方式，它只要用扫描仪将全页文本图像输入到计算机，就可以通过OCR软件自动生成汉字文本文件，这与人手工键入的汉字效果是一样的，但速度比手工快几十倍。

---

[1] 李建中，刘显敏. 大数据的一个重要方面：数据可用性[J]. 计算机研究与发展，2013(6).
[2] 荆涛，王仲. 光学字符识别技术与展望[J]. 计算机工程，2003(2).

第三章
大数据采集与处理

小 S：OCR 又是什么？

OCR 是一种非常快捷、省力的文字输入方式，也是在文字量比较大的今天，很受人们欢迎的一种输入方式。光学字符识别技术有三个重要的应用领域：办公自动化在文本输入、邮件自动处理，以及自动访问与其他领域相关的文本过程。这些领域包括：零售价阅读、订单数据输入、文档、支票和文档阅读、微电路和小件产品状态和批次识别功能，并可以对文件进行检索、识别、方便快速进入信息用户，提高各行各业的效率，基于手写识别的表征的进展，正在探索手写分析和签名验证的应用，同时光学字符识别技术具有输入速度快，采集信息量大等优点，但它也有在识别率低下的情况下容易出错等的缺点。

小 R：射频识别技术（RFID）也是用得比较多的一种采集技术吧？

老师：对的，射频识别技术（Radio FrequencyIdentification，缩写 RFID），又称电子标签、无线射频识别。射频识别（RFID）是一种非接触式自动识别技术，利用 RF 信号通过空间耦合（交变磁场或电磁场）传输和发送非接触信息，以识别技术的目的[1]。它通过射频信号自动识别目标，获得相关数据，识别工作无需人为干预，可在各种恶劣环境下工作。RFID 技术可以识别高速移动物体，并且可以同时识别多个标签，操作快捷方便。目前，RFID 产品的工作频率主要分为低频，高频、特殊频率等，不同频段的 RFID 产品将有不同的特点。

小 X：那像平常我们用的信用卡、预约卡这也属于数据采集技术中的一种吧，这是运用的磁卡技术吗？

老师：对的，我们说磁卡是磁记录介质卡。它由高强度，高温塑料或纸张涂层塑料组成，可以防潮、磨损，具有一定程度的柔韧性，便于携带，使用更加稳定可靠。磁性液体或磁条作为信息载体，液体磁性材料涂在卡上或者磁卡上的磁压约为 6-14mm，磁条具有三个磁道，前两个磁道用于只读磁道，第三磁道用于读和写磁道，例如记录簿平衡。磁卡的信息读写比较简单，使用方便，成本低，从而获得了较早的发展，并进入了多个应用领域，如电话预付费卡、收费卡、预约卡、门票、储蓄卡、信用卡等。

同时，磁条卡一般作为识别卡用，可以写入、储存、改写信息内容，特点是可靠性强、记录数据密度大、误读率低、信息输入、读出速度快。由于磁卡的信息读写相对简单容易，使用方便，成本低，从而较早地获得了发展，并进入了多个应用领域，如金融、财务、邮电、通信等。但与后来发展

---

[1]（美）怀特（White.T）著，周敏奇，王晓玲，金澈清，钱卫译.Hadoop 权威指南[M]. 北京：清华大学出版社，2011.07 8~9.

起来的IC卡相比磁条卡有以下不足：信息存储量小、磁条易读出和伪造、保密性差，从而需要计算机网络或中央数据库的支持等。

小Y，那IC卡又是什么？

老师：它是一种集成电路卡技术（IC - integrate circuit），即IC卡是指集成电路卡，我们一般用的公交车卡就是IC卡的一种，一般常见的IC卡采用射频技术与IC卡的读卡器进行通讯，IC卡与磁卡是有区别的，IC卡是通过卡里的集成电路存储信息，而磁卡是通过卡内的磁力记录信息。IC卡的成本一般比磁卡高，但保密性更好。IC卡具有磁卡所无法比拟的许多优点：高安全性，防伪，防篡改能力强；可离线使用，应用更灵活；但同时IC卡有价格高、抗静电等缺点。

老师：同时今天给大家共享一下采集的关键技术—链接过滤技术。链接过滤的实质就是判断一个链接（当前链接）是不是在一个链接集合（已经抓取过的链接）里面，在对网页大数据的采集中，可以采用布隆过滤器来实现对链接的过滤。

小M：什么叫布隆过滤器？

老师：布隆过滤器（Bloom Filter）的基本思想是：当一个元素被加入集合时，通过K个散列函数将这个元素映射成一个位数组中的K个点，把它们置为1。检索时，我们只要看看这些点是不是都是1就（大约）知道集合中有没有它了：如果这些点有任何一个0，则被检元素一定不在；如果都是1，则被检元素很可能在[①]。

小Y：布隆过滤器有哪些优势哪？

老师：布隆过滤器在空间和时间方面都有巨大的优势：（1）在复杂度方面，布隆过滤器存储空间和插入查询时间都是常数（即复杂度为O（k））；（2）在关系方面，散列函数相互之间没有关联关系，方便由硬件并行实现；（3）在存储方面，布隆过滤器不需要存储元素本身，在某些对保密要求非常严格的场合有优势。

小S：布隆过滤器的具体实现方法是什么？

老师：Bloom过滤器的具体实现是已经提取的每个url由k个哈希函数计算，并且获得k个值，其对应于巨大位数组的k个位置元素（这些位置数组元素值被设置为1），在需要确定一个url是否被抓取时，第一个哈希函数用k来计算k的值，然后查询一个巨大的数组的这个值的k值，如果全部1，它已经被抓取，反之尚未抓取。

[①] 潘昊；鄂海红；宋美娜等.布隆过滤器在网页消重中的应用[J].软件学报，2015，12.

3.2 数据处理

3.2.1 数据处理基础

小R：在大数据时代，传统的数据处理方法还适用吗？

老师：在大数据环境下，数据源非常丰富，数据类型多样化。存储和分析挖掘的数据量巨大，数据显示的要求高，数据处理的效率和可用性受到重视。传统的数据采集源是单一的。存储、管理和分析的数据量相对较小，可以使用大多数关系数据库和并行数据仓库，传统的并行数据库技术是高度一致且容错性高，并且难以根据CAP理论在通过依靠并行计算来加速数据处理方面保证其可用性和可扩展性，传统的数据处理方法是以处理器为中心，而大数据环境，需要采用以数据为中心的模型来减少数据移动带来的开销。因此，传统的数据处理方法，一直无法适应大数据的需要。

小Y：一般来讲，大数据处理的类型有哪些？

老师：大数据处理分为两大类：批量（或分析）处理和交互（或实时）处理。大数据的批处理的目的是通过有趣的方法结合TB级和PB级数据产出聚合值（数据分析），MapReduce和Hadoop是最著名的大数据批处理技术，这也类似于数据仓库应用，此类数据仓库聚合大量的数据从而分析出数据趋势和模式。

顾名思义，大数据的交互处理的目的是以最小的开销快速提供数据，最常见的大数据交互处理的例子是Web用户档案信息管理。举个例子，你在逛淘宝的时候，发现打开页面很慢，而你又需要精挑细选很多商品，是不是觉得非常浪费自己的时间呢，这时候，另外一个网站，比如京东，你一点击，网页很快就弹出来，你是不是就放弃了继续逛淘宝的想法呢？亚马逊2010年的一项研究发现，延迟每增加100毫秒就会导致销量减少1%。Oracle NoSQL数据库是一款可以很好应对大数据交互处理的数据库，它能在严格的吞吐量和响应时间的要求下，提供有效的解决方案。

小E：为什么Hadoop和NoSQL如此受到关注呢？

老师：为什么在大数据时代Hadoop和NoSQL受到如此大的关注，主要原因是传统的数据管理环境难以处理以非结构化为数据中心的大数据。

小E：传统数据处理平台不是对数据的规模也很大，为什么不可以那？

老师：在传统的数据存储、处理平台中，需要将数据从CRM，EPR等系统中，通过ELT工具提取出来，并转换为较为容易使用的形式，再导入像数据仓库和RDBMS等专用于分析的数据库中，这样的工作通常按部就班，按照计划一步步进行，同时为了让经营策划等部门中的商务分析师能够通过数据仓库用其中经正则化处理的数据输出固定格式的报表，让其管理层能够对业绩进行管理和对目标完成情况进行查询，就需要提供一个"管理指标板"，将多张数据表和图表整合显示在一个画面上，当管理的数据超过一定的规模时，要完成这一系列工作，除了数据仓库之外，一般还需要使用如 SAP 的 Business Objects、IBM 的 Cognos、Oracle 的 Oracle BI 等商业智能工具。

小 Y：奥，我明白了，是不是对于具备 4V 的大数据来说，用这些现有的平台处理起来比较繁琐，或者很难处理，在处理结果方面就谈不上了。

老师：非常好，我们知道，随着数据量的增加，数据仓库所带来的负荷也会越来越大，数据装载的时间和查询的性能都会恶化，企业目前所管理的数据都是如 CRM、ERP、财务系统等产生的客户数据，销售数据等结构化数据，现有的平台在设计时并没有考虑到社交媒体、传感器网络等产生的非结构化数据。因此，对这些时刻产生的非结构化的数据进行实时分析，并从中获取有意义的观点，是十分不易的，可见，为应对大数据时代，需要从根本上重新考虑用于数据存储和处理的平台。

小 U：现在数据处理都在用 Hadoop 和 NoSQL 吗？

老师：在现今大数据处理的基础平台中，需要有 Hadoop 和 NoSQL 数据库担任核心角色。就像刚才所讨论的一样，Hadoop 已经产生了多个子项目，其中包括基于 Hadoop 的数据仓库 Hive 和数据挖掘库 Mahout 等，通过运用这些工具，仅仅在 Hadoop 的世界中就可以完成数据分析的所有工作[①]。但是对于现在的大多数企业来讲，要抛弃原来已经习惯的运用平台，从零开始搭建一个新的平台来进行数据分析，不很现实，故有些数据仓库厂商提出这样的一张方案，用 Hadoop 将数据处理成现有数据仓库能够进行存储的形式，在装载数据之后再使用传统的商业智能工具来进行分析。

3.2.2 数据处理过程

老师：大数据的基本处理流程与传统数据处理流程并无太大差异，主要区别在于，由于大数据要处理大量、非结构化的数据，所以在各个处理环节中都可以采用 MapReduce 等方式进行并行处理。与一般数据处理相比，大数据时代处理数据要全体不要抽样，要效率不要绝对精确，要相关不要因果。据此，可总结出一个普遍适用的大数据四步处理流程，分别是采集、导入和预处理、统计和分析和数据挖掘。

---

① 董西成. Hadoop 技术内幕：深入解析 MapReduce 架构设计与实现原[M]. 第一版. 北京：机械工业出版社，2013-05：91-93.

小Y：大数据处理基于数据不同有不同的需求，一般处理流程包含哪些？

老师：数据处理流程一般涵盖对数据的采集，导入预处理、统计分析以及进行数据挖掘，见图3.1大数据处理一般流程。

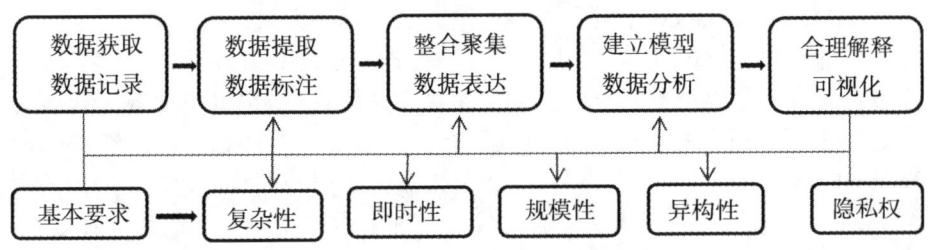

图3.1 大数据处理一般流程

小Y：互联网数据的处理主要包括哪些模块哪？

老师：数据处理的主要涵盖分词（Words Analyze）排重（ContentDeduplicate）、整合（Integrate）和数据四个模块。

小A：这四个模块的功能是什么？

老师：分词：对抓取到的网页内容进行切词处理；排重：对众多的网页内容进行排重；整合：对不同来源的数据内容进行格式上的整合；数据：包含两方面的数据，Spider Data（爬虫从网页中抽取出来的数据）和 Dp Data（在整个数据处理过程中产生的的数据）。

小S：整个数据处理的过程步骤是什么？

老师：整个数据处理过程的基本步骤如下所示：

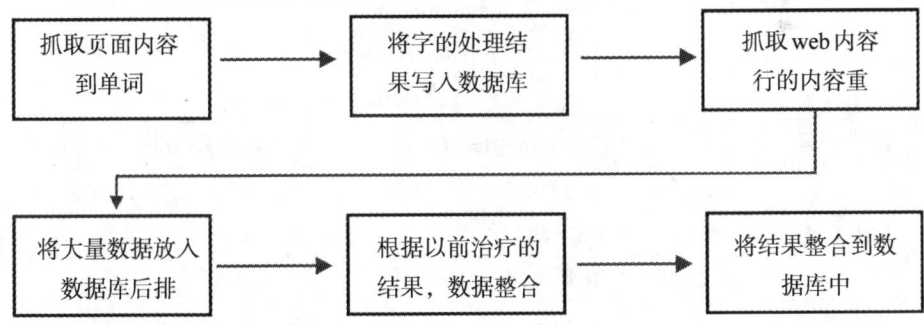

3.2.3 数据处理工具

老师：大数据处理工具目前根据各公司的需求自主设计研发的也有，但主要运用的工具今天在这里与大家探讨一下。

老师：Hadoop是目前最流行的大数据处理平台，Hadoop由Apache为实现Google的MapReduce编程模型的云计算开源平台，Hadoop是可扩展和高效的，能够处理PB级数据。Hadoop平台包括一个完整的功能模块生态系统，如HDFS、HBase、Cassandra、MapReduce、Hive和Pig（大数据分析语言接口）。在某种程度上，Hadoop已经成为大数据处理工具的事实上的标准。

小M：除去Hadoop大数据处理平台，还有哪些大数据处理工具哪？

老师：大多数现有的大数据处理工具是改进开源Hadoop平台并将其应用于各种场景。每个子系统的Hadoop完整生态系统具有相应的大数据处理改进产品。主要数据分析和处理常用工具有：Hadoop、HPCC、Storm、Apache Drill、RapidMiner、Pentaho BI等，以下大规模数据处理技术为各个阶段的生命周期，目前总结了一些主流的大数据处理平台和工具，如图所示在表3.1中，这些平台和工具是商业上可用的或开源的，并且大多数商用产品已经在开源Hadoop平台上可扩展或具有与Hadoop的接口。

小T：知道了数据处理工具，在数据分析方面有哪些应用工具？

表3.1 常用大数据处理工具

种类		工具示例
平台	Local	Hadoop、Map R、Cloudera、Hortonworks、BigInsights、HPCC
	Cloud	AWS、Google Coumpute Engine、Azure
数据库	SQL	MySql(Oracle)、MariaDB、PostgreSQL、TokuDBGreenplum、Aster Data、Vertica
	NoSQL	HBase、Cassandra、MongoDB、Redis
	NewSQL	Spanner、Megastore、F1
数据仓库		Hive、HadoopDB、Hadapt
数据收集		scraperWIKI、needlebase、bazhuayu
收集处理		DataWrangler、Google Refine、Open Refine
数据处理	批处理	Map Reduce、Dyrad
	流计算	Sorm、S4、Kafka
	内存计算	Drill、Dremel、Spark
查询语言		HiveQL、Pig Latin、DyradLINQ、M R QL、SCOPE
统计与机器学习		Mahout、Weka、R、RapidMiner
数据分析		Jaspersoft、Pentaho、Splunk、Loggly、Talend
可视化分析		Google Chart API、Flot、D3、Processing、FUSION TABLES、Gephi、SPSS、SAS、R、Modest Maps、OpenLayers

第三章
大数据采集与处理

老师：为分析大数据的基础架构，要求须能够支持更深入的分析，如数据挖掘、预测分析和统计分析，应该支持多种数据类型和大规模的数据量，并且能够同时提供快速的响应。此外，支持大数据结合传统企业数据也很重要，因为新的信息不仅来自分析新数据或现有的数据，也来自通过组合和分析得到的老问题的新视角。

Oracle数据库通过内嵌的分析功能，支持大数据的组织和分析。这些功能包括Oracle R Enterprise、Data Mining and Predictive Analytics和in-database MapReduce。有一点需要指出的是：数据被加载到Oracle数据库中以后，依然可以对数据进行更进一步的组织和分析。如果不需要进一步的分析，可以直接使用SQL或商业智能报表工具将分析结果展示给最终用户。Oracle R Enterprise（ORE）允许R脚本直接使用Oracle数据库内的数据[1]。ORE引擎通过对用户透明的机制，使用标准的R结构与Oracle数据库内的数据集直接交互，并提供丰富的终端用户体验。ORE可以使R脚本嵌入执行，并可以在Oracle数据库并行节点的集群上运行R脚本。

In-Database Data Mining提供了创建复杂的数据挖掘模型来执行预测分析的能力，数据科学家创建数据挖掘模型，业务分析人员使用标准的BI工具利用这些预测模型的结果，构建模型的知识是从分析过程提取的，In-Database MapReduce提供了编写符合主流MapReduce的过程逻辑的功能，并可以利用Oracle数据库并行无缝地执行这些MapReduce程序，In-Database MapReduce允许数据科学家使用PL/SQL、C或Java等编写逻辑复杂、高性能的例程。

Oracle数据库分析组件中的每一个功能都相当强大，他们能够相互结合创造出更多的业务价值，一旦数据被完全分析，如Oracle Business Intelligence Enterprise Edition和Oracle Endeca Information Discovery的工具，就能帮助业务分析人员做最终决策，Oracle Business Intelligence Enterprise Edition（OBI EE）是能够提供完整商业智能功能的综合性平台，包括BI仪表板、即时查询、通知、警报、企业和财务报表、记分卡和战略管理、业务流程调用、搜索、手机、集成的系统管理等。

OBI EE包括BI Server，它集成了多种数据源到Common Enterprise Information Model，并提供了商业模型的集中视图。BI Server还包括一个先进的计算和集成引擎，并为包括Oracle在内的数据库提供原生支持。OBI EE前端组件提供即时查询和分析、高精度的报告（BI Publisher）、战略和平衡计分卡、仪表板，并链接到用于自动化检测和业务流程的动作框架。另外，它还

---

[1] 覃雄派，王会举，杜小勇，等. 大数据分析—RDBMS与Ma-p Reduce的竞争与共生[J]. 软件学报，2012，23（1）：32—45.

可集成微软Office、移动设备和其他Oracle中间件产品，如WebCenter。

Oracle Endeca Information Discovery是一个允许快速和直观地探索结构化和非结构化数据源以及对这些数据源加以分析的平台。Oracle Endeca使企业的分析能力扩展到如社会媒体、网站、电子邮件和其他大数据等非结构化数据，Oracle Endeca对所有传入的数据进行索引，以便快速搜索和查找这些数据，从而节省时间和成本，并提供更好的业务决策功能，该平台还可以进一步与其他分析功能，如情感和词法分析进行整合充实，并将这些整合的结果放在单一的用户界面中，从而发现新的有用信息。

小R：大数据分析方面的典型企业有哪些呢？可否简单说一下

老师：在将数据分析能力作为武器的企业中，有一家很具有代表性，经常在各种事例中被提及，它就是位于美国拉斯维加斯的世界最大的赌场经营企业--Harrah's Entertainment（2010年起改名为Caesars Entertainment）。该公司不仅经营着同名的酒店，还经营着拉斯维加斯的若干家赌场，包括Caesars Palace、BALLY'S、Paris等。

这一类的公司一般都会在大型建筑的建造和设施的更新方面投入巨额的资金。而与竞争对手不同的是，Harrah's从1994年开始就将投资的重点转向CRM和培养顾客忠诚度的营销活动上。这个机制从1997年开始运行，现在作为其CRM战略核心的顾客忠诚度计划Total Rewards又进一步加速了这个机制的发展。

当顾客成为Total Rewards的会员后，只要在游玩时将会员卡插入老虎机，或者将会员卡出示给庄家，就可以得到积分，当积分达到一定值之后就可以享受住宿优待和现金返还等服务。或对于频繁光顾赌场的常客，还可以享受餐厅优先安排座位等服务。

另一方面，Harrah's则可以收集到顾客的相关数据，除了顾客的住宿信息、住址、爱好等基本信息以外，还包括光顾赌场的频率、消费的金额，以及在哪个游戏上花费了最多的时间等在赌场中的行为记录。这些数据被存储在数据仓库中并进行分析。于是，当顾客每次光顾赌场时，系统就可以立即访问数据仓库，并实时判断出此顾客是否为优质顾客，是优质顾客的话是否需要给出优惠，需要的话什么样的优惠比较合适。当一位很久没来过的优质顾客再次光顾赌场时，还可以对其提供特殊优待服务，以便使其成为常客。

在日本，以零售业为中心，通过办理积分制会员卡来提升顾客忠诚度的做法也非常流行，但是能够对数据进行分析，并对存储的数据进行有效利用的企业则是凤毛麟角，Harrah's所实施的以会员卡为关键的CRM战略，在1997年的当时来看，应该说是非常创新的。

3.2.4 数据处理的关键技术

老师：近年来，大数据技术在全世界迅猛发展，引起了全世界的广泛关注，掀起了一个全球性的发展浪潮。大数据技术发展的主要推动力来自并行计算硬件和软件技术的发展，以及近年来行业大数据处理需求的迅猛增长，其中，大数据处理技术最直接的推动因素，当数 Google 公司发明的 MapReduce 大规模数据分布存储和并行计算技术，以及 Apache 社区推出的开源 Hadoop MapReduce 并行计算系统的普及使用。为此，本节将重点介绍目前成为大数据处理主流技术和平台 Hadoop MapReduce 并行处理和编程技术。

小 Y：什么叫并行计算？

老师：随着信息技术的快速发展，人们对计算系统的计算能力和数据处理能力的要求日益提高。随着计算问题规模和数据量的不断增大，人们发现，以传统的串行计算方式越来越难以满足实际应用问题对计算能力和计算速度的需求，为此出现了并行计算技术。

并行计算（Parallel Computing）是指同时对多条指令、多个任务或多个数据进行处理的一种计算技术。实现这种计算方式的计算系统称为并行计算系统，它由一组处理单元组成，这组处理单元通过相互之间的通信与协作，以并行化的方式共同完成复杂的计算任务。实现并行计算的主要目的是，以并行化的计算方法，实现计算速度和计算能力的大幅提升，以解决传统的串行计算所难以完成的计算任务[1]。

现代计算机的发展历程可分为两个明显不同的发展时代：串行计算时代和并行计算时代。并行计算技术是在单处理器计算能力面临发展瓶颈、无法继续取得突破后，才开始走上了快速发展的通道，并行计算时代的到来，使得计算技术获得了突破性的发展，大大提升了计算能力和计算规模。

小 R：处理器性能现在是不是已经很高？

老师：单处理器计算性能提升达到极限。纵观计算机的发展历史，日益提升计算性能是计算技术不断追求的目标和计算技术发展的主要特征之一，自计算机出现以来，提升单处理器计算机系统计算速度的常用技术手段有以下几个方面：

（1）提升计算机处理器字长。随着计算机技术的发展，单处理器字长也在不断提升，从最初的 4 位发展到如今的 64 位。处理器字长提升的每个发展阶段均有代表性的处理器产品，如 20 世纪 70 年代出现的最早的 4 位 Intel 微处理器 4004，到同时代以 Intel 8008 为代表的 8 位处理器，以及 20 世纪 80 年

---

[1] http://baike.baidu.com/albums/908354/908354/1/0.html#0$.

代 Intel 推出的 16 位字长 80286 处理器，以及后期发展出的 Intel 80386/486/Pentium 系列为主的 32 位处理器等。2000 年以后发展至今，出现了 64 位字长的处理器。目前，32 位和 64 位处理器是市场上主流的处理器，计算机处理器字长的发展大幅提升了处理器性能，推动了单处理器计算机的发展。

（2）提高处理器芯片集成度。1965 年，戈登·摩尔（Gordon Moore）发现了这样一条规律：半导体厂商能够集成在芯片中的晶体管数量大约每 18～24 个月翻一番，其计算性能也随着翻一番，这就是众所周知的摩尔定律。在计算技术发展的几十年中，摩尔定律一直引导着计算机产业的发展。

（3）提升处理器的主频。计算机的主频越高，指令执行的时间则越短，计算性能自然会相应提高。因此，在 2004 年以前，处理器设计者一直追求不断提升处理器的主频。计算机主频从 Pentium 开始的 60MHz，曾经最高可达到 4GHz～5GHz。

（4）改进处理器微架构。计算机微处理器架构的改进对于计算性能的提升具有重大的作用。例如，为了使处理器资源得到最充分利用，计算机体系结构设计师引入了指令集并行技术（Instruction-level Parallelism，ILP），这是单处理器并行计算的杰出设计思想之一。实现指令级并行最主要的体系结构技术就是流水线技术（Pipeline）。

在 2004 年以前，以上这些技术极大地提高了微处理器的计算性能，但此后处理器的性能不再像人们预期的那样能够继续提高。人们发现，随着集成度的不断提高以及处理器频率的不断提升，单核处理器的性能提升开始接近极限。首先，芯片的集成度会受到半导体器件制造工艺的限制，目前集成电路已经达到十多个纳米的极小尺度，因此，芯片集成度不可能无限制提高。与此同时，根据芯片的功耗公式 $P=CV^2f$（其中，P 是功耗；C 是时钟跳变时门电路电容，与集成度成正比；V 是电压，f 是主频），芯片的功耗与集成度和主频成正比，芯片集成度和主频的大幅提高导致了功耗的快速增大，进一步导致了难以克服的处理器散热问题。而流水线体系结构技术也已经发展到了极致，2001 年推出的 Pentium4（CISC 结构）已采用了 20 级复杂流水线技术，因此，流水线为主的微体系结构技术也难以有更大提升的空间。

从 2004 年以后，微处理器的主频和计算性能变化逐步趋于平缓，不再随着集成度的提高而提高。在 2005 年以前，人们预期可以一直提升处理器主频，但 2004 年 5 月 Intel 处理器 Tejas 和 Jayhawk（4GHz）因无法解决散热问题最终放弃，标志着升频技术时代的终结。因此，随后人们修改了 2005 年后微处理器主频提升路线图，基本上以较小的幅度提升处理器主频，而代之以多核实现性能提升。

小 G：多核计算技术也在不断发展，这又是为什么，单核可以解决问题呀？

第三章 大数据采集与处理

老师：它不能解决新需求产生的问题，所以说多核计算技术成为必然发展趋势。

2005年，Intel公司宣布了微处理器技术的重大战略调整，即从2005年开始，放弃过去不断追求单处理器计算性能提升的战略，转向以多核微处理器架构实现计算性能提升。自此Intel推出了多核/众核构架，微处理器全面转入了多核计算技术时代，多核计算技术的基本思路是：简化单处理器的复杂设计，代之以在单个芯片上设计多个简化的处理器核，以多核/众核并行计算提升计算性能。

自Intel在2006年推出双核的Pentium D处理器以来，已经出现了很多从4核到12核的多核处理器产品，如2007年Intel推出的主要用于个人电脑4核Core 2 Quad系列以及2008～2010年推出的Core i5和i7系列。而Intel服务器处理器也陆续推出了Xeon E5系列4-12核的处理器，以及Xeon E7系列6-10核处理器。

除了多核处理器产品外，众核处理器也逐步出现。NVIDIA GPU是一种主要面向图形处理加速的众核处理器，在图形处理领域得到广泛应用。2012年年底Intel公司发布了基于集成众核架构（Intel. MIC Architecture，Intel. Many Integrated Core Architecture）的Xeon Phi协处理器，这是一款真正意义上通用性的商用级众核处理器，可支持使用与主机完全一样的通用的C/C++编程方式，用OpenMP和MPI等并行编程接口完成并行化程序的编写，完成的程序既可在多核主机上运行，也可在众核协处理器上运行。众核计算具有体积小、功耗低、核数多、并行处理能力强等技术特点和优势，将在并行计算领域发挥重要作用。众核处理器的出现进一步推进了并行计算技术的发展，从而使并行计算的性能发挥到极致，更加明确地体现了并行计算技术的发展趋势。

小T：大数据时代日益增大的数据规模迫切需要使用并行计算技术吧

老师：随着计算机和信息技术的不断普及应用，行业应用领域计算系统的规模日益增大，数据规模也急剧增大。

全球著名的互联网企业的数据规模动辄达到数百至数千PB量级，而其他的诸如电信、电力、金融、科学计算等典型应用行业和领域，其数据量也高达数百TB至数十PB的规模。如此巨大的数据量使得传统的计算技术和系统已经无法应对和满足计算需求。巨大的数据量会导致巨大的计算时间开销，使得很多在小规模数据时可以完成的计算任务难以在可接受的时间内完成大规模数据的处理。超大的数据量或计算量，给原有的单处理器和串行计算技术带来巨大挑战，因而迫切需要出现新的技术和手段以应对急剧增长的行业应用需求。

小X：并行计算技术是如何分类的哪？

老师：并行计算技术发展至今，出现了各种不同的技术方法，同时也出现了不同的分类方法，包括按指令和数据处理方式的Flynn分类、按存储访问结构的分类、按系统类型的分类、按应用的计算特征的分类、按并行程序设计方式的分类。

1. Flynn 分类法

1966年，斯坦福大学教授Michael J. Flynn提出了经典的计算机结构分类方法，从最抽象的指令和数据处理方式进行分类，通常称为Flynn分类。Flynn分类法是从两种角度进行分类，一是依据计算机在单个时间点能够处理的指令流的数量；二是依据计算机在单个时间点能够处理的数据流的数量。任何给定的计算机系统均可以依据处理指令和数据的方式进行分类。以下为分类下的几种不同的计算模式。

1）单指令流单数据流（Single Instruction stream and Single Data stream，SISD）：SISD是传统串行计算机的处理方式，硬件不支持任何并行方式，所有指令串行执行，在一个时钟周期内，处理器只能处理一个数据流[1]。很多早期计算机均采用这种处理方式，例如最初的IBM PC机。

2）单指令流多数据流（Single Instruction stream and Multiple Data stream，SIMD）：SIMD采用一个指令流同时处理多个数据流。最初的阵列处理机或者向量处理机都具备这种处理能力。计算机发展至今，几乎所有计算机都以各种指令集形式实现SIMD。较为常用的Intel处理器中实现的MMXTM、SSE（Streaming SIMD Extensions）、SSE2、SSE3、SSE4以及AVX（Advanced Vector Extensions）等向量指令集，这些指令集都能够在单个时钟周期内处理多个存储在寄存器中的数据单元，SIMD在数字信号处理、图像处理、多媒体信息处理以及各种科学计算领域有较多的应用。

3）多指令流单数据流（Multiple Instruction stream and Single Data stream，MISD）：MISD采用多个指令流处理单个数据流。这种方式实际很少出现，一般只作为一种理论模型，并没有投入到实际生产和应用中。

4）多指令流多数据流（Multiple Instruction Stream and Multiple Data Stream，MIMD）：MIMD能够同时执行多个指令流，这些指令流分别对不同数据流进行处理，这是目前最流行的并行计算处理方式，目前较常用的多核处理器以及Intel最新推出的众核处理器都属于MIMD的并行计算模式。

小H：按照存储访问结构如何分类的？

老师：按存储访问结构，可将并行计算分为以下几类：

---

[1] 周勇.基于并行计算的数据流处理方法研究[D]. 大连理工大学，2013.06.

1）共享内存访问结构（Shared Memory Access）：即所有处理器通过总线共享内存的多核处理器，也称为 UMA 结构（Uniform Memory Access，一致性内存访问结构）[①]。SMP（Symmetric Multi-Processing，对称多处理器系统）即为典型的内存共享式的多核处理器构架。2）分布式内存访问结构（Distributed Memory Access）：各个分布式处理器使用本地独立的存储器 3）分布共享式内存访问结构（Distributed and Shared Memory Access）：是一种混合式的内存访问结构，各个处理器分别拥有独立的本地存储器，同时，再共享访问一个全局的存储器。分布式内存访问结构和分布共享式内存访问结构也称为 NUMA 结构（Non-Uniform Memory Access，非一致内存访问结构），在多核情况下，这种内存访问架构可以充分扩展内存带宽，减少内存冲突开销，提高系统扩展性和计算性能。

小E：并行计算系统有哪些类型？

老师：按并行计算系统类型，可将并行计算分为以下类型：

1）多核/众核并行计算系统（Multi-Core/Many-Core）或芯片级多处理系统（Chip-levelMultiprocessing，CMP）。

2）对称多处理系统（Symmetric Multi Processing，SMP），即多个相同类型处理器通过总线连接、共享存储器构成的一种并行计算系统。

3）大规模并行处理系统（Massive Parallel Processing，MPP），以专用内联网连接一组处理器形成的一种并行计算系统。

4）集群（Cluster），以网络连接的一组普通商用计算机构成的并行计算系统。

5）网格（Grid），用网络连接远距离分布的一组异构计算机构成的并行计算系统。

小L：那按照应用的计算特征又是如何分类？

老师：按应用的计算特征，可将并行计算分为以下类型：

1）数据密集型并行计算（Data-Intensive Parallel Computing），即数据量极大、但计算相对简单的并行计算。

2）计算密集型并行计算（Computation-Intensive Parallel Computing），即数据量相对不大、但计算较为复杂的并行处理。较为传统的高性能计算领域大部分都是这一类型，例如三维建模与渲染、气象预报、生命科学等科学计算。

3）数据密集与计算密集混合型并行计算，具备数据密集和计算密集双重特征的并行计算，如3D 电影渲染等。

[①] 蔡斌，陈湘平著. Hadoop 技术内幕：深入解析 Hadoop Common 和 HDFS 架构设计与原理实现[M]. 北京：机械工业出版社，2013.03 4～5.

小D，按照并行程序的设计方式，又有哪些分类？

老师：按并行程序设计方式，可将并行计算分为以下几类：

1）共享存储变量方式（Shared Memory Variables）：这种方式通常被称为多线程并行程序设计。多线程并行方式发展至今，应用非常广泛，同时也出现了很多代表性的并行编程接口，包括开源的和一些商业版本的并行编程接口，例如最常用的有pthread，OpenMP，IntelTBB等。其中，pthread是较为低层的多线程编程接口；而OpenMP采用了语言扩充的方法，简单易用，不需要修改代码，仅需添加指导性语句，应用较为广泛；而Intel TBB是一种很适合用C++代码编程的并行程序设计方法，提供了很多方便易用的并行编程接口。

2）消息传递方式（Message Passing）：从广义上来讲，对于分布式内存访问结构的系统，为了分发数据实现并行计算、随后收集计算结果，需要在各个计算节点或者计算任务间进行数据通信，这种编程方式有时候可狭义地理解为多进程处理方式，最常用的消息传递方式是MPI（Message Passing Interface，消息传递并行编程接口标准），MPI广泛应用于科学计算的各个领域，并体现了其高度的可扩展性，能充分利用并行计算系统的硬件资源，发挥其计算性能。

3）MapReduce并行程序设计方式：Google公司提出的MapReduce并行程序设计模型，是目前主流的大数据处理并行程序设计方法，可广泛应用于各个领域的大数据处理，尤其是搜索引擎等互联网行业的大规模数据处理。

4）其他新型并行计算和编程方式：由于MapReduce设计之初主要致力于大数据的线下批处理，因而其难以满足高实时性和高数据相关性的大数据处理需求。近年来，逐步出现了多种其他类型的大数据计算模式和方法，这些新型计算模式和方法包括：实时流式计算、迭代计算、图计算以及基于内存的计算等。

小J：有没有相关的技术问题哪？

老师：依赖于所采用的并行计算体系结构，不同类型的并行计算系统在硬件构架、软件构架和并行算法方面会涉及到不同的技术问题，但概括起来，主要包括以下技术问题。

1. 多处理器/多节点网络互连技术

对于大型的并行处理系统，网络互连技术对处理器能力影响很大。典型的网络互连结构包括共享总线连接、交叉开关矩阵、环形结构、Mesh网络结构、互联网络结构等。

2. 存储访问体系结构

存储访问体系结构主要研究不同的存储结构以及在不同存储结构下的特

定技术问题，包括共享数据访问与同步控制、数据通信控制和节点计算同步控制、Cache 的一致性、数据访问/通信的时间延迟等技术问题。

3．分布式数据与文件管理

并行计算的一个重要问题是，在大规模集群环境下，如何解决大规模数据的存储和访问管理问题。在大规模集群环境下，解决大数据分布存储管理和访问问题非常关键，尤其是数据密集型并行计算，数据的存储访问对并行计算的性能至关重要。目前比较理想的解决方法是提供分布式数据和文件管理系统，代表性的系统有 Google GFS（Google File System）、Lustre、HDFS（Hadoop Distributed File System）等。这些分布式文件系统各有特色，适用于不同领域。

4．并行计算的任务划分和算法设计

并行计算的任务分解和算法设计需要考虑的是如何将大的计算任务分解成子任务，继而分配给各节点或处理器并行处理，最终收集局部结果进行整合。一般有算法分解和数据划分两种并行计算形式，尤其是算法分解，可有多种不同的实现方式。

5．并行程序设计模型和语言

根据不同的硬件构架，不同的并行计算系统可能需要不同的并行程序设计模型、方法和语言。目前主要的并行程序设计语言和方法包括共享内存式并行程序设计、消息传递式并行程序设计、MapReduce 并行程序设计以及近年来出现的满足不同大数据处理需求的其他并行计算和程序设计方法，而并行程序设计语言通常可以有不同的实现方式，包括：语言级扩充（即使用编译指令在普通的程序设计语言中增加一些并行化编译指令，如 OpenMP 提供 C、C++、Fortran 语言扩充）、并行计算库函数与编程接口（使用函数库提供并行计算编程接口，如 MPI、CUDA 等）以及能提供诸多自动化处理能力的并行计算软件框架（如 HadoopMapReduce 并行计算框架等）。

6．并行计算软件框架设计和实现

现有的 OpenMP、MPI、CUDA 等并行程序设计方法需要程序员考虑数据存储管理、数据和任务划分、任务的调度执行、数据同步和通信、结果收集、出错恢复处理等几乎所有技术细节，非常繁琐。为了进一步提升并行计算程序的自动化并行处理能力，编程时应该尽量减少程序员对很多系统底层技术细节的考虑，使得编程人员能从底层细节中解放出来，更专注于应用问题本身的计算和算法实现。目前已发展出多种具有自动化并行处理能力的计算软件框架，如 Google MapReduce 和 Hadoop MapReduce 并行计算软件框架，以及近年来出现的以内存计算为基础、能提供多种大数据计算模式的 Spark 系统等。

7. 数据访问和通信控制

并行计算目前存在多种存储访问体系结构，包括共享存储访问结构、分布式存储访问结构以及分布共享式存储访问结构。不同存储访问结构下需要考虑不同的数据访问、节点通信以及同步控制等问题[1]。例如在共享存储访问结构系统中，多个处理器访问共享存储区，可能导致数据访问的不确定性，从而需要引入互斥信号、条件变量等同步机制，保证共享数据访问的正确性，同时需解决可能引起的死锁问题。而对于分布式存储访问结构系统，数据可能需要通过主节点传输到其他计算节点，由于节点间的计算速度不同，为了保证计算的同步，需要考虑计算的同步问题。

8. 可靠性与容错性技术

对于大型的并行计算系统，经常发生节点出错或失效，因此，需要考虑和预防由于一个节点失效可能导致的数据丢失、程序终止甚至系统崩溃的问题。这就要求系统考虑良好的可靠性设计和失效检测恢复技术，通常可从两方面进行可靠性设计：一是数据失效恢复，可使用数据备份和恢复机制，当某个磁盘出错或数据损毁时，保证数据不丢失以及数据的正确性；二是系统和任务失效恢复，当某个节点失效时，需要提供良好的失效检测和隔离技术，以保证并行计算任务正常进行。

9. 并行计算性能分析与评估

并行计算的性能评估较为常用的方式是通过加速比来体现性能提升。加速比指的是并行程序的并行执行速度相对于其串行程序执行加速了多少倍。这个指标贯穿于整个并行计算技术，是并行计算技术的核心。从应用角度出发，不论是开发还是使用，都希望一个并行计算程序能达到理想的加速比，即随着处理能力的提升，并行计算程序的执行速度也需要有相应的提升。并行计算性能的度量有以下两个著名的定律：1) Amdal 定律：在一定的程序可并行化比例下，加速比不能随着处理器数目的增加而无限上升，而是受限于程序的串行化部分的比例，加速比极限是串行比例的倒数，反映了固定负载的加速情况。2) Gustafson 定律：在放大系统规模的情况下，加速比可与处理器数量成比例地线性增长，串行比例不再是加速比的瓶颈。这反映了对于增大的计算负载，当系统性能未达到期望值时，可通过增加处理器数量的方法应对[2]。

老师：数据处理的关键技术依据类型的不同、关键技术侧重不同，在这里重点和大家探讨排重与整合以及传感器网络融和技术。

---

[1] 王磊. 并行计算技术综述[J]. 信息技术. 2012（10）
[2] 刘明生. 多核并行编程技术在加速数字图像处理中的应用[D]. 西安建筑科技大学 2013.09

小 M：什么是排重？

老师：重点是通过两个页面之间的相似性来排除重复。Sim 哈希算法是一种高效的文本加权算法。与余弦角，欧几里得距离和 Jaccard 相似系数相比，Sim 哈希避免了比较两个文本之间的相似性的复杂方法，这大大提高了效率。

小 S：Sim hash 算法是如何实现的？

老师：Sim 哈希算法的基本思想描述如下：输入是 N 维向量 V，例如文本的本征向量。每个特征都有一定的重量。输出是 C 位二进制签名 S.

（1）初始化 C 维向量 Q 为 0，C 位二进制特征 S 为 0。

（2）对于向量 V 中的每个特征，使用常规的哈希算法来计算 C 位的哈希值 H. 对于 $i \langle = i \langle = C$，如果 H 的第 i 位为 1，则将 Q 的第 i 个元素与特征的权重相加；否则，从特征的权重中减去 Q 的第 i 个元素。

（3）如果 Q 的第 i 个元素大于 0，则 S 的第 i 个比特为 1；

（4）返回签名 S.

每个文档根据 Sim Hash 计算签名，然后计算两个签名的汉明距离（两个二进制或 1 后的数字）即可。根据经验值，64 位的 Sim Hash，Hamming 距离为 3 或更小可以认为相似性相对较高。

小 R：Sim hash 算法的优点？

老师：使用 Sim 哈希算法抓取 Web 内容行的内容，可以容纳更大量的数据，提供更快的数据处理速度，实现大数据的快速处理。

小 Y：那整合技术指的是什么？

老师：实际上，整合是抓取每个页面的内容和建立公司之间的对应关系。对于每个公司，可以使用一组关键字来描述公司，同样，经过数据处理后的页面内容，也可以使用一组关键字来描述，因此，集成变成两组关键字（公司关键字，内容关键字）之间的匹配。网页内容的分割结果有两个特点：①分词结果的数量非常大；②大多数分词无助于描述网页的内容，因此，对网页的分词结果进行一下简化，使用词频最高的若干个词汇来描述该网页内容，经过简化之后，两组关键词的匹配效率就得到了很大的提升，同时准确度也得到了保障；经过整合之后，抓取来的网页内容与公司之间就建立了一个对应关系，就能知道某个具体的公司有着怎样的数据了。

小 X：传感器网络融合技术是什么？

老师：无线传感器网络是一种分布式传感网络，它的末梢是可以感知和检查外部世界的传感器。WSN 中的传感器通过无线方式通信，WSN 的发展受到包括能量供应、存储数据量、数据处理能力、数据传输速率、同步率、系统鲁棒性等诸多条件的限制和挑战①。其中，能量供给是WSN的最大挑战，能量和能力都有限的传感器节点如何实现复杂的数据监测和信息报告是WSN中需要解决的首要问题，但可以利用数据融合技术来解决上述问题。

小T：数据融和技术又是什么？

老师：数据融合技术是指利用计算机对按时序获得的若干观测信息，在一定准则下加以自动分析、综合，以完成所需的决策和评估任务而进行的信息处理技术②。数据融合技术，包括对各种信息源给出的有用信息的采集、传输、综合、过滤、相关及合成，以便辅助人们进行态势或环境判定、规划、探测、验证、诊断等。数据融合的种类主要有：数据层融合、特征层融合和决策层融合。

3.3 数据采集技术方案实例

3.3.1 系统整体架构设计

老师：为进一步让大家了解关于大数据采集关键技术的应用实施，我们以采集微博信息为例进行采集技术的相关探讨。

小Y：一般采用什么的系统框架哪？

老师：这个问题很关键，在完成对数据采集前一定要设计好整个系统框架，它主要包括爬行模块，IP代理池模块，解析模块，URL处理模块和数据存储模块五个模块。其中，抓取模块从URL队列中获取要抓取的URL，然后从IP代理池调用可用来获取代理，从Internet抓取原始数据，并提交到解析模块。解析模块首先预处理数据，去除一些明显的噪声，然后基于标签树节点的权重通过文本提取算法提取文本信息，URL相关数据由URL处理模块处理，基本数据由数据存储模块处理，URL处理模块主要用于分布式掌握控件，而数据存储模块则对数据进行规则化和持久化，为后续的分析和处理奠定基础。其系统设计框架见图3.2：

小U：系统具体采取的架构是并行式还是分布式哪？

老师：系统采用主/从的分布式架构，如图3.3所示，主控制节点从待爬URL队列中提取URL分配给各抓取主机，然后由抓取主机完成采集任务和解析任务并将已经成功抓取的URL和提取到的新的URL交由主控制节点处理。成抓取URL缓存到已爬集合中，再根据已爬集合过滤出新的URL，并将它们缓存到对应的待爬队列中，其中待爬队列和已爬集合均使用内存

---

① 黄晓.无线传感器网络应用若干问题研究[D].南京邮电大学，2011.05.
② 魏秀蓉.无线传感器网络数据融合算法的研究[D].沈阳理工大学，2015.12.

数据库 redis 来实现，待爬队列采取先存先分配的策略，用于后续的爬取。见图3.3所示：

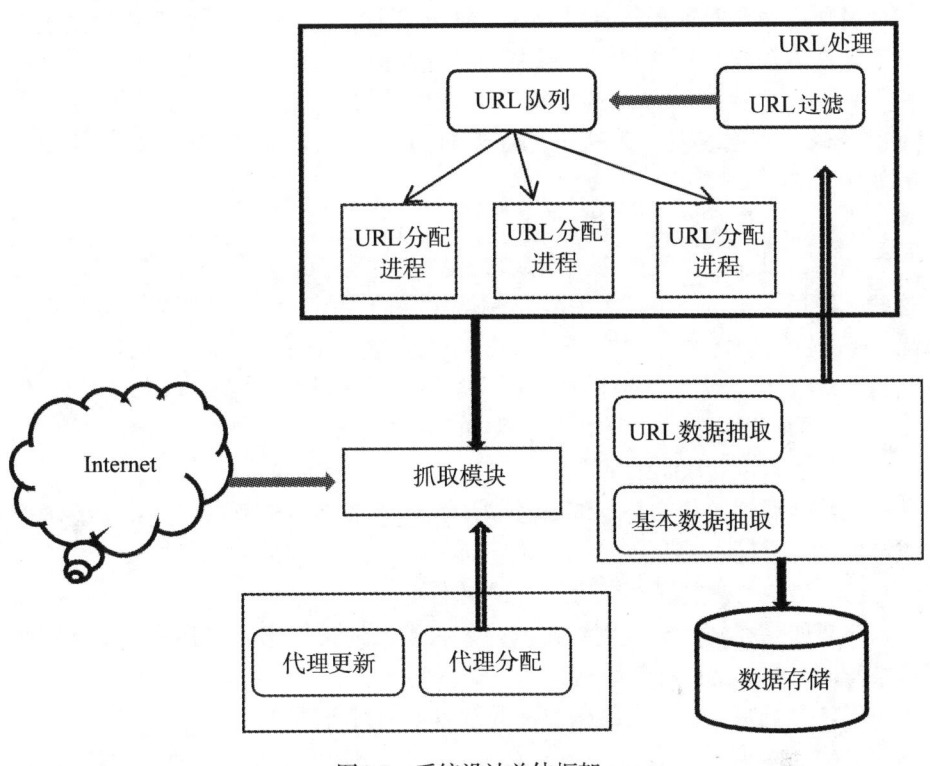

图3.2　系统设计总体框架

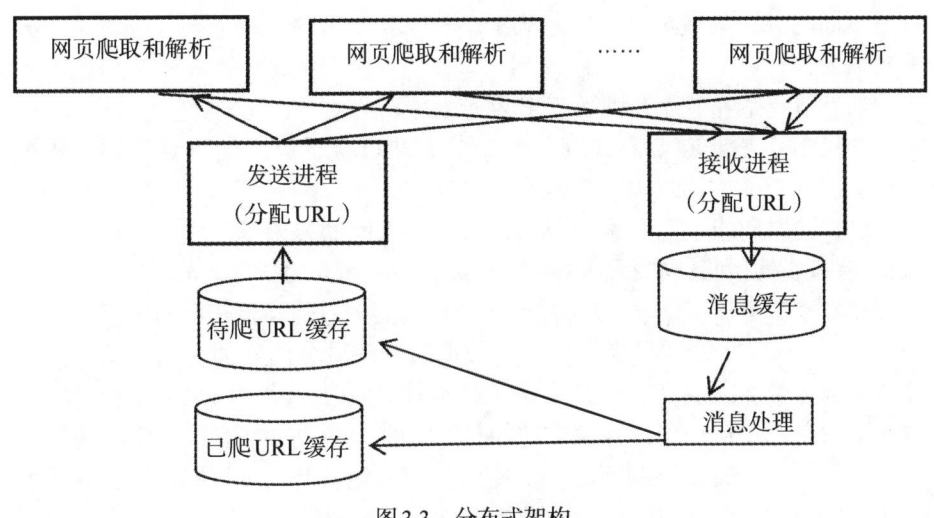

图3.3　分布式架构

3.4.2 数据信息的采集提取

老师：在获取数据信息提取这一领域有很多，这一次要取基于标签树节点节点文本提取算法的权重。它基于特定标记阻止网页并构造标记树。然后从下到上计算标签树节点的权重，通过比较权重和修剪来最终保留文本信息的子树。实验表明，算法可以在短时间内提取文本信息，从而提高分析的效率。

小R：标签树如何进行构造？

老师：目前，主流的页面布局块标签大多是〈div〉，〈table〉，〈p〉。只有这些标签用于构造标签树，在构造标记树之前，源HTML文档被预处理以去除一些显着的噪声，如文档中的〈style〉块，〈head〉块，〈script〉块和〈!-...-〉块，本文使用正则表达式来消除这些噪声。当构建标记树时，使用堆栈作为辅助空间。具体施工步骤如下：

（1）根标记〈HTML〉堆栈。

（2）当遇到块起始标签时，该块用作栈顶节点的子节点，并将标签堆叠成堆栈。

（3）当块的标签遇到结束时，顶层堆栈。

（4）如果堆栈为空，则结束构建。否则，继续扫描，遇到块开始标签跳转（2），遇到块结束标签跳转（3）。

小U：老师，正文关键信息的采取是如何进行的哪？

老师：因为文本信息是部分的最多内容，所以大多数页面在块处理后，文本块总是包含最大数量的子树，而子树比其兄弟具有相同的级别数量的树块是不同的。在构造标签树的基础上，从下到上为每个块节点分配权重。分配规则为：

如果节点是叶节点，则其权重 $W_i = 1$。

如果节点是非叶节点，并且N是节点的所有子节点的集合，则加权被求和。

（1）同时向块节点分配，也与最大节点之间的兄弟节点进行比较，令节点i具有权重 W_i 和其同级最大权重 W_{max}，令变量R为 W_i / W_{max}；

（2）当变量R〈Q时，它将删除i节点，其中Q是经验确定的阈值。

小T：有些网站为了保护自己的数据安全或减轻网站的负担，访问同一IP的次数将受到限制。当IP访问请求超出其范围时，站点将采取措施禁止IP访问该站点，直到IP限制释放之前的某个时间，IP是如何解决这个问题的？

老师：要解决IP限制问题，要使用IP代理池机制，该机制使用公共代理池切换代理，每次获取一定量的数据时或在一定时间量之后，或者当IP限制发生时,从代理池获得新的可用代理,并切换到该代理以继续访问。代理池内的代理不是固定的,它将从相关代理页面继续获取可用代理注入代理池,并会自动检测代理池进行定期更新,把有些无用的代理删除,池中的每个代理都有一个标志,记录代理的状态,有用,使用和无用。每次从池中提取标记为有用的代理时,会将其分配给爬网主机,并将代理标记为使用。如果从搜寻主机返回的用于 IP 限制的代理被标记为无用,则正常返回标志是有用的,当自动更新触发时,将检测到池中标记为未使用的所有代理,在检测到无用代理从池中删除。

小 E:使用这种 IP 代理池的好处在哪里?

老师:使用 IP 代理池机制可以尽量避免 IP 限制情况发生,若 IP 限制发生,其也可省去等待 IP 限制释放的时间,这确保了抓取主机持续的运作,从而保证了抓取的数据量。同理,当一些需要登录才能访问的网站,如微博,可加入类似的用户账户池,定时切换用户进行访问。

3.4.3 数据采集实例

老师:大家知道吗,Facebook 的用户通常会认为 Facebook 是根据他们发布的内容收集关于他们的个人数据,Facebook 追踪的数据远远超过他们已经公布的信息,这一点大多数人理解起来都有困难,这是不了解如何收集数据吗?但即使人们并不了解如何收集数据,访问了 Facebook 或智能手机上后台运行的 Facebook 应用程序之后,一般人首先会想到他们在 Facebook 上共享或有意识地使用过的信息,而不是在计算机上处理的信息。为什么呢?因为他们在 Facebook 上的个人体验才是他们的参考点,实际上 Facebook 数据收集的过程远远超过了简单记录、或者用户放在 Facebook 墙上的帖子。

小 Y:上面说 Facebook 数据收集的过程远远超过了简单记录,哪 Facebook 采用什么方法对数据进行收集?

老师:我们知道,关于 Facebook 数据的收集,2011 年 11 月 16 日《今日美国》一篇文章对此做出了报道:Facebook 官员承认,该社交媒体巨头已经能够创建网页的运行日志,每一个网页在过去 90 天内都有 8 亿左右的会员访问过。无论出于何种原因,社交网络上非会员访问一个 Facebook 网页后,Facebook 都会密切跟踪分析,当然,Facebook 从其网站上的实际用户活动中收集的信息量颇为惊人,伯纳德·马尔在 2014 年 2 月 18 日智能数据采集帖子中解释了部分原因:作为 Facebook 的用户,我们高兴地"喂养"着这头大数据野兽,每天发送 100 亿条 Facebook 信息,点赞 45 亿次,每天每次上传 3.5 亿张新图片,总体而言,Facebook 上有 170 亿个位置标记的帖子、2500 亿张照片,令人十分震惊。所有这些信息都说明,Facebook 知道我们的样子、我们的朋友们、我们对大多数事情的观点、我们的生日、我们是否在谈恋爱、我们当前所处的位置、我们喜欢的和不喜欢的，甚至更多。一个商业公司手中掌握这么多信息（和权力）是极其可怕的。

小U：Facebook的数据收集不仅仅靠网站用户的访问吧？

老师，当然不是，Facebook还投资开发了图像处理和"脸部识别"功能，这样Facebook就可以追踪用户，可以从你分享的照片中了解你和你朋友的长相。现在可以在网上和其他所有Facebook个人主页上搜索你和你朋友的照片，脸部识别可以为已经上传的照片中的人物打上"标签建议"，但是利用此类技术还能做些什么却令人难以想象，试想一下，Facebook利用计算机算法测量你的体形，还可以用这些算法分析你共享的最新沙滩照片，并与旧照片对比，检测是否有些许增重，这些信息还会被卖到你所居住地区的减肥俱乐部，俱乐部会在你的Facebook页面推送广告，可怕吗？这还不算完：最近的一项研究表明，有可能只是通过分析你在Facebook上的"点赞"行为，就能准确地预测一系列高度敏感的个人属性。研究人员在剑桥大学和微软研究院的研究工作显示，Facebook上的"点赞"可以非常准确地预测性取向、生活满意度、智力、情绪稳定度、宗教、饮酒和吸毒、婚姻状态、年龄、性别、种族和许多其他的政治观点，有趣的是，那些能够"揭示"出喜欢的东西很少或几乎对预测个人特质没什么帮助，往往一个"赞"足以做出准确预测，同时Facebook还研究了用户的发布模式和情绪，预测将来的爱情关系[①]。

小P：预测将来的爱情关系，这是通过什么来进行？

老师，我们先看一下在2014年2月19日FierceBigData网站上的一个帖子中记录的这个活动，数据科学家卡洛斯·迪乌克（Carlos Diuk）在他的"爱的形成"一文中描述，一段恋爱关系确定的前100天里，我们观察到时间轴上未来情侣间所发布的帖子内容缓慢但稳定地增长，当恋爱关系确定时，帖子数量开始下降，我们观察到，在恋爱关系确定前，发帖最高峰的12天内每天的发帖数为1.67条，而恋爱关系确定之后，发帖最少的85天每天发帖1.53条。据推测，情人之间求爱结束以后，双方共处的时间增加，线上互动让位给线下现实世界的互动。换句话说，Facebook可能比一些情侣还早一步察觉到他们之间萌生了爱意，也一定比他们在Facebook上公布关系较早的就察觉到了这一点。

同时，Facebook的数据科学家阿德里安·福瑞格瑞（Adrien Friggeri）在2014年2月15日一篇名为"当爱情失败时"的帖子中说：他们研究了一组关系接近分手的情侣，即这些研究对象曾经保持情侣关系至少4周，后又恢

[①] 于楠译，大数据策略如何成功使用大数据与10个行业案例分析[M]，2016.06.

复单身状态。他们追踪这个群体中的每个人收发的消息数，时间轴上其他人发布的帖子，别人在他们帖子下的评论数量，时间为从分手前一个月到分手后一个月。他们观察到分手前一天与友人互动总数维持在基准线内，在更改状态当天，与其他友人互动信息量平均值暴增225%，这一数值在接下来的一周之内逐渐稳定，互动总数仍高于分手前。

　　这说明，可怜的、被抛弃的人们怀疑关系出了问题之前，Facebook就已经可以准确预测分手，还可以确定的是，除了单纯的恋爱关系，Facebook还有可能使用类似的分析手段来预测用户的其他私人信息，大家听起来在感觉非常有价值的同时，是不是感觉又有点可怕那！

第四章 分布式存储技术

4.1 分布式存储技术概念

老师：谢谢各位同学能够准时回到"一问一答"小课堂。从今天开始，要带大家进入大数据存储的新世界了，你们都准备好了吗？好的，关于大数据的储存，我们从分布式存储技术开始。

小S：老师，分布式存储技术是什么呀？

老师：这个概念我们是从字面上就可以理解的。所谓分布式存储技术，就是用"分布式"的方式进行"数据存储"的一种"技术"。

首先，"分布式"是什么呢？我们要知道，分布式是一种工作方式，指的就是我们大家将某些工作分布在不同的地方来做。举个例子来说，我们要做一道菜，但是我们不在一个地儿做。小X在他家切西红柿，小M在他家打鸡蛋，小S在他家开火炒，那我们做的就是一道分布式西红柿炒鸡蛋了。

当然，我们炒个鸡蛋不能搞得这么复杂。那么什么工作值得我们用分布式的方式来做呢？一些庞大的、没办法在同一个地方处理的工作是值得这样做的，比如说：海量数据的储存工作。你们想想，淘宝上一张产品图片好几MB，整个淘宝那么多图，要是不用分布式的方式来存，得买块多大的硬盘啊。

那么，实现我们分布式的做数据储存工作的技术，就叫做"分布式存储技术"。

小M：这个听起来就很复杂，淘宝可以多买几块大硬盘啊，我们真的需要这样的技术了吗？

老师：根据"你知道么"（http：//didyouknow.org/）的数据，目前互联网上可访问的信息数量接近1秭，这些海量数据中极大部分存储于各个大型网站中，这些海量的数据如何有效存储，是淘宝这类大型系统的架构师必须要解决的问题。分布式存储技术就是为了解决这个实际问题而发展起来的技术呀。

小X：这种技术为什么可以储存这么海量的数据呢？

老师：因为这种技术是分布式的呀。（笑）与一般人常见的集中式存储技术不同，分布式存储技术并不是将数据存储在某个或多个特定的节点上，而是通过网络将物理上存在于不同地方的存储设备连接起来，构建一个虚拟

第四章
分布式存储技术

的大存储设备,数据分散存储在这个虚拟设备的各个角落,也就是存储到不同地方的各台设备中。这样,数据再大,也是大不过如来佛祖的五指山滴。

小M:是不是可以这样理解呢?如果我们有一个谷仓,我们可以存满一个谷仓的稻谷。有十个这样的谷仓就可以存放十倍的稻谷,有无数的谷仓,就可以存放大海一样多的稻谷啦?

老师:这个理解很形象,但并不完全正确,你说的更类似于集群的概念。只要是一堆机器,就可以叫集群,他们是不是一起协作着干活,这个谁也不知道。而这堂课开始的时候我们就讲了,分布式存储技术并不是简单的找到地方将数据存起来就可以了,它要求分散的存储资源能够在业务中被同步使用。分布式中的每一个节点,都可以做集群。而集群并不一定就是分布式的。

如果用谷仓来打比方,那就像是许多分散在世界各地的谷仓,同时又内部相连。我们不单需要在上海将谷子放进去,然后又从北京取出来。更厉害的是,用了这种谷仓,我们就可以用江南刚进仓的大米、北海道刚进仓的大米、泰国刚进仓的大米拌在一起同时来煮一碗香喷喷的万国饭了。

小S:这简直就是哆啦A梦的口袋里才会有的道具啊。

老师:但是在数据领域,我们这个时代的人类就已经做到了。

(tips:通常来说,分布式存储系统是大量普通PC服务器通过网络互联,对外作为一个整体提供存储服务。)

老师:采用分布式存储技术设计的存储系统就是分布式存储系统了。相对于非分布式的存储系统来说,除了能存的数据要多得多以外,他还从这种构建体系中获得了很多其他的优点:

1. 可扩展。分布式存储系统可以扩展到数百甚至数千个集群的集群,并且随着集群规模的增长,整体性能的系统性能呈线性增长。

2. 成本低。分布式存储系统的自动容错和自动负载均衡机制使得可以在普通PC上构建。此外,线性膨胀能力也使增加,减少机器非常方便,可以实现自动操作和维护。

3. 使用方便。分布式存储系统需要能够提供易于使用的外部接口,此外,还需要全面的监控,操作和维护工具,并且可以轻松地与其他系统集成,例如,从Hadoop云计算系统导入数据。

小X:在之前谷仓的例子里面,可扩展就相当于我们可以根据收成的好坏来增加或减少谷仓吧。但是这种临时增加进系统的设备需要什么东西给连接起来,才能实现老师刚才讲过的分散存储资源能够在业务中被同步使用的场景吧?

老师:当然,我们都最终希望,我们所面对的分布式系统,不管适用于怎么样的使用环境都能够有良好的可扩展性。但不管是对于最终用户还是对于编程人员来说，分布式计算机系统是否好用都取决于他们所看到的计算机是什么样的。

如果作为程序员，当然想要面对机器而不是一堆机器，机器意味着单个寻址空间，不需要处理消息或远程调用这样复杂的编程技术。具有单个地址空间的集群系统将具有此功能，或者用户希望具有大的一致文件系统，这需要在文件系统级作业处完成。

但从用户的角度来看，不在乎你如何处理诸如地址空间，消息传递和似乎与他无关的事情，用户只关心他使用一个单独的计算机系统，使用的复杂性，不需要在多个系统之间来回切换，可以轻松管理他的"一台机器"的面孔。

一般来说，用户（包括程序员，用户）想要看到一个抽象的计算机系统，并且类似于计算机的Fung结构，而不是需要完成自己分配的计算机系统的调度。这种事情被称为"单系统映像"。

（tips1：冯氏结构计算机是利用冯·诺依曼计算机的架构设计。其特点是硬件由操作员，控制器，存储器，输入设备和输出设备五大部分组成，计算机正在运行，程序执行和处理数据首先存储在内存中，计算机程序执行后，会自动并且按顺序从主存储器中逐个取出指令。这里指的是一组单独的操作符，控制器，存储器存储设备）

（tips2：单个系统镜像通常使用虚拟化技术来模拟集群中的许多设备作为虚拟设备，这是并行计算机体系结构研究中的重要方向。国内外提出了许多方法。）

小X：这样复杂的存储体系，一定有很多很难设计的地方吧？

老师：是这样的，分布式存储系统的挑战主要在于数据、状态信息的持久化，要求在自动迁移、自动容错、并发读写的过程中保证数据的一致性。

1. 数据分布：如何将数据分布到多个服务器，以确保数据均匀分布？数据分布到多个服务器，如何实现跨服务器读写操作？

2. 一致性：如何将多份数据拷贝到多台服务器，即使在特殊情况下，也要保证不同拷贝数据之间的一致性？

3. 容错：如何检测服务器故障？如何自动将发生故障的服务器上的数据和服务迁移到集群中的其他服务器？

4. 负载均衡：新服务器和集群在正常运行时如何实现自动负载均衡？数据迁移如何确保现有服务不受影响？

5. 事务和并发控制：如何实现分布式事务？如何实现多版本并发控制？

6. 使用方便：如何设计外部接口，使系统易于使用？如何设计和监控系统和系统的内部状态,以方便操作和维护人员的暴露形式?

7. 压缩/解压缩：如何设计合理的数据压缩/解压缩算法？如何平衡压缩算法可以节省存储空间并消耗CPU计算资源?

这些内容比较复杂,我们在后面的学习中会逐步展开。分布式存储系统挑战大,研发周期长,涉及的知识面广。一般来讲,如果我们能够深入理解分布式存储系统,理解其他互联网后台架构也不会再有任何困难了。

老师:今天的课程主要就是这些内容了,如果有一些地方大家不理解,请带着对它们的思考进入我们后面的课程,希望在我们学习过程中,大家能逐步建立起对基于分布式存储技术的存储系统的理解。

4.3 分布式存储类别

4.3.1 分布式存储分类

老师:谢谢各位同学能够准时回到"一问一答"小课堂。大家都知道,计算机存储的数据是各种各样的,而分布式存储系统能够存放的数据也是多种多样的。今天我们主要给大家介绍分布式存储的分类。大家可以先想想看,我们一般在电脑里面存放些什么样的数据呢？

小 M:Word、Excel、PPT ~

老师:恩,你说的这些都是办公文档。

小 S:图片、音乐、视频、游戏~

老师:游戏也是由各种各样的文件组成的,也包含你前面所说的图片、音乐和视频,但是更重要的是,它会存很多的程序文件和数据文件。

小 X:对对,还有数据库,我们平时用的很多系统都是基于数据库开发的。

老师:对,数据库和程序文件都是我们系统开发过程中必不可少的组成部分之一。大家都回答得非常好,你们回答出的各种文件,就是我们平时所用的计算机里经常储存的数据了。单机里面需要存放这些数据,我们的分布式存储系统中仍然需要存放这些数据。

小 M:老师,这些数据都是同样的存放在分布式存储系统中吗?

老师:不,不同的分布式存储系统适合处理的数据是不一样的,所有这些数据形式其实可以分成三类:

1. 非结构化数据:包括所有形式的办公文档、文本、图片、图像、音频和视频信息。

2. 结构化数据:一般存储在关系数据库中,可以使用表结构之间的二维关系来表示。结构化数据模式(Schema,包括属性、数据类型和数据链接)和内容是分开的,数据模型需要预先定义。

3. 半结构化数据：在非结构化数据和结构化数据之间，HTML 文件是半结构化数据。它通常是自描述的，并且与结构化数据的最大的区别在于，半结构化数据的模式结构和内容是混合的，没有明显的区别，并且不需要预先定义数据的模式结构。

而这堂课我们主要会按照处理数据的不同方式给你们介绍四种不同的分布式存储系统：分布式文件系统、分布式键值（Key-Value）系统、分布式表格系统和分布式数据库。

小 S：文件系统我知道，就是我们 WINODWS 里面的 FAT 和 NTFS 系统吧？

老师：FAT 和 NTFS 是 WINDOWS 操作系统的文件系统，此文件系统是操作系统用来指定存储设备（通常是磁盘，基于 NAND 闪存的 SSD）或分区上的文件的方法和数据结构；即在存储设备上组织文件的方法（通常称为 Files）以及放置文件的逻辑存储和恢复。

这与我们的分布式文件系统类似，但不完全相同。分布式文件系统主要解决以对象的形式组织的非结构化数据，并且对象之间没有关联。例如，互联网应用需要存储大量的图片，照片，视频等，这样的数据通常被称为 Blob（二进制大对象，二进制对象）数据。

分布式文件系统用于存储 Blob 对象，典型的系统有 Facebook Haystack 以及 Taobao File System（TFS）。另外，分布式文件系统也常作为分布式表格系统以及分布式数据库的底层存储，如谷歌的 GFS（Google File System，存储大文件）可以作为分布式表格系统 Google Bigtable 的底层存储，Amazon 的 EBS（Elastic Block Store，弹性块存储）系统可以作为分布式数据库（Amazon RDS）的底层存储。

通常分布式文件系统存储三种类型的数据：Blob 对象，固定长度块和大文件。在系统实现层面，分布式文件系统根据数据块（chunk）来组织数据，每个数据块的大小大致相同，每个数据块可以包含多个 Blob 对象或固定长度块，一个大文件也可以删除分成多个数据块。分布式文件系统将这些数据块分布到存储集群，处理数据复制，一致性，负载平衡，容错和其他分布式系统问题，以及将用户 Blob 对象，固定长度块和大文件操作映射到底层数据块操作。

（tips1：计算机将硬盘上的信息保存在称为群集的区域中。所使用的簇越小，将节省信息的效率越高。在 FAT 的情况下，群集分区越大，对应的大存储效率越低，就不可避免地导致存储空间的浪费。并配合计算机硬件和应用不断完善[①]。）

[①] 张宏峰，一个基于 ZigBee 技术的无线传感器网络平台[D]，武汉理工大学，2006.04.

第四章
分布式存储技术

（tips2：NTFS文件系统是一种基于安全的文件系统，它是Windows NT采用的一种独特的文件系统结构。它基于文件和目录数据的保护，同时注意节省存储资源和减少磁盘占用率。）

小X：分布式键值（Key-Value）系统是不是就像我们数据结构中保存键值对一样的保存数据呀？

老师：就像数据结构中的键值对一样，分布式键值系统用于存储关系简单的半结构化数据。它只提供基于主键的CRUD（Create/Read/Update/Delete）功能，即根据主键创建、读取、更新或者删除一条键值记录。

典型的系统是Amazon Dynamo和淘宝Tair，从数据结构的角度来看，分布式键值系统类似于传统散列表，除了分布式键值系统支持将数据分发到集群中的多个存储节点。分布式密钥系统是一种分布式表系统，实现简化，一般用作缓存，如淘宝Tair和Memcache，一致性散列是分布式键值系统中常用的数据分发技术，众所周知的是由Amazon DynamoDB系统使用。

小X：分布式键值对用来存储关系简单的半结构化数据，分布式数据库是数据库，肯定是用来存储结构化数据的，那关系复杂的半结构数据是不是就由分布式表格系统来储存的呀？

老师：聪明，分布式系统用于存储更复杂的半结构化数据之间的关系。与分布式键值系统相比，分布式系统不仅支持简单的CRUD操作，而且支持扫描某个键范围。分布式系统以表格形式组织数据。每个表由许多行组成，标识具有主键的行，并且支持基于主键的CRUD功能和范围查找。

分布式系统借鉴了很多关系数据库技术，如支持一定程度的事务，如单行事务，一个实体组（Entity Group，一个用户下所有数据往往形成一个实体组）。典型的系统包括Google Bigtable和Megastore，Microsoft Azure Table Storage，Amazon DynamoDB等[①]。与分布式数据库相比，分布式系统主要支持单个表单的操作，不支持一些特别复杂的操作，如多表关联，多表连接，嵌套子查询；另外，分布式表系统，同样形式的多个数据行不需要相同类型的列，适合半结构化数据。分布式表系统是一个很好的权衡，这样的系统可以非常大规模，并且支持更多的功能，但是实现往往更复杂，并且有一定的使用门槛。

小X：分布式数据库应该也类似与传统的关系数据库吧，老师？

老师：对，但分布式数据库不单是类似与传统关系数据库，它通常从用于存储结构化数据的独立关系数据库中扩展。分布式数据库使用二维表组织数据，提供SQL关系查询语言，支持多表关联，嵌套子查询等复杂操作，并

---

① 孟小峰，慈祥.大数据管理：概念、技术与挑战[J].计算机研究与发展，2013（1）．

提供数据库事务和并发控制。

典型的系统包括 MySQL 数据库分片集群，Amazon RDS 和 Microsoft SQL Azure，分布式数据库支持的功能最丰富，符合用户习惯，但可扩展性往往有限。当然，这不是绝对的，Google Spanner 系统是一个支持多个数据中心的分布式数据库，不仅支持丰富的关系数据库功能，而且支持多个数据中心中的数千台计算机。此外，阿里巴巴 OceanBase 系统还支持分布式关系数据库的自动扩展。

关系数据库是目前最成熟的存储技术，它的功能非常丰富，导致了一个商业关系数据库软件（如 Oracle，Microsoft SQL Server，IBM DB2，MySQL）以及上层工具和应用软件生态系统。但是，关系数据库在可扩展性方面面临着巨大的挑战。传统的关系数据库事务和二维关系模型难以有效地扩展到多个存储节点，此外，关系数据库用于在较大空间上的性能优化中需要高并发性的应用。为了解决关系数据库面临的可扩展性，高并发性和性能问题，各种非关系数据库激增。这样的系统成为 NoSQL 系统，可以理解为"不只是 SQL"系统。NoSQL 系统更令人眼花缭乱，每个系统都有自己独特，适合解决特定问题。这些系统变化非常快，我们不会尝试探索 NoSQL 系统实现，而是从分布式存储技术的角度探索大容量存储系统背后的原理。

老师：今天的课程主要就是这些内容了，简单的为大家介绍了四种分布式存储系统：分布式文件系统、分布式键值系统、分布式表格系统和分布式数据库。在接下来的课程中，我们会先从单机存储系统出发，介绍实现这些存储系统的各种基础知识。然后再介绍在单机存储系统的基础上，分布式存储系统需要解决的各种技术问题。

4.3.2 单机储存引擎

老师：谢谢各位同学能够准时回到"一问一答"小课堂。上一堂课我主要给大家介绍了针对结构化数据、部分结构化数据、以及非结构化数据的四种分布式存储系统，相信大家已经对数据怎么进行分布式存储有了一定的概念。但是，有了概念不代表就能够实现这样的存储系统了。我们需要先从内部开始理解，"数据存储"究竟是怎么一回事。

小M：要想理解分布式的网络的存储是怎么样的，我们要先了解单独的存储是什么样的是吧，老师？

老师：对，"饭要一口一口吃，路要一步一步走"，所谓单独的存储，实际就是我们的单机存储，我们这堂课，就以几个有名的系统为例，给大家介绍单机存储的发动机——单机存储引擎。

小S：为什么讲分布式存储必须要先讲单机存储呢？

第四章
分布式存储技术

老师：因为对于存储量不大的需求来说，一般来说使用单机存储就够了。但是，对于系统的大数据量，需要分割数据而不放在不同的机器上，即分布式存储。独立存储引擎是在接口内提供单一存储介质，对于分布式存储，独立存储引擎已成为其基本组件。

小X：我们可不可以将单机存储引擎理解为象棋中的棋子呢？只有理解了棋子，才能够理解一整盘棋？

老师：我们要把它看成棋子的规则才对。连单个棋子都不知道该怎么走，这个棋怎么下得下去呢。只有理解了单个棋子的规则，才能够理解开局、理解中段、理解残局，理解整盘棋。

好了，下面我们开始讲存储引擎，什么是存储引擎？是规则背后的典当，是存储系统引擎，直接决定存储系统可以提供的性能和功能。存储系统的基本功能包括：添加，删除，读取，更改，分为随机读取操作和顺序扫描。今天一些主流的独立存储引擎作为例子，介绍这些基本功能常用来完成几种方式。

1．hash存储引擎是一个哈希表实现持久化，支持，删除，更改和随机读操作，但不支持顺序扫描，对应的存储系统为key-value（Key-Value）存储系统。

2．B-tree（B-Tree）B-tree存储引擎是一个持久化实现，不仅支持增加，删除，读取，更改操作的单个记录，还支持顺序扫描，相应的存储系统是关系数据库。当然，关键值系统也可以通过B-tree存储引擎来实现。

3．LSM树（Log-Structured Merge Tree）存储引擎和B树存储引擎，如支持，删除，更改，随机读取和顺序扫描。它使用批量转储技术来规避磁盘随机写入问题，广泛应用于互联网后端存储系统，如Google Bigtable，Google LevelDB和Facebook开源Cassandra系统。

接下来，我就以Bitcask、MySQL InnoDB以及Google LevelDB系统为例介绍这三种存储引擎。

老师：首先是Bitcask，这是一个基于哈希表结构的键值存储系统。上一节课的时候我们有提到过哈希这个概念，有没有谁回去以后有自己学习它呢？

小X：恩，我看了他的介绍，有讲哈希就是散列。但是我不太明白为什么我们做键值对的存储要使用这种形式呢？

老师：这是因为散列函数使对数据序列的访问更快更有效。使用散列函数，数据元素被更快地定位。可以快速定位方便检索，所以我们通常使用哈希表结构进行密钥存储，哈希对应密钥存储在主键中，值对应的键对应数据存储位置信息。

Bitcask是基于哈希表结构，并且其高效率的随机查询非常高。同时，它仅支持仅追加操作，这意味着在不修改旧数据的情况下附加所有写入操作。在Bitcask系统中，每个文件都有一定的大小限制，当文件增加到相应的大小时，会产生一个新的文件，旧文件只读而不能写入。在任何时候，只有一个文件是可写的，用于数据添加，称为活动数据文件（活动数据文件）。而其他人已经达到文件的大小限制，称为旧数据文件（旧数据文件）。

Bitcask数据文件数据是一个写操作，每个记录数据项是主键（key），值内容（value），主键长度（key_sz），值长度（value_sz），时间戳（timestamp）和crc检查值。（数据删除操作也不删除旧条目，但将值设置为用于标识的特殊值）。哈希表基于使用索引数据结构，哈希表的作用是主键快速定位该位置的值。哈希表结构中的每个条目包含用于定位数据，文件id，文件中的值（value_pos），值长度（value_sz）和file_id的三个信息。文件的value_pos以value_sz字节开始，其给出最终值。写入时，键值记录附加到活动数据文件的末尾，然后更新内存散列表。因此，对于每个写入操作，需要总共一个盘写入和一个存储器操作。

Bitcask存储在主键的内存和索引信息的值，磁盘文件存储在主键和实际内容的值。该系统基于假设值的长度远大于主键的长度。如果平均长度值为1KB，则每条记录的内存中的索引信息为32字节，那么磁盘内存比例为32：1.这样，32GB内存索引的数据量为32GB×32 = 1TB。

小M：Bitcask的数据删除不删除旧的，那不是会越来越多吗？

老师：对，Bitcask系统中的记录删除或者更新后，原来的记录成为垃圾数据。如果这些数据一直保存下去，文件会无限膨胀下去。

为了解决这个问题，Bitcask需要定期执行合并（Compaction）操作来实现垃圾收集。所谓的合并操作，也就是将所有旧数据文件中的数据再次生成一个新的数据文件，其中合并实际上是对同一个键上的多个操作，保持最新的一个删除每个原则合并，新生成的数据文件不再有冗余数据。

Bitcask系统中的散列索引存储在内存中。如果不执行额外的工作，服务器将关闭以重新启动重建的哈希表。数据文件需要扫描一次。如果数据文件很大，这是一个非常耗时的过程。Bitcask通过索引文件（hint文件）来提高重建哈希表的速度。

简单地说，索引文件是内存中的哈希表转储到磁盘生成的结果文件。Bitcask在合并旧数据文件操作时，会生成一个新的数据文件，该过程也会产生一个索引文件，索引文件记录每个记录的哈希索引信息。与数据文件不同，索引文件不存储特定的值，仅存储值的位置（与内存散列表一样）。这样，当您重建哈希表时，不需要扫描所有数据文件，而只需要读取和重建索引文件中的数据，大大减少重新启动后的恢复时间。

第四章
分布式存储技术

（tips：散列表（Hash table，也叫哈希表），是基于键值直接访问的数据结构。也就是说，它将键值映射到表中的位置，以访问记录以加速查找。此映射函数称为散列函数，并且保存该记录的数组称为散列表。给定表M，对于任何给定的键值键，如果记录可以被记录包含表地址中的关键字，则存在用于任何给定键值键的函数 f（键），然后称为表M哈希（Hash）表函数 f（key）用于哈希（Hash）函数[37]。

老师：接着我们以Mysql InnoDB为例介绍B-tree存储引擎，与hash引擎相比，B-tree存储引擎不仅支持随机读取，而且还支持范围扫描，关系数据库通过索引访问数据，在Mysql InnoDB中，有一个特殊的索引称为聚集索引，将数据行存储在那个组织中成为B+树（B-tree）结构。

小S：这个听起来比Bitcask复杂很多啊，我们要怎么去想象它呢？

老师：是的，能力越大责任也越大，在我们计算机的领域里面能力越大也就意味着越复杂，对于这些比较复杂的东西，我们要通过数据结构来先了解它长什么样。如果我们连一张椅子有三只脚还是四只脚都搞不清楚，也不知道桌面是木头的还是玻璃的，那我们怎么能搞懂这桌上是能坐个人呢还是只能放个花瓶呢。所以我首先要给你们介绍他的数据结构。

MySQL InnoDB按照页面（Page）来组织数据，每个页面对应一个节点B+树。其中叶节点保存每行的完整数据，非叶节点保存索引信息，每个节点中的数据在有序存储中，数据库查询需要从根节点开始二进制搜索直到叶节点，每读一个节点，如果对应的页不在内存中，则需要从磁盘读取并缓存它们，B+树的根节点驻留在存储器中，因此B+树一次需要高达h-1个磁盘I/O。复杂度是 $O(h) = O(logdN)$（N是元素的数量，d是每个节点的节点数量，H是B+树高度）。修改操作首先需要记录提交日志，然后修改内存B+树。如果内存中的修改页面超过一定速率，后台线程将刷这些页面到磁盘持久性，当然InnoDB的实现做了很多优化，但是这个比我想向你们介绍的内容更多，这个引擎读取节点需要从缓存中的磁盘读取，缓冲管理非常重要。

小M：缓冲区是什么呢，怎么管着它呢？

老师：缓冲器管理器负责将可用存储器划分为与页面大小相同的缓冲器，并且可以将磁盘块的内容传送到缓冲器。缓冲区管理器的关键是替换策略，它选择从缓冲池中删除哪些页面。常见的算法有两种：

1. LRU

LRU算法消除了最长时间没有被读取或写入的块。此方法要求缓冲区管理器根据页面最后一次访问的时间形成一个列表，从而消除列表末尾的页面。直观地，长时间没有读和写的页面比最近访问的页面具有较少的最近访问。

2. LIRS

LRU算法在大多数情况下表现良好,但是存在一个问题:如果查询执行全表扫描,则会导致缓冲池(其可能包含很多被快速访问的热点)中的大量页面被替换,从而污染缓冲池。现代数据库一般采用LIRS算法,缓冲池分为两级,数据先进入第一级,如果数据在短时间内被访问两次或更多次,则变为热数据进入第二级,每次level internal或使用LRU替换算法[1]。Oracle数据库中的触摸计数算法和MySQL InnoDB中的替换算法都使用类似的分级方法。以MySQL InnoDB为例,InnoDB内部的LRU列表分为两部分:新子列表(new sublist)和旧子列表(old sublist),默认情况下前者占5/8,占3/8。页面首先插入老子链表中,InnoDB要求老虎链中的页面保持超过一定的值,如1秒,它可能会被转移到新的子列表。当发生全表扫描时,InnoDB会将数据页加载到旧链,因为在停留时间的旧子列表中的数据页不够,不会被转移到新的子链表,这避免了新的子链表的页面替换出来的情况。

(tips:1970年,R. Bayer和E. Mccreight提出了一个用于外部搜索的树,它是一个称为B树的平衡多树。B树需要满足以下特性:1.根节点具有至少两个子节点。每个非根节点中包含的密钥j的数量满足:⌈m/2-1⟨=j⟨=m-1;3,所有节点除根节点(叶节点除外)的度数正好是关键字的总数加1,所以内部子树k的数量满足:⌈m/2⟨=k⟨=m;,所有叶节点位于同一层。)

老师:接下来我们以Google的LevelDB系统为大家介绍LSM树存储引擎。LSM树(Log Structured Merge Tree)的想法很简单,就是将增量数据保存在内存中,实现指定的大小限制,将这些操作批量修改成磁盘,读取需要合并的磁盘历史记录最近修订操作中的数据和内存。

小M:LSM树存储引擎Google和Facebook都在用,它和前面两种引擎相比是不是优势很大呀?

老师:不同的引擎是各有优缺点的,主要针对应用场景的特点来决定选择什么样的引擎使用更好。LSM树的优点是它避免了随机磁盘写入,但可能需要更多的磁盘文件访问。

老师:首先我们还是来了解下它的数据结构,LevelDB存储引擎主要包括:MemTable在内存和不可变MemTable(Immutable MemTable,也称为Frozen MemTable,即被冻结的MemTable),以及几个主要的磁盘文件:当前(当前)文件,清单(Manifest)文件,操作日志(提交日志,也称为提交日志)文件和SSTable文件。当应用程序写入一条记录时,LevelDB会先将修改操

---

[1] 刘博, Oracle数据库性能调整与优化[D]. 大连理工大学, 2007.12.

第四章
分布式存储技术

作写入操作日志文件，操作成功后将被修改为MemTable，以便完成写操作。

当MemTable占用的存储器达到上限值时，需要将存储器数据转储到外部存储器文件中，LevelDB会将原来的MemTable冻结成一个不可变的MemTable并生成一个新的MemTable，新的传入数据记录在新的操作日志文件和新生成的MemTable中，顾名思义，不可变的MemTable的内容不能被改变，只能读取不能写或删除，LevelDB后台线程将不可变MemTable数据将转储到磁盘后形成一个新的SSTable文件，此操作称为Compaction，SSTable文件是内存中的数据，在形成Compaction操作后，SSTable的所有文件都是层次结构，Level 0是Level 0，Level 1是Level1等。

SSTable中的文件按记录的主键排序，每个文件具有最小的主键和最大的主键，LevelDB清单文件记录元数据，包括层次结构、文件名、最小主键和最大主键，当前文件记录当前使用的清单文件的名称，在运行LevelDB的过程中，使用Compaction，SSTable文件将改变，新文件将被生成，旧文件被丢弃，这时候经常会生成一个新的清单文件来记录这个改变，并且当前文件用于指示该库存文件当前处于活动状态。

LevelDB需要读取每个级别的SSTable文件和MemTable在内存中从旧到新的每个查询。LevelDB做了一个优化，因为LevelDB外部支持只随机读取一个记录，第一级查询会查看内存MemTable，MemTable如果记录包含主键及其对应的值，则返回记录；读取主键，然后同样是在内存中的不可变Memtable中读取；同样，如果仍然无法读取，只能从旧磁盘读取到SSTable文件中的旧磁盘。

LevelDB的写操作很简单，但是读操作比较复杂，为了加快读取速度，LevelDB内部Compaction操作将对现有记录进行组织压缩，这将删除一些记录不再有效，减少数据大小和文件大小。

小X：LevelDB的读取操作相当于Bitcask做合并啊？

老师：嗯，可以这样理解。

LevelDB压缩操作分为两种类型：小型压缩和主要压缩，轻微压缩就是当内存中的MemTable大小达到一定值时，内存数据转储到SSTable文件，每个级别下有多个SSTable，当某个级别中SSTable文件的数量超过某个值时，levelDB将从该级别选择SSTable文件，并将其与高级SSTable文件合并。这是主要的压缩，主要压缩等效于执行多重合并，按主键顺序对SSTable文件中的所有记录进行迭代，如果未保存该值，则丢弃该值；否则，将其写入新生成的SSTable文件。

（Tips：LSM树，理论上可以是内存中树的一部分，并且树的第一层做磁盘合并，对于磁盘直接进行树更新操作可能会破坏物理块的连续性，但实际应用中，一般lsm多层，当磁盘进入树中的树时，合并器可以重新排列以使块连续优化读取性能。)

老师：今天的课程主要就是这些内容了，单机存储引擎就是相当于存储系统的发动机，下一课我们主要给大家介绍存储系统的外壳，有引擎、有外壳、存储系统这辆车就能够很好的跑起来了。

4.4 数据存储模式

4.4.1 数据模型

老师：谢谢各位同学能够准时回到"一问一答"小课堂，上一堂课我主要给大家介绍了存储系统的发动机——存储引擎，这堂课让我们继续学习存储系统的另一个重要组成部分——外壳——数据模型。

小S：老师，我们把数据模型比喻成外壳，那数据模型是不是对存储引擎起到一个保护的作用呀？

老师：并不是这样的，数据模型"壳"还包括底盘，驾驶室内的方向盘，这些仪器和驱动器的传输，发动机必须通过其控制同时推动"壳"以到达目的地，数据引擎操作数据，并且数据以数据模型指定的方式组织数据，没有模型的组织，引擎不能在数据存储中操作数据引擎和数据模型是不可或缺的。

存储系统数据模型包括三类：文件、关系、以及与NoSQL技术流行的键值模型，传统文件系统和关系数据库系统分别使用文件和关系模型，相对强的关系模型描述，产业链的完整性，是存储行业的行业标准。然而，随着应用程序在可扩展性，高并发性和性能方面变得越来越苛刻，大型关系数据库有时似乎不足，导致新的数据模型，如键值模型、关系弱化表模型等。

我们这堂课会分别给大家介绍文件模型、关系模型和键值模型，首先给大家介绍文件模型。

小M：之前课上讲过的非结构化数据的存储，就是使用文件模型来组织的吧？

老师：很聪明，文件模型以目录树的形式组织各种非结构化文件，类UNIX操作系统，例如根目录/，包括/ usr，/ bin，/ home和其他子目录，每个子目录也包含其他子目录或文件。文件系统的操作涉及目录和文件，例如打开/关闭文件，读取和写入文件，遍历目录，设置文件属性等。POSIX（便携式操作系统接口）是访问文件系统API标准的应用程序，其定义文件系统存储接口和操作集。POSIX主要接口有以下几个：

Open/close：打开/关闭一个文件，获取文件描述符；

第四章
分布式存储技术

Read/write：读取一个文件或者往文件中写入数据；

Opendir/closedir：打开或者关闭一个目录；

Readdir：遍历目录。

POSIX标准不仅定义文件操作界面，而且定义读写操作语义。例如，POSIX标准需要读写并发以确保操作的原子性，即读操作读取所有结果或不读取任何内容；此外，读操作可以读取所有先前写操作的结果。POSIX标准为独立文件系统，在分布式文件系统中，出于性能原因，一般不完全符合本标准。NFS（网络文件系统）文件系统允许客户端缓存文件数据，多个客户端并发修改同一个文件可能不一致[①]。例如，NFS客户端A和B需要同时修改NFS服务器上的文件，每个客户端都是文件缓存的副本，A在第一次提交后修改，那么即使A和B修改了文件是不同的位置，会有BA变化的情况。

对象模型类似于文件模型，用于存储二进制数据块，如图片、视频和文档，典型的系统包括Amazon Simple Storage（S3）和淘宝文件系统（TFS），这些系统削弱了目录树的概念，Amazon S3只支持一个目录，不支持子目录，淘宝TFS甚至不支持目录结构，与文件模型不同，对象模型需要立即将对象写入系统，只能删除整个对象，并且不能修改其中的任何部分。

老师：接下来我们要介绍关系模型。

小S：这个我知道，关系模型是组织结构化数据的!

老师：对，每个关系是多个元组（行）组成的表，每个元组包含多个属性（列）的关系名，属性名和属性类型被称为关系的模式。例如，电影的关系模式是电影（标题，年份，长度），其中，标题，年份，长度是属性，假设他们的类型是字符串、整数等。

数据库语言SQL用于描述查询和修改操作，数据库修改包括三个命令：INSERT，DELETE和UPDATE，查询通常通过select-from-where语句表示，选择查询语句计算过程如下（不考虑查询优化）：

1. 采用FROM子句中列出的关系的元组的所有可能组合。

2. 不会满足WHERE子句中给出的条件删除的元组。

3. 如果有GROUP BY子句，则剩余的元组按GROUP BY子句中给出的属性值分组。

4. 如果有HAVING子句，按照HAVING子句检查每个组中给出的条件，删除该组不符合条件。

5. 计算指定属性和属性上的聚合的结果元组，如SELECT子句中所述。

6. 根据ORDER BY子句中的属性列的值对结果元组进行排序。

[①] 黄斌，并行文件存储系统关键技术的研究[D]，华南理工大学，2012.05.

SQL查询还有一个强大的特性是允许在WHERE、FROM和HAVING子句中使用子查询，子查询又是一个完整的select-from-where语句。

另外，SQL还包括两个重要的特性：索引和事务。数据库索引用于减少SQL执行扫描的数据量，提高读取性能。数据库事务定义了每个数据库操作的语义，并确保多个操作的ACID特性并行执行（原子性，一致性，隔离性，持久性），后续会专门介绍。

（Tips：关系模型是由E.F.Codd在1970年提出的。关系模型的基本假设是所有数据表示为数学相关的，即n个集合的笛卡尔乘积的子集。关于数据的推理是通过两个值的谓词逻辑（即，没有NULL）来完成的，这意味着对于每个命题，只有两个可能的求值[1]：真或假，数据以关系演算和关系代数的方式进行操作，关系模型是使用二维表结构来表达实体类型和实体之间的关系的数据模型，关系模型允许设计者通过规范化数据库来构建一致的信息模型，访问计划和其他实现和操作详细信息由DBMS引擎处理，不应反映在逻辑模型中，这与SQL DBMS的一般做法相反，其中性能调整通常需要更改逻辑模型。）

小S：结构化和非结构化的数据组织方式老师都讲过啦，接着该讲半结构化的键值对方式啦。

老师：是的，但是你知道键值模型一般用在什么系统里面吗？

小S：这个还要等着老师讲呢。（笑）

老师：大量的NoSQL系统采用了键值模型（也称为Key-Value模型），每行记录由主键和值两个部分组成，支持基于主键的如下操作：

Put：保存一个Key-Value对。

Get：读取一个Key-Value对。

Delete：删除一个Key-Value对。

Key-Value模型过于简单，支持的应用场景有限，NoSQL系统中使用比较广泛的模型是表格模型，表格模型弱化了关系模型中的多表关联，支持基于单表的简单操作，典型的系统是Google Bigtable以及其开源Java实现HBase，表格模型除了支持简单的基于主键的操作，还支持范围扫描，另外，也支持基于列的操作。主要操作如下：

Insert：插入一行数据，每行包括若干列；

Delete：删除一行数据；

Update：更新整行或者其中的某些列的数据；

Get：读取整行或者其中某些列数据；

---

[1] 刘鼎甲. 基于关系模型的语料库查询处理问题研究[D]. 2015.11.

第四章
分布式存储技术

Scan：扫描一段范围的数据，根据主键确定扫描的范围，支持扫描部分列，支持按列过滤、排序、分组等。

与关系模型不同，表模型一般不支持多表相关操作，Bigtable这样的系统不支持二级索引，事件操作支持也相对较弱，每个系统支持不同的功能，没有统一的标准。通常还支持无模式特性，也就是说，您不需要预定义每个行中包含的列和每个列的类型，并且允许多个行包含不同的列。

小X：老师，既然SQL结构化的方式优点更多，为什么时代在发展，数据存储反而向着不那么结构化的方向去发展了呢？

老师：这个问题非常好，其实不是不想结构化，而是不能结构化。

随着互联网的快速发展，数据规模越来越大，并发数量越来越多，传统的关系数据库有时看起来无能为力，非关系数据库（NoSQL，不只是SQL）诞生了。NoSQL系统带来了很多新的想法，如良好的可扩展性，削弱数据库设计范式，削弱一致性要求，在一定程度上解决了海量数据和高并发问题，使很多人对"NoSQL将替代SQL"的疑惑存在。但是，NoSQL SQL功能只是一种权衡和升华，使SQL更适应大量数据场景的应用，两者的优势将继续整合，没有什么可以替代谁的问题。

关系数据库在海量数据场景面临如下挑战：

1. 交易。关系模型需要多个SQL操作来满足ACID属性，并且所有SQL操作都是成功的或全部失败。在分布式系统中，如果多个操作属于不同的服务器，为了确保它们的原子性需要使用两阶段提交协议，并且这个协议的性能非常低，并且不能容忍服务器故障，很难应用于海量数据场景。

2. 表。传统的数据库设计需要满足范式要求，例如，关系中的第三个范例不能出现在其他关系中已经包含在非主键信息中。如果有部门信息表，每个部门都有部门编号、部门名称、部门概况等信息，那么在员工信息表中，部门编号不能添加部门名称，部门概况等相关信息；会有很多数据冗余。在大量数据的场景中，为了避免多表数据库关联操作，经常使用数据冗余等手段违反数据库范例。实践表明，这些工具的好处远远高于成本。3、性能。关系数据库采用B树存储引擎，更新操作性能不如LSM树这样的存储引擎。另外，如果只有基于主键的增、删、查、改操作，关系数据库的性能也不如专门定制的Key-Value存储系统。

小S：那么NoSQL会替代SQL吗？

老师：随着数据的增长，可扩展性和性能的提高可以带来越来越明显的好处，而NoSQL系统或者可扩展，或者在特定的应用场景中性能非常高，在互联网业务中得到广泛应用。NoSQL系统也面临以下问题：

1. 缺乏统一标准。经过几十年的发展，关系数据库已经形成了行业标准的SQL语言，并且具有完整的生态链。各种NoSQL系统使用不同的方法，切换成本高，难以普及。

2. 使用和操作维修复杂。NoSQL系统，无论是选择，还是使用，都有很大的知识，往往需要了解系统的实现，缺乏专业的操作和维护工具以及操作和维护人员。关系数据库具有完整的生态链，丰富的操作维护工具，还有大量经验丰富的操作维护人员。

总之，关系数据库很常见，是行业标准，但在一些特定的应用场景中存在可扩展性和性能问题，NoSQL系统也有一些没用。从技术学习的角度来看，不必纠结SQL和NoSQL之间的区别，而是利用它们各自的优势，着重于理解关系数据库和高可扩展性的NoSQL系统的原理。

（Tips：NoSQL，指非关系数据库。随着互联网web2.0网站的兴起，传统的关系数据库在处理web2.0网站时，特别是大规模和高复杂类型的web2.0 SNS纯动态网站已经变得不足，暴露了很多困难需要克服的问题，而非关系型数据库是由于其自身特点一直发展非常迅速[①]。生成NoSQL数据库是为了解决大规模数据收集的多种数据类型的挑战，特别是大数据应用程序。）

老师：今天的课程主要就是这些内容了，数据引擎推着这个数据模型这个"外壳"一起让数据能够顺利存储和操作。数据不只是存储好、能操作就完事儿，还需要保证它的完整性和可靠性，后面的几次课我将给大家介绍这是怎么做到的。

4.4.2 事务与并发控制

老师：谢谢各位同学能够准时回到"一问一答"小课堂。在前两堂课上我们大家通过一些例子了解了数据的存储和操作，今天我们主要给大家介绍"事务"是如何规范数据库的。从这里开始，大家可以对互联网的分布式存储开始初窥门径。

小M：老师，事务是不是可以从字面理解，就是要做的事呢？

老师：交易通常指的是要完成或完成的事情。例如，想吃饭需要做饭，做饭是一种生意，晚餐需要洗衣，这是一个商务，事务的基本描述。与计算机术语相同，区别在于他通常在数据库区域中使用，指的是访问，并且可以在数据库中更新程序执行单元的各种数据项。

小X：比如说一个SQL语句就是一个事务吧？

老师：恩，在关系数据库中，一个事务可以是一条SQL语句，一组SQL语句或整个程序。

[①] 梁力源，基于NoSQL存储系统的研究与应用[D]. 2016.04.

第四章
分布式存储技术

老师：事务调节数据库操作的语义，并且每个事务原子地将数据库从一个一致状态移动到另一个一致状态。数据库事务具有原子性，一致性，隔离和持久性或ACID属性，允许多个数据库事务并发执行，而不会相互干扰。

当并发执行多个事务时，如果以串行方式一个接一个执行的效果相同的顺序执行隔离级别，则将其称为可序列化，序列化是理想的情况，商业数据库出于性能原因，往往定义了各种隔离级别，并发控制事务通过锁机制来实现，锁可以有不同的粒度，可以锁定行，可以锁定数据块甚至锁定整个表，为了提高读事务的性能，可以在因特网事务中使用写时复制（COW）或多版本并发控制（MVCC），避免写事务阻塞读事务的技术。

小S：老师，锁是什么意思啊？他能够锁住行、数据块或者是整个表格，那就是像现实中抽屉的锁一样，一个人拿锁锁住了，别人就打不开了吗？

老师：这个比喻非常好。数据库是一个多用户使用的共享资源，当多个用户并发地存取数据时，在数据库中就会产生多个事务同时存取同一数据的情况，若对并发操作不加控制就可能会读取和存储不正确的数据，破坏数据库的一致性。

锁定是实现数据库并发控制的一个非常重要的技术，当一个事务在操作一个数据对象时，系统首先向其锁定发出一个请求，锁定事务后的数据对象的事务以一定程度的控制在锁的事务发布之前，其他事务不能更新这个数据对象的操作。

我们上面提到的线，数据块或整个表可以被认为是许多人可以同时操作的大型机柜，机柜内的抽屉和抽屉中的隔间。如果我们锁柜，那么形式，块内的形式和其他人的行不能操作；如果我们锁定抽屉，那么数据块，数据块里面的行不能操作。

小S：嗯，明白啦。

老师：刚才说了，事务是数据库操作的基本单位。我们现在给大家介绍下他的基本属性。

1. 原子性

事务的原子性首先反映在事务对数据的修改中，即全部或全部，例如，将钱从银行账户A转移到账户B，结果必须从账户A中扣除，并且在B帐户增加的金额，不只是一个帐户的更改。然而，事务的原子性并不总是保证修改必须已经完成，例如，如果在ATM机上进行传输，则在传输指令被提交之后通信被中断，或者数据库主机是异常，则传输可能已经完成或可能未完成，如果传输指令未到达数据库主机或如果它到达但随后执行异常（例如写操作日志失败或帐户余额），则事务成功完成；如果传输指令未到达数据库主机，则不足），则不执行传输。要确定传输是否成功，您需要在恢复通信或恢复数据库主机后查询帐户事务历史记录或余额。事务原子性也反映在数据读取的事务中，例如，一个事务对同一个数据项的多个读取结果必须相同。

2. 一致性

事务需要保持数据库数据的正确性、完整性和一致性，在某些情况下，这种一致性由数据库的内部规则来确保，例如必须正确的数据类型，数据值必须在指定的范围，等等；这种一致性由应用程序保证，例如，在正常情况下，银行帐户的余额不能为负，信用卡支出不能超过卡的信用限额。

3. 隔离性

很多时候数据库在并发执行多个事务，每个事务可能需要修改和查询多个条目，而更多的查询也可能在执行请求。数据库需要确保每个事务对其他事务不可见，直到所有更改完成为止。换句话说，没有其他交易可以看到交易的中间状态，例如，从银行账户A到账户B，不能让其他交易（如账户查询）看到一个账户已扣除金额，但B账户尚未增加货币的地位a。小M：那么，原子性就是说一个事务是一个不可分割的工作单位，事务中的操作要么都做，要么都不做？

小S：嗯，因为一个事务里面的事不能只做一半。也就是说，数据库必须从一个确定的状态变到另一个确定的状态，这就是一致性啦？

小X：所以说，隔离性就是一个事务内部的操作及使用的数据对同时发生的其他事务是隔离开的，这些事务之间不能互相干扰影响结果吧？

老师：对，今天的课你们理解得很好啊（笑）。这三个特性是一个要求一个，一个推导出另一个的。而在这三个特性基础上，我们可以推出它的第四个特性：

4、持久性

持久化很简单，就是一个事务一旦提交，它改变数据库中的数据应该是永久的，其余的操作或失败不应该有任何影响，即使有任何事故，如断电，事务一旦提交到持久存储在数据库中，企业对数据库的更改将不会回滚。

但凡是都有意外，出于性能考虑，许多数据库允许使用者选择牺牲隔离属性来换取并发度，从而获得性能的提升。SQL定义了4种隔离级别：

Read Uncommitted（RU）：读取未提交的数据，即其他事务已经修改但还未提交的数据，这是最低的隔离级别；

Read Committed（RC）：读取已提交的数据，在一个事务中，对同一个项，前后两次读取的结果可能不一样，例如第一次读取时另一个事务的修改还没有提交，第二次读取时已经提交了；

Repeatable Read（RR）：可重复读取，在一个事务中，对同一个项，确

第四章
分布式存储技术

保前后两次读取的结果一样；

Serializable（S）：可序列化，即数据库的事务是可串行化执行的，就像一个事务执行的时候没有别的事务同时在执行，这是最高的隔离级别。

隔离级别的降低可能导致读到脏数据或者事务执行异常，例如：

Lost Update（LU）：第一类丢失更新：两个事务同时修改一个数据项，但后一个事务中途失败回滚，则前一个事务已提交的修改都可能丢失；

Dirty Reads（DR）：一个事务读取了另外一个事务更新却没有提交的数据项；

Non-Repeatable Reads（NRR）：一个事务对同一数据项的多次读取可能得到不同的结果；

Second Lost Updates problem（SLU）：第二类丢失更新：两个并发事务同时读取和修改同一数据项，则后面的修改可能使得前面的修改失效；

Phantom Reads（PR）：事务执行过程中，由于前面的查询和后面的查询的期间有另外一个事务插入数据，后面的查询结果出现了前面查询结果中未出现的数据。

老师：接下来我们就给大家介绍数据库是如何进行并发控制的，为什么需要进行并发控制呢，因为并发操作可能会产生数据不一致现象的，并发操作带来的数据不一致性包括三类：丢失修改、不可重复读和读"脏"数据：

1. 丢失更新。两个事务 T1 和 T2 读取相同的数据并修改，T2 提交的结果破坏了（覆盖）T1 提交的结果，导致 T1 的修改丢失。

2. 不可重复读。不可重复读事务 T1 读取数据，事务稍作更新，使 T1 无法重现之前的读结果。

3. 读取"脏"数据。读取"dirty"数据是指事务 T1 修改一个数据，并将其写回磁盘，事务几个读取相同的数据，T1 由于某种原因被撤销，T1 已经被修改为恢复数据的原始值，少量读取数据和数据库数据不一致，然后几个读取数据为"脏"数据，那就是不正确的数据。

避免不一致的方法和技术是并发控制，最常用的技术是阻塞技术，也可以使用其他技术，例如分布式数据库系统中的并发控制。

小S：并发控制，就是为了让我锁住了抽屉其他人就不能开，我没锁的抽屉其他人都可以开进行的控制对吧？

老师：嗯对，刚才我们说了，锁就是防止其他事务访问指定资源的手段，锁是实现并发控制的主要方法，是多个用户能够同时操纵同一个数据库的数据而不发生数据不一致现象的重要保障。

有几种类型的事务：读事务，写事务，以及读和写混合事务。锁也分为两种类型：读锁和写锁，允许同一元素上有多个读锁，但只允许一个写锁，写事务将阻塞读事务。这个元素可以是一行，它可以是一个数据块甚至是一个表。如果你只操作一行业务，那行可以添加到相应的读锁或写锁；如果你操作多行，需要锁定整行。

下表里面T1和T2两个事务操作不同行，初始时A = B = 25，T1将A加100，T2将B乘以2，由于T1和T2操作不同行，两个事务没有锁冲突，可以并行执行而不会破坏系统的一致性。

T1	T2	A	B
READ(A,t)		25	25
t=t+100	READ(B,s)		
WRITE(A,t)	s=s*2	125	
	WRITE(B,s)		50

下表中T1扫描从A到C的所有行，将它们的结果相加后更新A，初始时A = C = 25，假设在T1执行过程中T2插入一行B，那么，事务T1和T2无法做到可串行化，为了保证数据库一致性，T1执行范围扫描时需要锁住从A到C这个范围的所有更新，T2插入B时，由于整个范围被锁住，T2获取锁失败而等待T1先执行完成。

T1	T2	A	B	C
SCAN([A=>C],{t1,t3})		25		25
T=t1+t3	INSERT(B,t2)		25	
WRITE(A,t)		50		

多个事务并发执行可能引入死锁。在下表中T1读取A，然后将A的值加100后更新B，T2读取B，然后将B的值乘以2更新A，初始时A = B = 25。T1持有A的读锁，需要获取B的写锁，而T2持有B的读锁，需要A的写锁。T1和T2这两个事务循环依赖，任何一个事务都无法顺利完成。

T1	T2	A	B
READ(A,t)		25	25
t=t+100	READ(B,s)		
WRITE(B,t)	s=s*2		
	WRITE(A,s)		

有两个主要想法来解决死锁：第一个想法是为每个事务设置超时，在自动回滚后超时，表T1或T2如果一个事务在两次回滚之间，另一个事务可以成功执行，第二个想法是死锁检测。死锁发生是因为服务之间的依赖性，依

第四章
分布式存储技术

赖于T1,T1依赖性构成一个循环,可以通过回滚其中的一些来检测死锁以消除循环依赖性。

小X:如果每个操作都要加锁,那我们网络环境下的分布式存储会不会有问题呀?

老师:互联网事务在读取事务的比例往往远远大于写服务,很多应用的读写比为6:1,甚至是10:1,写时复写(COW)读操作不锁,大大提高了读性能。

例如,我们复制B+树来执行写操作的步骤如下:

1. copy:从叶子到根节点的路径拷贝所有的节点出来。
2. 修改:复制节点执行更改。
3. submit:原子性地切换根节点指针,使得指向新的根节点。

如果读操作发生在第3步提交之前,那么,将读取老节点的数据,否则将读取新节点,读操作不需要加锁保护,写时复制技术涉及引用计数,对每个节点维护一个引用计数,表示被多少节点引用,如果引用计数变为0,说明没有节点引用,可以被垃圾回收。

写时复制技术原理简单,问题是每次写操作都需要拷贝从叶子到根节点路径上的所有节点,写操作成本高,另外,多个写操作之间是互斥的,同一时刻只允许一个写操作。

除了写时复制技术,多版本并发控制也能够实现读事务不加锁,MVCC对每行数据维护多个版本,无论事务的执行时间有多长,MVCC总是能够提供与事务开始时刻相一致的数据。

以MySQL InnoDB存储引擎为例,InnoDB对每一行维护了两个隐含的列,其中一列存储行被修改的"时间",另外一列存储行被删除的"时间",注意,InnoDB存储的并不是绝对时间,而是与时间对应的数据库系统的版本号,每当一个事务开始时,InnoDB都会给这个事务分配一个递增的版本号,所以版本号也可以被认为是事务号。对于每一行查询语句,InnoDB都会把这个查询语句的版本号同这个查询语句遇到的行的版本号进行对比,然后结合不同的事务隔离级别,来决定是否返回改行。

小M:老师讲的很清晰,但如果有点例子就更方便理解啦?

老师:好吧,那我们下面分别以SELECT、DELETE、INSERT、UPDATE语句来说明:

1. SELECT

对于SELECT语句,只有同时满足了下面两个条件的行,才能被返回:
a) 行的修改版本号小于等于该事务号。
b) 行的删除版本号要么没有被定义,要么大于事务的版本号。

如果行的修改或者删除版本号大于事务号，说明行是被该事务后面启动的事务修改或者删除的。在可重复读取隔离级别下，后开始的事务对数据的影响不应该被先开始的事务看见，所以应该忽略后开始的事务的更新或者删除操作。

2．INSERT

对新插入的行，行的修改版本号更新为该事务的事务号。

3．DELETE

对于删除，InnoDB直接把该行的删除版本号设置为当前的事务号，相当于标记为删除，而不是物理删除。

4．UPDATE

在更新行的时候，InnoDB会把原来的行复制一份，并把当前的事务号作为该行的修改版本号。

MVCC读取数据的时候不用加锁，每个查询都通过版本检查，只获得自己需要的数据版本，从而大大提高了系统的并发度。当然，为了实现多版本，必须对每行存储额外的多个版本的数据。另外，MVCC存储引擎还必须定期删除不再需要的版本，及时回收空间。

（Tips：为了实现可串行化，同时避免锁机制存在的各种问题，我们可以采用基于多版本并发控制（Multiversion concurrency control，MVCC）思想的无锁并发机制。人们一般把基于锁的并发控制机称成为悲观机制，而把MVCC等机制称为乐观机制。这是因为锁机制是一种预防性的，读会阻塞写，写也会阻塞读，当锁定粒度较大，时间较长是并发性能就不会太好；而MVCC是一种后验性的，读不阻塞写，写也不阻塞读，等到提交的时候才检验是否有冲突，由于没有锁，所以读写不会相互阻塞，从而大大提升了并发性能。）

老师：今天的课程主要就是这些内容了。大家一定要记得，数据库是共享资源，通常有许多个事务同时在运行。当多个事务并发地存取数据库时就会产生同时读取或修改同一数据的情况。若对并发操作不加控制就可能会存取和存储不正确的数据，破坏数据库的一致性。所以数据库管理系统必须提供并发控制机制。

4.5 分布式系统相关概念和性能估算方法

4.5.1 异常

老师：谢谢各位同学能够准时回到"一问一答"小课堂。之前，我们花了两堂课的时间介绍什么是分布式存储系统，又花了三堂课来介绍在数据是

第四章
分布式存储技术

如何存储的。接着,我要为大家介绍分布式系统相关的基础概念和性能估算方法。包括数据分布、复制、一致性、容错,以及常见的分布式协议等。为什么要讲这些东西呢,首先问大家一个问题,大家知道"木桶效应"吗?

小M:"木桶效应"就是不管水桶有多高,它能盛水的多少取决于其中最短的那块木板吧?

小X:老师这么问,是不是想说分布式系统好不好,就要看刚才说的这些分布、一致性、容错这些内容里面哪项设计得最差呢?

老师:哪项设计得最差,这个说法很有趣。但是没错,任何系统,可能面临一个共同的问题:系统指标往往不是最好的,但利弊,部分的缺点往往决定整个系统的性能。正如"桶效应"所描述的:一桶装满水,每块板必须齐平而无损坏,如果桶里的木头有一块缺少的碎片或一块木头下面的碎孔,这个桶不能装满水。所以,我们要设计一个分布式存储系统,有必要弄清楚它可能是什么"短板"。

分布式系统是面临数据分布的第一个问题,即数据均匀分布到多个存储节点。此外,为了确保可靠性和可用性,您需要复制多个数据副本,这会带来数据的一些副本之间的一致性问题。大规模分布式存储系统的一个重要目标是节省成本,因此只能使用成本效益高的PC服务器。这些服务器运行良好,但故障率很高,需要系统在软件级实现自动容错。当存储节点出现故障时,系统可以自动检测,并将原始数据和服务迁移到集群中的其他节点工作。

在分布式存储系统中,通常是服务器或服务器上运行的进程称为节点,节点和节点通过网络互连。大规模分布式存储系统的核心问题之一是自动容错。但是,服务器节点不可靠,网络不可靠。我们可以想到,网络环境可能会遇到什么样的"异常"?

小S:我知道一种,在网络环境下,肯定有断网的可能?

小M:服务器可能会死机?

小X:恩,不单会死机,硬盘还可能坏掉诶?

老师:大家讲的很好,在网络环境下我们主要就会遇到这三类异常:

1. 服务器停机

服务器停机可能由内存错误,服务器中断等引起。服务器停机可以发生在任何时候,当停机时,节点不工作,称为"不可用",服务器重新启动后,节点将丢失所有内存信息。因此,存储系统的设计需要考虑如何读取数据中的持久性介质(如机械硬盘驱动器,固态硬盘驱动器)来恢复内存信息,从而在停机之前恢复到一致状态,进程也可能在任何时候运行,因为核心转储和其他原因退出,并且服务器关闭,在需要恢复内存信息后重新启动进程。

2. 网络异常

网络异常可能由消息丢失，乱序消息（如UDP流量）或网络包数据错误引起。有一种称为"网络分区"的特殊网络异常，即将该簇的所有节点划分为多个区域，每个区域可以正常通信，但不能在区域之间通信，例如，一个分布式系统部署在两个数据中心，由于网络调整，导致数据中心无法通信，但数据中心可以正常通信。

设计容错系统的一个基本原则是：网络永远是不可靠的，任何一个消息只有收到对方的回复后才可以认为发送成功，系统设计时总是假设网络将会出现异常并采取相应的处理措施。

3. 磁盘故障

磁盘故障是异常发生的概率。有两种类型的磁盘故障：磁盘损坏和磁盘数据错误。当磁盘损坏时，存储在其上的数据丢失，因此分布式存储系统需要考虑将数据存储在多个服务器上，即使其中一个服务器磁盘发生故障，并且可以从其他服务器恢复数据。对于磁盘数据错误，可以经常使用校验和（checksum）机制来解决，这样的机制可以在操作系统级实现，而且在分布式存储系统级别的上层。

老师：我们刚才说"网络是不可靠的"，大家知道可靠的是什么样的吗？

小M："可靠"是指可以信赖依靠的？

小S：恩，我觉得"可靠"是真是可信的，就是不管怎么样一定有个结果？

老师：对的，其实你们两个说的是同一个意思，什么样的东西是可以依赖的呢？可能是能给你一个明确结果的对不对？

小X：对啊，如果我拜托一个人帮我做个事儿，他要是说他能做到就一定做到，那我觉得他很可靠。不过反过来说，如果他直接告诉我他做不到，我觉得他也是可靠的吧。就怕他模模糊糊的，答应了但又不确定能不能做到，就感觉很不可靠了～

老师：小X你这个比喻很好。相对而言，我们的单机系统就是可靠的，每个函数的执行结果是确定的，要么成功，要么失败。然而由于网络异常的存在，网络是不可靠的。所以除了成功和失败，分布式存储系统中请求结果存在"第三态"的概念。

在分布式系统中，如果节点启动对另一个节点的远程过程调用（RPC）调用，RPC执行的结果有三个状态：成功，失败，超时（未知状态），也称为三态分布式存储系统。当服务器接收并成功处理来自客户端的请求时，由于网络异常或服务器关闭，客户端不接收来自服务器的回复。此时，RPC执行导致超时，客户端不能简单地认为服务器端处理失败。

第四章
分布式存储技术

ATM提款的更受欢迎的例子。ATM提款ATM机有时会提示："不能打印收据,是否继续提款？这是因为ATM机需要与银行服务器端通信,两者之间的网络可能会失败,此时ATM机向银行服务器RPC请求超时,ATM机不能确定成功或失败RPC请求,在正常情况下,ATM机会打印收据,以便后续跟随银行服务器端进行对账,如果不能打印收据,就有财务安全风险,因此,ATM机有提示。

当发生超时条件时,您只能通过连续读取上一操作的状态来验证RPC操作是否成功,当然,分布式存储系统的设计可以设计为"幂等",也就是说,执行实现多个具有相同结果的实现,例如,重写是一种常见的幂等操作,如果使用此设计,当故障和超时时,可以使用已重试的相同方法,直到成功。

小X：那这样不可靠的网络，我们怎么保证数据存储需要的可靠性啊？

老师：由于存在异常，我们需要设计分布式存储系统的冗余数据存储多个副本，当一个节点出现故障时，可以从其他副本的数据中读取。可以说，副本是分布式存储系统容错技术的唯一手段，由于存在多个副本，如何确保副本之间的一致性是分布式系统的理论核心。

您可以从两个角度理解一致性：第一个角度是用户或客户端，即客户端读写操作是否满足某些特性；第二个角度是存储系统，即存储系统的多个副本，更新顺序是否相同等等。

小S：有点抽象呢老师。

老师：我们找个场景来模拟下，大家就能够比较容易的理解啦。首先我们定义一个场景，这个场景包含三个组成部分：

存储系统：存储系统可以理解为一个黑盒子，它为我们提供了可用性和持久性的保证。

客户端A：客户端A主要实现从存储系统write和read操作。

客户端B和客户端C：客户端B和C是独立于A，并且B和C也相互独立的，它们同时也实现对存储系统的write和read操作。

从客户端的角度来看，一致性包含如下三种情况：

强一致性：如果A先向存储系统写入一个值，存储系统确保后续A，B，C读操作将返回最新的值。当然，如果写操作"超时"，那么成功或失败是可能的，客户端A不应该做任何假设。

弱一致性：如果A首先向存储系统写入值，则存储系统无法保证后续A，B，C读取操作能够读取最新值。

最终一致性：最终一致性是弱一致性的特殊情况。如果A首先向存储系统写入值，则存储系统保证如果后续写入操作不更新相同的值，则A，B和C

的读取操作将最终读取写入到A的最后一个值。"Final "一致性有一个"不一致的窗口"概念,具体指的是从A写入到后续A,B,C的值,读取此时的最新值。"不一致性窗口"的大小取决于几个因素:交互延迟,系统上的负载以及复制协议需要同步的副本数。

最终一致性描述比较粗略,其他常见的变体如下:

读写一致性:如果客户端A写入最近的值,则A的后续操作将读取到最新值。但其他用户(如B或C)可能需要一段时间才能看到。

会话一致性:确保整个会话的读取和写入一致性,需要客户端和存储系统交互,如果原始会话由于某种原因创建新会话失败,则原始会话和新会话之间的操作不能保证读取和写入的一致性。

单调读一致性:如果客户端A已经读取了一个对象的值,后续操作将不会读取更早的值。

单调写入一致性:客户端A顺序完成写入,这意味着存储系统的多个副本需要按照与客户端相同的顺序对同一客户端操作执行。

从存储系统的角度看,一致性主要包含如下几个方面:

副本一致性:存储系统的多个副本之间的数据是否一致,不一致的时间窗口等;

更新序列一致性:更新操作是否以相同的顺序在存储系统的多个副本之间执行。

一般来说,存储系统可以支持强一致性,但也由于性能原因只支持最终的一致性。从客户端的角度来看,存储系统的一般要求是支持读写一致性,会话一致性,单调读,单调写等特性,否则使用更麻烦,场景的应用也更有限。

小M:恩,看来一致性是个很重要的"木板",除了这个还有其他的吗老师?

老师:评价分布式存储系统有一些常用的指标,下面分别给大家介绍:

1. 性能

常见的性能指标有:系统的吞吐量和系统响应时间。系统的吞吐量是系统在某个时间可以处理请求的总数。它通常由读操作的数量(QPS),写操作的数量(TPS,每秒事务处理)来测量,响应延迟是从发出请求到接收返回结果的时间,通常是测量的由平均延迟或最大延迟超过99.9%的请求。这两个指标往往矛盾,追求高吞吐量的系统,往往难以实现低延迟;追求低延迟的系统,吞吐量将受到限制。因此,系统的设计需要权衡两个指标。

2. 可用性

系统可用性是指系统面对各种异常可以提供正常的服务能力。系统的可用性可以通过系统停止的时间与正常服务的时间的比率来测量。

第四章
分布式存储技术

3．一致性

我们只关注系统的一致性。一般来说，一致性模型越强，用户使用起来越简单，我相信如果系统部署在同一个数据中心，只要系统设计合理，在保证强一致性的前提下，性能和可用性不会造成太大的影响。

4．可扩展性

系统可扩展性（可扩展性）是指通过扩展群集服务器的大小来提高系统存储容量，计算和性能的分布式存储系统。随着业务的发展，底层存储系统的性能要求不断提高，更好的方法是自动增加服务器系统以提高容量，分布式存储系统实现"线性可扩展"的理想，即随着集群规模的增加，整体系统性能和服务器数量呈线性。

老师：除了这些以外，评价一个分布式存储系统好不好，非常重要的就是要看性能好不好，给定一个问题，往往有多种设计选择，而程序评估是性能的重要指标，如何在存储系统初期估计系统设计的性能是工程师的基本技能，性能分析是用来确定设计瓶颈点，称重各种设计选项，此外，性能分析也可以作为后续性能优化的基础，性能分析和性能优化是相对的，系统设计通过性能分析确定设计目标，防止重大设计错误，等到系统调试后，通过性能优化方法找到系统瓶颈点，逐步消除，系统实现在设计开始时确定的设计目标。

性能分析的结果是不准确的，但是，至少保证估计结果与实际值没有差别一个数量级，在开始设计时首先分析整体结构，然后着重于瓶颈，可能成为一个独立的模块，系统资源（CPU，内存，磁盘，网络）有限，性能分析是需要识别可能的资源瓶颈。

小X：那我们有些什么性能分析的办法吗？

老师：当然有啊，让我用几个实例给你们说明下性能分析的方法：

1．生成一张有30张缩略图（假设图片原始大小为256KB）的页面需要多少时间？

方案1：顺序操作，每次先从磁盘中读取图片，再执行生成缩略图操作，执行时间为：30×10ms（随机光盘读取时间）+ 30×256K / 30MB / s（假设缩略图生成），缩略图读取时间 Speed = 30MB / s）= 560ms

方案2：并行操作，每次发送30个请求，每个请求读取图片并生成缩略图，执行时间：10ms + 256K / 300MB / s = 18ms

当然，系统的实际操作可能有高速缓存和其他干扰因素，这些因素在性能估计阶段不能考虑，简单地乘以估计结果乘以因子是实际值。

2．1GB 的4字节整数，执行一次快速排序需要多少时间？

Google 的 Jeff Dean 提出了一种排序性能分析方法：排序时间=比较时间

（分支预测错误）+内存访问时间。在快速排序过程中出现大量的分支预测误差。因此，比较次数为228×log（228）≈233，并且比较预测为大约1/2×233×5ns＝21s，此外，需要快速排序操作再次每次扫描存储器，假设内存访问性能为4GB/s，所以内存访问时间为28×1GB/4GB＝7s。因此，单线程排序1GB 4字节整数总时间约为28s。

3．Bigtable系统性能分析

Bigtable是Google的分布式表单系统，它具有良好的可扩展性的优点，可以随时增加或减少集群服务器，但支持有限的功能来支持操作包括：

单行操作：基于主键的随机读取，插入，更新，删除（CRUD）操作；

多行扫描：扫描主键数据的范围。Bigtable中的每一行由多个列组成，每行的一列对应一个数据单元，每个数据单元由多个版本组成，根据列名称或版本的扫描结果进行过滤[①]。

假设某类Bigtable系统的总体设计中给出的性能指标为：

系统配置：同一个机架下40台服务器（8核，24GB内存，10路15000转SATA硬盘）；

表格：每行数据1KB，64KB一个数据块，不压缩。

A）随机读取（高速缓存未命中）：1KB/项×300item/s＝300KB/s

Bigtable系统随机读取每次需要先从GFS读取一个64KB的数据块，之后CPU处理返回到用户行的数据（大小为1KB）。因此，性能受到GFS的ChunkServer（GFS系统中的工作节点）和Bigtable Tablet Server（Bigtable系统中的工作节点）的网络带宽的限制。看看GFS的底部，每台机器有10个SATA磁盘，每个SATA磁盘的IOPS约为100，因此每台机器的IOPS的理论值约为1000，考虑到负载平衡等因素，将随机读取QPS设计目标设定在300，保持一定幅度。此外，每台机器从每秒读取的GFS数据为300×64KB＝19.2MB，因为所有服务器都位于同一机架中，所以网络不会成为瓶颈。

B）随机读取（存储器表）：1KB/项×20000项/s＝20MB/s

Bigtable支持内存表，内存表数据全部加载到内存中，不需要读取底层的GFS。随机读取内存表的性能受到CPU和网络的限制，基于内存的服务QPS一般在10W，网络发送小数据有更多的开销，Bigtable内存操作有更多的CPU开销，每个节点保守估计QPS为20000，客户端和Tablet Server之间的网络流量在20MB/s之间。

C）随机写/顺序写：1KB/项×8000item/s＝8MB/s

Bigtable在随机写和顺序写性能上差不多，第一次写操作需要写日志到

[①] 李军．大数据：从海量到精准[M]．北京：清华大学出版社，2014．

GFS，然后修改本地内存。为了提高性能，Bigtable实现了一组提示，也就是将很多写操作放入一个批处理（如512KB~2MB）一次性提交到GFS。Bigtable在GFS系统中写入一个数据副本需要写3到10个副本，当写入速度为8000 QPS或者8MB/s Tablet Server的网络将成为瓶颈。

D）scan：1KB / item×30000item / s = 30MB / s

Bigtable扫描操作一次从GFS读取大量数据（如512KB~2MB），GFS的磁盘IO不会成为瓶颈。另外，批量操作降低了CPU和网络收发器的包开销，扫描操作瓶颈是Tablet Server读取底层GFS带宽，估计为30MB/s，对应30000 QPS。

小S：感觉算起来好复杂啊。

老师：这还不算复杂呢。如果集群规模超过40台，不能保证所有的服务器在同一个机架下，系统设计以及性能分析都会有所不同呢。

性能分析可能很复杂，因为系统的瓶颈在不同的情况下，有时网络，有时磁盘，有时甚至是机房开关或CPU，此外，负载均衡等因素的干扰会使性能更难量化，只有通过了解存储系统的底层设计和实现，并在实践中不断练习，性能估计才会更加准确。

老师：今天的课程主要是内容。内容有点多，从分布式存储系统可能正在谈论异常的一致性，然后测量指标的性能和如何分析。下一课我们将在分布式环境中向大家介绍，数据如何分布。我们应该适宜在课下学习，增强理解。

4.5.2 数据分布

老师：谢谢各位同学能够准时回到"一问一答"小课堂。今天我们给大家介绍数据分布。首先，大家要知道分布式系统区别于传统单机系统的地方就在于能够将数据分布到多个节点，并在多个节点之间实现负载均衡。

小S：就像将谷子存放到各地的谷仓。

老师：对，谷子存到谷仓通常只有一种方式：就是直接倒进去。数据分布不一样，他主要有两种方式：一种是哈希分布，如一致性哈希，代表Amazon Dynamo系统的系统；另一种方法是分布式的，也就是说，每种形式的数据都按照主键的整体顺序，代表系统为Google的Bigtable系统，Bigtable将一个大表按主键分为有序的范围，每个有序范围是一个子表。

将数据分发到多台机器后，您需要尝试确保多台机器之间的负载更加平衡。测量机器负载有很多因素，例如负载、CPU、内存、磁盘和网络资源使用，读写请求和请求等。分布式存储系统需要能够自动识别高负载节点，机器负载高时，它会将一些数据迁移到其他机器，实现自动负载平衡。

分布式存储系统的一个基本要求是透明性，包括数据分布透明度，数据迁移透明度，数据复制透明度和故障处理透明度。今天，我们主要向大家介绍数据分布和数据迁移的基本知识。

老师：我们首先讲哈希分布。

小M：嗯，之前老师讲过哈希是一种键值对的方式，那哈希分布是不是就是给数据编上编号来作为他的键，然后将他的值，根据这个编号来储存啊？

老师：之前我们讲过单机存储中的键值对存储方式，那基本上来说是这样的，而我们现在讲的是分布式存储系统。你们可以继续想一下，给数据编上号然后按号存储这样的方式在分布式系统下有什么不同？

小X：在分布式存储系统下面，数据需要放到不同的服务器上。刚才老师说数据分散到多台机器以后，要尽量保证他们的负载是均衡的，那么就要考虑怎么让他们均衡吧？

老师：很聪明，散列是基于数据的特性计算散列值并将散列值映射到集群中的服务器以将不同的散列值分布到不同的服务器上的通常方法。数据特征可以是键值系统中的键，或与业务逻辑相关联的其他值。例如，集群中的服务器被编号为从0到N-1（N是服务器的数量），并且基于数据的主键（散列（Key）%N）或用户id来计算散列值（hash（user_id）确定数据映射到哪个服务器。

然后回到我们刚才讲的均衡，如果散列散列函数很好，散列方法可以更均匀地分布数据到集群去。此外，散列方法需要记录的元信息也非常简单，每个节点仅需要知道散列函数的计算方法和模型服务器的数量，以及计算处理的数据属于哪个机器。

小S：散列特性很好的哈希函数容易得到吗？

老师：找出一个散列特性很好的哈希函数是很难的。这是因为，如果哈希根据主键，那么相同的用户id下的数据可能会分布到多个服务器，这将使得用户id在操作数量下的记录变得很困难。

传统的哈希算法也有一个问题：当服务器脱机时，N的值改变，数据映射完全中断，几乎所有的数据都需要重新分配，这将带来大量的数据迁移，不是简单地哈希值和服务器做分割映射的数量，而是哈希值和服务器作为元数据之间的对应关系，到专用的元数据服务器来管理。访问数据，首先计算哈希值，然后查询元数据服务器，获取对应服务器的哈希值，可以将一些哈希值分配给新添加的机器，并且可以迁移相应的数据。

另一个想法是使用一致的哈希（分布式哈希表，DHT）算法，算法的思想如下：系统中的每个节点都被分配一个随机令牌，这些令牌构成一个散列环。当执行数据存储操作时，计算密钥（主键）的哈希值，然后存储在其令牌大于或等于哈希值的顺时针第一节点中，一致性散列的优点是节点加入/删除只影响散列环中的相邻节点，但对其他节点没有影响[1]。

为了查找集群中的服务器，需要维护每台机器在哈希环中位置信息，常见的做法如下。

1. O（1）位置信息

每个服务器记录其前后节点的位置信息。节点位置信息的空间复杂度为O（1）。然而，每个搜索可以遍历整个散列环中的所有服务器，即时间复杂度是O（N），其中N是服务器数量。

2. O（logN）位置信息

假设散列空间为0～2n（即N = 2n）。以Chord系统为例，为了加快搜索速度，它在每个服务器中维护一个手指表，FTP [i] = succ（P + 2i-1），其中p是散列环中服务器的编号，路由表中的第i个元素记录编号为p + 2i-1的后续节点。通过维护O（logN）的位置信息，搜索的时间复杂度提高到O（logN）。

3. O（N）位置信息

Dynamo系统通过牺牲时间的空间来减少查找服务器的时间复杂度为O（1），维护每个服务器上集群中所有服务器的位置信息。工程一般使用这种方法，Dynamo这样的P2P系统在每个服务器节点维护所有服务器信息的位置，并且与总控制节点的存储系统往往由总控制节点统一维护。

（Tips：一致性哈希算法避免了服务节点列表中密钥的最大程度的重新分布，其他附带的改进是，一些一致性哈希算法也增加了虚拟服务节点方法，即环中的服务节点多个映射点，因此可以抑制不均匀的分布，最小化当服务节点缓存重新分布时的增加和减少。）

小S：发明一致性哈希算法的人怎么这么聪明啊，能想到这么聪明的做法？

老师：任何东西的发明都是来源于需求，一致性哈希的算法/策略来源于p2p网络，其实纵观p2p网络应用的场景，在许多地方与我们的应用有很多相似的地方，可以学习借鉴。

在我们的web开发应用中的分布式缓存系统里哈希算法承担着系统架构上的关键点，使用更合理的分布算法可以使多个服务节点之间的负载相对平衡，以最大限度地避免资源浪费和服务器过载，利用一致的哈希算法，可以最大程度地降低数据迁移的成本和风险，使用更合理的配置策略和算法可以使分布式缓存系统对于我们的整体应用服务更高效和稳定。

---

[1] 何亨，对等云存储服务系统的安全控制机制研究[D]. 华中科技大学，2013.11.

小X：哈希分布也有他的缺陷吧？

老师：是的，哈希破坏了数据的顺序，只支持随机读操作，不能支持顺序扫描。一些系统可能在应用层被破坏，例如因特网应用经常根据用户数据通过散列方法分割和分布进行，用户的数据分布到相同的存储节点，允许相同的用户数据执行顺序扫描时，应用程序层解决了多个用户的操作问题。另外，这种方法可能是一些用户的数据太大的问题，因为用户的数据仅限于存储节点，不能播放分布式存储系统，多机并行处理能力。

顺序分布可以解决散列分布的问题，但它有它的应用场景。顺序分布在分布式系统中比较常见，一般做法是将大表分成连续范围，每个范围称为子表，总控制服务器负责根据一定的策略分配这些子表到存储节点。

顺序分布与B+树数据结构类似，每个子表对应于叶节点，当数据被插入和删除时，一些子表可能变大，一些子表变小，并且数据不均匀地分布，如果按顺序分布，系统设计需要考虑子表拆分和合并，这将大大增加系统的复杂性，子表分割是指当子表过大时，某个阈值需要分成两个子表，这些子表有机会通过系统分散到多个存储节点的负载均衡机制，子表合并通常是由数据删除引起的，当两个相邻的子表较小时，它们可以被合并成一个子表。一般来说，单个服务节点可以服务有限数量的子表，例如4000～10000，合并子表的目的是防止系统出现太小的子表，减少系统元数据。

小M：老师一直提到负载均衡，究竟什么是负载均衡呢？

老师：负载均衡，英文名称是Load Balance，其意思就是分摊到多个操作单元上进行执行，如Web服务器，FTP服务器，企业关键应用服务器和其他任务关键型服务器，共同工作来完成任务，负载平衡建立在现有网络架构之上，它提供了一种具有成本效益和透明的方式来扩展网络设备和服务器的带宽，提高吞吐量，增强网络数据处理能力和提高网络灵活性和可用性。

小M：那负载是怎么均衡的呢？

老师：在任何情况下，分布式存储系统中的每个集群通常具有一个主控制节点。其他节点是工作节点，整体控制节点根据全局负载信息进行整体调度。当工作节点刚好在线时，主控制节点需要将数据迁移到该节点。此外，系统还需要进行从高负载的工作节点到低工作节点的迁移任务。

工作节点通过Heartbeat向主节点发送与节点负载相关的信息，例如CPU，内存，磁盘，网络资源使用，读写时间以及读写数据。主节点计算工作节点的负载和需要迁移的数据。生成的迁移任务将放置在迁移队列中，并等待执行，负载平衡操作需要控制节奏[①]。例如刚刚在线上的新工作节点，

---

① 黄辉，私有云中的数据同步、备份和恢复系统的设计与实现[D]，电子科技大学，2016.03.

由于最低负载，如果主节点将是大量数据同时迁移到这个新增加的机器，则整个系统在新的机器的服务能力将大大降低。负载均衡操作需要比较顺利，一般来说，从新机加入群集负载来实现更均衡的状态需要很长时间，如30分钟到一小时。

负载平衡需要进行数据迁移操作，在分布式存储系统中，通常存储多个数据副本，一个副本是主副本，而另一个副本是备用副本。主服务器复制外部服务。迁移备份副本不会影响服务，迁移主服务器也可以首先将数据的读取和写入服务切换到其他副本，整个迁移过程可以无缝地完成，对用户完全透明。

假设数据片D具有两个副本D1和D2，它们分别存储在工作节点A1和A2中，其中D1是主副本，提供读和写服务，D2是备份副本。如果需要从工作节点A1迁移D1，一般过程如下：

1）将数据段D的读写业务从工作节点A1切换到A2，D2成为主副本；

2）添加副本：选择一个节点，例如节点B，增加D的副本，即节点B从节点A2获取并同步D的副本数据（D2）；

3）删除工作节点A1上的D1副本。

老师：今天的课程主要就是这些内容了。刚才讲负载均衡的时候我就给大家介绍过，在分布式存储系统中通常会存储数据的多个副本，下一课我们主要了解这种副本是怎么创建的。

（Tips：P2P是一种对等计算机网络，是一种分布式应用程序架构，用于在同行之间分配任务和工作负载[15]。它是由应用层形式的对等计算模型形成的网络或网络。"同伴"在英语中的"同伴，伴侣，到底"的含义。因此，字面上，P2P可以被理解为对等计算或对等网络。对等网络或对等计算可以被定义为学术界中的对等网络。是网络参与者共享它们具有的一些硬件资源（处理能力，存储容量，网络连接性，打印机等），其通过网络提供服务和内容，并且可以由其他对等点直接访问而不经过中间实体。该网络的参与者既是资源，服务和内容的私有提供者，也是资源，服务和内容获取者的提供者（Client））

4.5.3 复制

老师：感谢大家回到"一问一答"小课堂。上次课给大家介绍了数据分布的相关知识，同时大家也知道了在分布式存储系统中通常会存储数据的多个副本。但其实在创建副本是保障分布式存储系统正常运作的重要手段。今天我们就给大家介绍如何创建副本——复制。

小M：老师，我还不太清楚副本为什么这么重要？

老师：好的，那我就先给大家讲下为什么需要副本。

分布式存储系统（Distributed Storage System）是基于存储服务器集群

（Cluster）和分布式文件系统，网络将大量不同类型的存储设备通过应用软件一起协同工作，并通过各种相应的应用软件或应用接口，为用户提供高可用，高可靠的存储资源系统的数据存储和业务访问能力，为了确保数据的安全性，可用性，可靠性，可扩展性和服务效率，连续性，分布式存储系统需要改进数据的多个副本的创建，部署，选择，位置和一致性管理机制[①]。随着互联网资源需求的增加，如果只有一个数据，需要数据的用户必须读取它到同一个节点，网络容易拥塞，处理能力有限的节点因为访问次数太大和停机时间。创建多个数据副本并将它们分布在多个服务器节点上，共享处理访问请求的任务，可以有效地降低节点故障率并减少用户响应时间。

同时，为了确保分布式存储系统的高可靠性和高可用性，系统中的数据通常存储多个副本，当拷贝失败的存储节点之一时，分布式存储系统可以自动将服务切换到其他拷贝，以便实现自动容错。分布式存储系统通过复制协议将数据同步到多个存储节点，并确保多个副本之间的数据一致性。

相同数据的多个副本通常具有作为主要副本的一个副本和作为备份的另一副本，主服务器将数据复制到备份副本，复制协议分为两种，强同步复制和异步复制，两者之间的区别在于用户的写请求同步到备份副本之前，它们可以返回成功。如果存在多个备份副本，则复制协议还需要将写请求同步到至少几个副本。当主拷贝失败时，分布式存储系统可以自动切换到服务的备份拷贝，以实现自动容错。

小S：副本相当于备份？有了副本，当有意外发生的时候就有办法可以恢复了？

老师：对，但是并非有了副本，意外发生的时候就不用担心了，我们会遇到一些情况，例如，如果管理不好，原来的数据拷贝和出现的不一致，我们不能完全恢复到我们想要的效果。此外，它还可能带来更多的隐患，一致性和可用性是矛盾的，强同步复制协议可以保证主副本之间的一致性，但是当备份副本出现故障时，可能会阻碍存储系统的正常写入服务，从而影响系统的整体可用性，异步复制协议的可用性相对较好，但是不能保证一致性，当主复制失败时会有数据丢失。

小M：这种情况能够得到避免吗？

老师：我们先讨论下常见的数据复制协议，接着就给大家讲一讲如何在一致性与可用性之间的进行权衡。

分布式存储系统保存多个数据副本，一般来说，一个副本的主副本，另一个是副副本，通常的做法是将数据写入主副本，主副本的顺序决定操作和

---

① 张晓波. 浅谈分布式内存数据库系统设计[J]. 计算机光盘软件与应用，2011，(7)：7-11.

第四章
分布式存储技术

复制到其他复制。

客户端向主副本发送写入请求，该副本将写入请求复制到其他副本。通常的做法是同步操作日志，主服务器首先将操作日志复制到备用副本，并将备份副本回放操作日志，主机复制主副本，然后，主机复制机器，直到所有操作完成，然后通知客户端写入成功，复制协议要求主机和从机在返回客户机成功写入之前完成同步，该协议称为强同步协议。强同步协议提供强一致性，但如果备份副本的问题会阻塞写操作，则系统可用性较差。

假设所有副本的数量为N，并且$N>2$，即备份副本的数量大于1.然后，执行强同步协议，操作日志的主副本可以同时发出到所有备份副本并等待回复，只要至少有一个备份副本的客户端成功就可以返回到操作成功，强同步的优点是，如果主拷贝失败，至少一个拷贝具有完整数据，则分布式存储系统可以自动切换到最新的备份服务，而不必担心数据丢失。

与强同步对应的复制方法是异步复制。在异步模式下，主副本不需要等待备份副本的响应，只有本地修改可以成功通知客户端写操作成功。此外，主服务器通过异步机制（如单独的复制线程）将客户机修改操作复制到其他副本，异步复制具有良好的系统可用性的优点，但是一致性差，如果主副本发生不可恢复的失败，可能会丢失最后一部分的更新操作。

强同步复制和异步复制是将数据的主副本以某种形式发送到此复制协议的其他副本，称为基于主副本的复制协议。此方法在任何一次只需要一个副本作为主副本，这确定了写操作的顺序。如果主拷贝失败，则需要选择一个备份拷贝以成为新的主拷贝。这个操作称为选举。经典选举协议是Paxos协议。

主副本和备份副本之间的复制通常通过操作日志完成。操作日志的原理非常简单：为了充分利用顺序磁盘读写功能，客户端写入到磁盘的第一个顺序，然后应用到内存，内存是随机读取和写设备，可以轻松通过各种数据结构，如B+树可以高效地组织数据，当服务器关闭时，只有操作日志的回放可以恢复内存状态。为了提高系统的并发性，系统会累积一定数量的操作日志，然后写入磁盘，这种技术一般被称为组提交。

除了基于主复制的复制协议之外，基于写入多个存储节点的复制写入协议可以在分布式存储系统中使用。例如，Dynamo系统在NWR复制协议中，其中N是副本数，W是写操作的副本数，R是读操作的副本数，客户端根据一定的策略到一个W副本的数据，读取R副本，只要$W+R>N$，就可以确保至少有一个只读副本包含最新的更新，该协议的问题是不同副本的操作顺序可能不一致，并且当从多个副本读取时可能发生冲突，这种方法在实际系统中比较少见，不推荐。

小X：那么，我们究竟应该怎么去创建副本呢？而且究竟应该创建多少个副本才合适啊？

老师：副本复制主要有路径复制、源请求复制、邻居节点复制、随机复制和优先级复制这五种策略：

1. 路径复制。将副本发送到请求路径上的所有节点。优点是简单实现便于数据查找，缺点是创建一个副本数量过多，并增加维护一个副本的开销。

2. 源请求复制。LAR（轻量级自适应复制）算法是马里兰大学研究人员提出的经典源请求复制算法，主要思想是当访问请求到达目的节点时，如果目标节点没有过载，则如果目标节点具有不足的处理能力则创建新的副本，并且如果请求的请求节点没有重载，通知请求路径上的所有节点所请求的节点也具有数据的副本。优点是对于目的地节点，减少了副本的数量；缺点是请求路径上的节点具有到请求节点的副本，并且达到复制阈值的节点可能使请求节点过载[1]。

3. 邻居节点复制。当请求节点再次访问数据时，节点可以直接读取数据到邻居节点，使得节点可以直接读取数据到邻居节点。减少请求的跳数。这种方法的缺点是在历史记录预测中存在一定的误差概率。

4. 随机复制。随机选择一个或多个节点以存储副本，存在随机选择的对象：请求路径上的节点和整个网络的节点，后者主要使用Dohar和相关联的哈希，Dohar函数的优点是可以动态调整副本的数量；副本是高度分散和好的负载平衡，缺点是管理多个哈希函数是一个复杂的任务，相关联的散列具有显著减少访问延迟的优点，缺点是大量的副本和系统开销。

5. 优先复制。请求被发送到已经具有所需副本的节点，直到饱和，然后选择另一个节点来存储副本。这种方法的优点是它减少了存储副本的节点数量，并降低了节点的维护成本。缺点是存储副本的节点容易过载，并且容易出现新一轮的访问热点。

我们比较这5种副本分布方法，可以发现路径复制和优先级复制方法不够灵活、效率相对较低，其它3种方法可以在大多数分布式网络环境下使用并能解决热点问题。

老师：至于应该创建多少副本，适当考虑分布式存储系统的副本数量对大量可用性的影响，容易创建太多数据以创建热点问题，延长访问时间，太多会导致不必要的存储空间浪费。很多存储系统复制默认的数据副本数量是3个副本的数据，在副本中投入使用，然后根据具体情况创建和撤销副本。

虽然我们可以有三个副本的副本方法：统一复制，所有数据对象复制相

---

[1] 张龙，肖琬蓉.集群数据库内容管理系统的设计与实现[J].情报杂志，2012，(2)：23-25.

第四章
分布式存储技术

同数量的副本，比例复制，拷贝数与访问频率成正比；平方根复制，复制访问的次数和频率与平方根成正比，平方根复制在平均查询距离和复制利用率方面具有更好的性能，仿真结果表明，当复制品的生命周期较长，复制密度较高时，平方根复制方法的优势更好，虽然副本的数量通常被认为与原始数据大小的平方根成比例，但文献表明副本的数量应该与原始数据大小的平方根成反比。

小M：副本创建好了，我们该怎么去保持副本的一致性与可用性呢？

老师：来自Berkerly的Eric Brewer教授提出了一个著名的CAP理论：一致性（Consistency），可用性（Availability）以及分区可容忍性（Tolerance of network Partition）三者不能同时满足。笔者认为没有必要纠结CAP理论最初的定义，在工程实践中，可以将C、A、P三者按如下方式理解：

一致性：读操作总是能够读到写操作完成之前的系统满足这种条件的结果称为强一致性系统，其中"之前"一般与同一客户端说话；

可用性：在单机故障的情况下的读写操作仍然可以正常，无需等待机器的重启或服务迁移到其他机器；

分区容差：在特殊情况下，如机器故障，网络故障和机房故障，仍然可以满足一致性和可用性。

分布式存储系统需要自动容错，即始终需要分区容限，因此不能同时满足一致性和写入可用性。

如果在主副本和辅助副本之间发生网络或其他故障，写操作将被阻止，并且不能满足系统的可用性。如果使用异步复制，要保证存储系统的可用性，但是不能做强一致性。

存储系统设计在一致性和可用性之间进行权衡。在某些情况下，不允许数据丢失，在其他情况下，丢失部分数据的概率有限。可用性甚至更重要。例如，Oracle数据库的DataGuard复制组件包含三种模式：

最大保护：强同步模式，它要求主站在操作日志（数据库的重做/撤消日志）同步到至少一个备用数据库之后才能返回客户端。此模式确保即使主库无法恢复故障（如硬盘损坏），也不会丢失数据。

最大性能模式（Maximum Performance）：异步复制模式，写操作只能成功在主库中可以返回客户端的成功，后台库对主库将重做日志异步复制到备用数据库，这确保了性能和可用性，但可能会丢失数据。

最大可用性：上述两种模式之间的折衷。它相当于最大保护模式。如果主备之间的网络发生故障，交换机将切换到最大性能模式。

小X：之前老师讲过，分布式存储的一个重点问题是负载均衡，负载均衡的实现是不是也和副本有关系啊？

老师：这可以通过添加或删除新的副本来实现，另一种常见的方法是数据迁移。虚拟节点技术是数据迁移的核心思想。数据虚拟节点是用于存储数据文件和路由的基本单元。物理节点可以管理多个虚拟节点。如果一个物理节点过载，它会管理部分虚拟节点转移到其他物理节点管理，数据将被转移。

虚拟节点技术具有一对一，一对多和多对多的特点，虚拟节点策略的缺点是实现的复杂性。由于复制技术本身包含了分发策略，并且虚拟节点技术必须具有足够数量的副本即可实现，因此虚拟节点技术更适合与复制技术结合使用。

老师：今天的课程主要就是这些内容了，包括副本是什么、为什么需要副本、怎么创建副本以及怎么去保持副本的一致性和可用性。大家要记得，在我们的分布式存储技术中，一致性和可用性是非常重要的指标，一定要注意权衡。

小X：为什么一致性和可用性不用保障、只需要权衡呢，老师？

老师：呵呵，小X保持思考的是很好的，但我们现在下课了，所以我简单给大家说一下。主要就是因为对于需要使用分布式存储的web2.0体系来说，关系数据库的很多主要特性却往往无用武之地：

1. 数据库事务一致性要求

许多大数据系统不需要严格的数据库事务，读取一致性要求非常低，而且有些场合，写一致性要求不高。允许最终一致性。

2. 实时数据库和读取实时需求

对于关系数据库，在查询后立即插入数据肯定可以读出这些数据，但对于许多Web应用程序，不需要这么高的实时性，例如，几秒钟后发送消息甚至十秒钟后，我的订阅者只看到这种动态是完全可以接受的。

3. 复杂的SQL查询，特别是多表关联查询的需求

任何大量的数据网络系统与许多大型查询表以及复杂类型的数据分析报告查询（尤其是从需求和产品设计的角度来看的SNS类型的站点）相关联是非常禁忌的，以避免这种情况产生。通常多于单个表的主键查询，以及单页查询的简单条件，SQL函数大大削弱。

（Tips：CAP原理，也称为CAP定理，是指分布式系统，一致性（可用性），可用性（可用性），分区容限（partition fault tolerance），三者不能同时存在。而且因为当前网络硬件肯定会延迟丢包等问题，所以分区容忍是我们必须实现的。所以我们只能在一致性和可用性之间进行权衡，没有NoSQL系统可以保证这三点。）

4.5.4 容错

老师：感谢大家回到我们的"一问一答"小课堂。上次课我们讲了复制

第四章
分布式存储技术

——一种创造副本来保证分布式存储系统的高可靠和高可用的技术,但是是不是有了副本系统就安全了呢。当然不是,所以今天我们要给大家当问题出现的时候该怎么办。

小S:分布式存储系统真的是个不稳定的东西啊,总是无法避免有问题?

老师:这个世界上是很难有稳定的系统的,就像我们人体这么复杂的大自然工程,仍然也是不稳定的一样。

小X:所以我们无法避免生病?

老师:是啊,没有生物能够避免疾病的,也没有系统可以避免产生问题。病人可以看医生,系统病也需要一个机制,使系统自动损坏或丢失文件和数据恢复到事故发生前的状态,使系统能够继续正常运行,这是容错的。

在我们的分布式存储中,随着集群规模变得越来越大,故障的概率也在增长,大规模集群每天发生故障,容错是分布式存储系统设计的一个重要目标。只有通过实施容错,才能降低运维成本,实现分布式存储的规模效应。

单个服务器故障的概率不高,只要集群规模足够大,每天都可能发生机器故障,系统需要能够自动处理。首先,分布式存储系统需要能够检测机器故障,在分布式系统中,故障检测通常通过租赁(Lease)协议来实现,需要能够将服务复制或迁移到集群中其他正常服务的存储节点。

今天我们首先给大家介绍Google某数据中心发生的故障,接着讨论分布式系统中的故障检测以及恢复方法。

来自Google的Jeff Dean在LADIS 2009报告中介绍了Google某数据中心第一年运行发生的故障数据,如下表所示:

发生频率	故障类型	影响范围
0.5	数据中心过热	5分钟之内大部分机器断电,一到两天恢复
1	配电装置(PDU)故障	大约500到1000台机器瞬间下线,6小时恢复
1	机架调整	大量告警,500-1000台机器断电,6小时恢复
1	网络重新布线	大约5%机器下线超过两天
20	机架故障	40到80台机器瞬间下线,1到6小时恢复
5	机架不稳定	40到80台机器发生50%丢包
12	路由器重启	DNS和对外虚IP服务失效约几分钟
3	路由器故障	需要立即切换流量,持续约1小时
几十	DNS故障	持续约30秒
1000	单机故障	机器无法提供服务
几千	硬盘故障	硬盘数据丢失

小S：哇！google一年就有几千次硬盘故障导致数据丢失，这里就可以看到副本的重要性了。

小X：而且你看他们每次出故障都解决得很快呢。

老师：对，这就是容错系统的重要性了。我们可以看到单机故障和磁盘故障的几率最高，几乎每天都有许多事故，系统设计首先需要容错单服务器处理。一般来说，分布式存储系统会保存多个数据，当服务器中的一个数据发生故障时，通过其他副本继续提供服务。另外，机架故障的相对概率相对较高，需要避免所有副本的数据都分布在同一机架上。最后，可能存在缓慢的磁盘响应，内存错误，机器配置错误，数据中心网络之间的不稳定连接等。

小M：但是谷歌这么多服务器，不可能派人一直盯着吧，这么快的恢复，他们是怎么知道哪里出故障了呢？

老师：容错处理的第一步是故障检测，心跳包是一个自然的想法，假设主机A需要确认工作机B有故障，则主机A定期向工作机B发送心跳包，如1秒钟。如果一切正常，机器B将响应机器A的心跳包；否则，机器A重试一定次数，认为机器B出现故障，机器A不能接收机器B的心跳，并且不能确保机器B故障并停止服务，在系统操作过程中，可能发生各种错误，例如机器A和机器B之间的网络问题，机器B太忙导致心跳包不能响应机器A，为了确保强一致性，有必要确保机器B不再提供服务，否则将存在多个服务器同时服务相同的数据，导致机器B的故障，往往需要将上述服务迁移到集群中的其他服务器，造成数据不一致[①]。

这里的问题是机器A和机器B需要商定是否应该认为机器B失效并停止服务，Fisher指出，异步网络中的多台机器不能同意。当然，在实际中，由于机器之间的时钟同步，我们总是假设A和B两台机器在本地时钟之间几乎没有差异，例如差不超过0.5秒，这样我们可以租用（Lease）机制进行故障检测，租赁机制是具有超时的授权，假设机器A需要检测机器B是否发生故障，机器A可以租用机器B，并且机器B的租用允许在有效期内服务，否则，服务将自动停止。当机器A重新申请租赁时，机器B的租约即将到期。在正常情况下，机器B通过连续申请租约延长有效期，当机器B故障或与机器A网络之间的故障时，机器B的租用将到期，使机器A可以确保机器B不再提供服务，机器B的服务可以安全地迁移到其他服务器。

实现租赁机制需要前置时间，假设机器B的租用有效10秒，则机器A需要在可以假定机器B的租用期满之前添加超前量，例如11秒。因此即使机器

---

① 刘敬博，支持云计算的微博在线采集方法研究与应用[D]. 燕山大学，2004.05.

第四章
分布式存储技术

A 和 B 的时钟不一致，也可以保证机器 B 的租用，并且只要该差别不太大，就不再提供服务。

小 X：也就是说，分布式系统的租约有几个特点：

1. 授权：发行人在一定期限内给予持有人一定的权利协议。

2. 期限：租赁表示发行人在一定期限内承诺，只要到期日发行人必须严格遵守租赁协议的承诺。

3. 续约：租赁持有人在使用发行人承诺期内，但租赁期届满时必须放弃或重新发行并续期。

因此，主节点可以向工作节点发出租约，工作节点只能在有效期内提供服务，工作节点需要更新到主节点，以便继续提供服务。例如，如果网络故障，否则总控制节点可以认为工作节点不再提供服务，工作节点也由于停止服务而未能更新，这样就可以保证服务的一致性。

老师：小 X 总结得很好。

小 S：那我们检查出故障了，该怎么去恢复呢？

老师：我们先想一下，单系统故障如何恢复？独立程序可能是由于程序错误，停机等因素导致进程死亡。当进程重新启动时，通常希望服务返回到其原始的一致状态，状态的恢复取决于数据和日志，这里我们假设磁盘是 OK 的（否则不能恢复），也就是说，原来的数据问题没有考虑，所以我们需要考虑的是再现的操作。

1. 操作日志：无论是传统的关系数据库还是近年来火灾超过 NoSQL，这些系统的操作都是必不可少的日志失败恢复。

A）日志的操作：传统的关系数据库操作日志分为 UNDO（回滚），REDO（重做），UNDO / REDO 日志 3 种。例如，事务 T 对记录 X 加 2 操作，记录 X = 1，在修改 X = 3 之后，则 UNDO log 〈T，X，1〉，REDO log 〈T，X，REDO log is 〈T，X，1，3〉。关系数据库通常使用 UNDO / REDO 日志格式。对于 NoSql，如 redis，它有自己的日志格式协议文件，称为 aof 文件。

B）操作日志的性能优化：有时系统可能需要更高的性能，允许一定程度的数据丢失。每次添加动作日志可能不是最好的解决方案。此时可以考虑进入组，操作日志可以累积到一定量的时间，然后刷入日志文件。例如，redis 提供了三个 AOF 选项：i）关闭 AOF 文件（不推荐）ii）每次执行操作时写入 AOF 文件 iii）每秒写入 AOF 文件。对数据不太敏感的系统可以每秒一次将 fsync 选择为 AOF 文件。即使系统发生故障，它只会丢失 1s 的数据[①]。

---

① 顾瑜，云计算环境下数据保护关键技术研究[D]. 清华大学，2014.04.

2. CheckPoint：如果你只依靠操作日志来恢复系统故障，当系统运行时间长时，操作日志很大，那么通过REDO日志查看故障恢复时间可能是无法忍受的，所以我们需要定期将内存中的数据转储到磁盘，这样只要转储RE-DO日志，恢复后就可以大大加快恢复时间，这是CheckPoint，Redis将被称为RDB持久性。

小S：但是我们的分布式系统有副本啊，副本是和原数据一样的数据，我们只要把副本恢复成原数据就可以了吧？

老师：对，因为分布式系统有多个副本的每个数据，所以只有总控制节点选择一个新副本的主副本继续提供写服务才可以，注意：分布式系统数据节点故障分为两种临时和永久情况，主控节点将检测离线节点，如果一定时间内，节点重新可用，则为临时故障，否则为永久故障。

临时故障：在此期间，新路由的节点需要同步其他副本的增量数据，然后重新提供服务。

永久故障：需要选择一个新节点，拷贝数据的副本，新建一个节点副本。

另外，总控制节点也可能发生故障，目前非P2P分布式系统基本上都是通过强一致性的机器实现HA的效果。然后我们仔细谈论如何实现：

当总控制机检测到工作机故障时，需要将服务迁移到其他工作机节点。普通分布式存储系统分为两种结构：单层结构和双层结构，大多数系统是单层结构，在系统中为每个数据片段维护多个副本，只有Bigtable系统为两层结构，存储和服务将分为两层，存储层为每个数据片段维护一个服务层的副本只有一个服务副本。单层结构和双层结构的故障恢复机制是不同的。

具有单层结构的分布式存储系统维护有多个副本。例如，副本数为3，并且活动和备用副本通过操作日志同步。例如，具有三个数据片A，B，C的单层分布式存储系统，每个数据存储在片段的三个副本中。其中，A1，B1，C1为主副本，分别存储在节点1，节点2和节点3。假设节点1失败，则它将被主控制节点检测到，并且主节点选择最新的副本，例如A2或A3，以替换A1作为新主节点，并提供写入服务。节点关闭装配线分为两种情况：一种是临时故障，该节点将回到在线一段时间；另一种是永久性故障，如硬盘损坏。一般控制节点需要等待一段时间，如1小时，如果节点关闭装配线回来之前，可以认为是暂时故障，否则就是永久故障。双层分布式存储系统将所有数据永久写入底层分布式文件系统。每个数据片段一次只有一个服务节点。

节点故障会影响系统服务，故障检测和恢复在无法提供写服务和读服务的强一致性的过程中，停止服务时间由两部分组成，即故障检测时间和故障恢复时间，故障检测时间通常在几秒到10秒之间，簇大小之间密切相关，总控制节点上的故障检测越大，压力越大，故障检测时间越长。故障恢复时间一般很短，单层结构的备份和主副本的实时同步切换到主副本的时间非常短；两层结构的故障恢复往往只需要索引数据，而不是所有的数据都加载到内存中。

为了实现总控制节点的高可用性，主控制节点的状态将实时同步到备用机器，当故障发生时，可以使用外部设备选择备用机器作为主控制节点。新的主节点和此外部服务也必须高度可用，为了选择主服务器或在系统中维护重要的全局信息，您可以通过Paxos协议维护一组分布式锁服务，例如Google Chubby或其开源实现Apache Zookeeper。

老师：今天的课程主要就是这些内容了。故障无法避免，但可以解决。分布式系统设计的关键点就在于稳定可靠，稳定可靠的系统，才有可能实现高可扩展性，下一课我就给大家介绍分布式存储系统的可扩展性。

（Tips：大型互联网公司的服务器数量惊人，搜索巨头Google服务器的数量一直是投机的焦点。最常见的假设是，该公司有450,000台服务器，但这是2010年的估计。此外，微软的服务器号码并不罕见。2008年，微软的数据中心管理软件截图显示，该公司运行约218,000台服务器，微软在芝加哥的新数据中心可以存储多达30万台服务器，如果中心配置完成，微软的服务器数量将会迅速增加。此外，作为世界上最大的在线书店和最大的云计算运营商，亚马逊的服务器数量也应该是巨大的，虽然公司保持这一数据的机密性，但亚马逊在2008年购买了860万美元的服务器，其云计算服务S3在存储设备中保存400亿个项目。）

4.5.5 可扩展性

老师：感谢大家回到"一问一答"小课堂，在上次课的tips里面我们看到很多公司都采用很多服务器来构建分布式系统，当然，包括分布式存储系统，对于任何大型分布式系统而言，大小（size）只是需要考虑的规模（scale）问题的一个方面。同样重要的是努力去提高处理更大负载的能力，这就是系统的可扩展性。可扩展我们通常需要考虑能够处理多少额外流量、增加存储容量有多容易、能够处理多少更多的事务等等问题。

小M：我们怎么才能拥有额外的存储容量呢？

老师：可扩展性的实现手段很多，如通过增加副本个数或者缓存提高读取能力，将数据分片使得每个分片可以被分配到不同的工作节点以实现分布式处理，把数据复制到多个数据中心等。

分布式存储系统大多具有总控制节点，很多人自然会想到总控制节点瓶颈问题，说明P2P架构更具优势。但是事实并非如此，大多数主流分布式存

储系统具有总控制节点,并且可以支持数万个集群规模。

另外,传统数据库还可以通过级别的扩展来实现子表等系统的形式,当系统处理能力不足时,可以增加存储节点来扩展。

那么,如何测量分布式存储系统的可扩展性,它是否与传统的数据库可伸缩性有什么区别?可扩展性不能简单地通过系统是P2P架构还是数据可以跨多个存储节点分布来测量,但是应当考虑节点故障之后的恢复时间,扩展的自动化程度和扩展的灵活性。

小X:总控节点为什么可以支持那么大的集群规模呢?它要管所有的东西的话,应该是有极限的啊?

老师:接下来我们就首先讨论总控节点是否会成为性能瓶颈吧。然后我给大家介绍下传统数据库的可扩展性,最后讨论同构系统与异构系统增加节点时的差别。

分布式存储系统通常具有用于维护数据分布信息,执行工作机器管理,数据定位,故障检测和恢复,负载平衡和其他全局调度工作的总控制节点,通过引入总控制节点,可以使系统设计更加简单,并且更容易实现强一致性,那么总控制节点将成为性能瓶颈?

有两种情况:分布式文件系统的总控制节点需要维护文件系统目录树以及全局调度,并且内存容量可能成为性能的瓶颈。分布式存储系统的其他节点只需要维护数据分段的位置信息,一般不会成为瓶颈。另外,即使是分布式文件系统,只要设计合理,也可以扩展到数千台服务器。例如,Google的分布式文件系统可以扩展到8,000多个集群,开源的Hadoop也可以扩展到3000多个集群。当然,设计需要减少控制节点的总负载,例如Google的GFS放弃了对小文件的支持,并且将数据读写控制下移到工作机ChunkServer,通过客户端缓存元数据来减少总计控制节点的访问。

如果总控制节点成为瓶颈,例如,如果需要支持超过10,000个集群大小,或者需要支持大量小文件,则可以使用两级结构。

小S:就像公司里面人事管理一样,主管管员工、经理管主管、总监管经理、CEO管总监,一层管一层,怎么都管得过来?

老师:哈哈,很有意思的例子。评价什么是好的,着眼于他不适当的观察。内部管理与公司规模有关,较大的公司也可以视为数据扩展。公司增加主要依靠招聘规模,而我们的数据库可扩展性实现的手段包括:通过主从复制提高系统的读取能力,通过垂直分割和拆分将数据分布到多个存储节点,通过主-复制将系统扩展到多个数据中心,当主节点发生故障时,可以从节点切换到服务;另外,当数据库的整体服务能力不足时,可以根据业务扩展的特点重新拆分数据。

第四章
分布式存储技术

假设在数据库table1，table2和table3中有三个表，首先按照业务表分成三个不同的DB，然后每个表将散列水平拆分到不同的存储节点，每个拆分DB通过主从复制维护多个副本，并允许分发到多个数据中心，如果系统的读取能力不足，可以增加拷贝方式来解决，如果系统的写入能力不足，可以根据业务的特点重新拆分数据，常见的做法是双重扩展，即每段数据分为两段，扩展过程中需要将一半数据迁移到新的存储节点。

传统的数据库架构在可扩展性上面临如下问题：

扩展不够灵活。传统的数据库架构一般是双重扩展的做法，很难做到按需扩容，假设系统中已有16个存储节点，如果要将系统的服务容量增加5%，则只需要添加一个而不是16个存储节点。

扩展的不够自动化，传统的数据库架构需要迁移大量的数据扩展，整个过程更长，容易出现异常情况，而数据分区规则往往与业务相关，很难自动化。

添加一个很长时间的副本，如果主节点的永久故障，如硬盘故障，需要添加整个过程的副本需要大量数据进行复制，消耗时间长。

小M：那么传统数据库的扩容和分布式存储系统的可扩展性些什么区别呢？

老师：传统的数据库扩展和大规模存储系统的可扩展性有什么区别？为了说明这个问题，我们首先定义一个同构系统：存储节点被分成几个组，每个节点在同一个服务节点数据内，包括一个节点为主节点，另一个节点为备用节点。由于同一组中的节点提供相同的数据，这样的系统被称为同构系统，同类系统的问题是要复制的数据量太大，假设每个存储节点服务1TB的数据，并且内部传输带宽被限制为20MB/s，则需要1TB / 20MB / S = 50000S，大约10小时，因为存储节点故障过程中的复制数据概率很高，因此这种架构很难自动化，不适用于大规模分布式存储系统。

大规模分布式存储系统需要线性可扩展性，即在任何时候加入或删除一个或多个存储节点，系统的处理能力和存储节点数量呈线性关系。为了实现线性可扩展性，存储系统存储节点是异构的，否则，当簇大小达到一定水平时，增加节点将变得特别困难，异构系统将数据划分为许多紧密间隔的分片，并且每个分片的多个副本可以分布到集群中的任何一个存储节点，如果节点发生故障，原始服务将是整个群集，而不是要还原的固定数量的存储节点。

小X：我们有很多数据部署在很多服务器上，这些服务器是有可能在好多个机房里面吧老师？像Google、微软这么多的服务器，不可能都在一个数据中心吧？

老师：在分布式系统中，跨室问题一直是一个长期存在的问题，在房间网络之间的延迟很大，而且不稳定。跨室问题主要包括两个方面：数据同步和业务切换，跨室部署计划有三个：集群作为一个整体交换机，单个集群跨过房间，Paxos选择主复制。我给你们介绍下一个吧：

1. 集群交换作为一个整体。

集群交换是最常见的。假设一个系统部署在两个房间：房间1和房间2。两个房间保持独立，每个房间部署一个单独的主控节点，每个主节点有一个备份节点。当主控节点发生故障时，可以自动将房间中的备份节点切换到主控节点继续提供服务，两个房间部署的份数相同。例如，A11和A12存储在房间1中，A21和A22存储在房间2中。在这种情况下，在某一时刻，发动机室1是主发动机室，发动机室2是设备房间。

房间之间的数据同步可以是强同步或异步的，如果使用异步模式，则数据总是准备滞后于主机房，当主机房整体出现故障时，有两种选择：服务切换到备用房间，承受数据丢失的风险，或停止服务，直到主机室恢复。因此，如果数据同步是异步的，则主从房间之间的切换通常是手动的，允许用户根据服务的特性选择"丢失数据"或"停止服务"。

如果采用强同步模式，则备用房间和主房间的数据是一致的。当主机房出现故障时，除了手动切换外，还可以使用自动切换模式，即通过锁服务分配来检测主机房服务，当主机房故障时自动切换到主机房设备房。

2. 单个集群跨机房

上一种方案的所有主副本只能同时存在于一个机房内，第二种方案是将单个集群部署到多个机房，允许不同数据分片的主副本位于不同的机房。

每个数据分片在机房1和机房2，总共包含4个副本，其中A1、B1、C1是主副本，A1和B1在机房1，C1在机房2。整个集群只有一个总控节点，它需要同机房1和机房2的所有工作节点保持通信。当总控节点出现故障时，分布式锁服务将检测到，并将机房2的备份节点切换为总控节点。

如果采用这种部署方式，总控节点在执行数据分布时，需要考虑机房信息，也就是说，尽量将同一个数据分片的多个副本分布到多个机房，从而防止单个机房出现故障而影响正常服务。

3. Paxos选主副本

在前两种方案中，主控节点需要保持工作节点之间的租约，并且当工作节点发生故障时，自动将服务节点的主副本切换到其他工作节点，如果使用Paxos协议选择主副本，则每个数据切片的多个副本构成一个Paxos复制组。

Google的后续开发系统，包括Google Megastore和Spanner，都采用了这种方法。其优点是减少总控制节点的依赖性，项目复杂度的缺点过高，很难

第四章
分布式存储技术

模拟所有异常下线。

（Tips：在IT行业中，机房一般指电信，网通，移动，双线，电力和政府或企业，存储服务器为用户和员工提供IT服务，小几十平方米，通常放二十或三十机柜，一个大10,000平方米放置在数千个机柜，甚至更多，通常放置各种服务器和小型机，如IBM小型机，惠普小型机，SUN小型机等，室温和湿度的机房以及防静电措施都有严格的要求，非专业项目人员一般不能进入，服务器运行大量业务的房间，如手机彩信，短信，通话服务等。房间很重要，没有房间，工作，生活会受到很大的影响，所以每个房间都应该有专业的管理，保证业务的正常运行！）

老师：今天的课程主要就是这些内容了。我们从数据的额外存储需求讲到分布式存储系统的扩容，再讲到跨机房的部署方案。在接下来的课程里面，我们会接着重点给大家介绍下分布式云数据中心。

第五章 云数据中心

5.1 数据中心的演变与挑战

5.1.1 数据中心的演变

老师：感谢大家回到我们的"一问一答"小课堂，今天的主要内容是数据中心的演变。当前，几乎所有企业和机构都建立了数据中心，用来对自己的IT系统进行全面管理。在这个信息社会，如果企业离开了这些数据中心，就会像人类社会离开了水电这些公用服务一样，片刻之间就会崩溃，引人注目的是，人类社会受益于数据中心带来好处的同时，也对基于传统技术所建数据中心带来的各种问题感到困扰。人们需要用更大的决心来克服所面临的一系列深层次困难和挑战、进一步挖掘IT技术的潜力，利用更先进的技术来破旧立新，建设新一代数据中心。

小S：老师，我们为什么要建设新一代数据中心呢？

老师：众所周知，全球互联网实际上就是由众多数据中心支持来运行的，作为互联网和电子商务的后端支撑，数据中心提供了必要的互联网计算处理能力和信息存储能力，已成为像能源这样的经济基础设施。

然而，为了满足快速增长的业务需求，企业和组织不断的扩展数据中心。在这样的快速扩展下，基于传统设计理念和实施技术设计的数据中心已达到极限。现在的大多数数据中心在能耗、计算密度、自动化和服务连续性等方面遇到更严峻的挑战，企业和组织必须采用创新的方式将数据中心的IT基础架构从静态、隔离和集中式的架构转变为动态、灵活和模块化的架构。

"数据中心"这个数据对从事信息技术的人来说并不陌生，你们知道数据中心是什么吗？

小M：数据中心就是集中放置服务器和通信设备的地方吧？

小X：这些设备放在一起，是因为它们有相同的环境要求和物理安全要求，而且便于维护吧？

老师：讲的很好，维基百科这样定义"数据中心"："数据中心是一套复杂的设施，不仅包括计算机系统和其他设备（如通信和存储系统），还包括冗余数据通信连接，环境控制设备，监控设备和各种安全设备。"

现在大家都对数据中心这个术语很熟悉，但是我们不知道，在20世纪70

年代以前，企业或机构没有建立统一的数据中心。而在现在，数据中心几乎渗透了世界的每一个角落，企业、研究机构、大型超市、各级政府机构或跨国集团都建立了数据中心。根据建设数据中心这些机构的具体情况，它们可以大小不同，比方说部门数据中心（服务器隔间）、企业数据中心或全球因特网数据中心等等。但是很难想象的是，不管是什么样规模的组织，如果没有合适的大小的数据中心会怎么样！

为什么？因为随着IT技术的发展，IT部门在企业或机构运营中的重要性已经被大大的提高了。

IT技术的发展创造更多新的应用程序，IT的地位被提高了，而IT地位的提高，也推动IT技术的发展和新产品的开发。在这个相互促进的过程中，逐渐形成了数据中心这个新部门，并且逐渐传开。如今，IT技术已成为企业生存和发展和机构管理的生命线。离开IT技术，金融机构无法做生意、政府机构无法办公、制造公司无法生产销售。中国从80年代开始建立数据中心，同时，许多公司或组织已经逐渐建立了负责数据中心的首席信息官（CIO），接受首席运营官（CEO）的直接领导。

可以说，"数据中心"是人类组织在20世纪推动的一个主要模型，标志着IT组织和应用程序的标准化，是应用IT的各个机构从混乱和分散到计划和组织的活动。

小M：也就是说，数据中心的好处就是能进行统一的管理？

老师：当然，不只是统一的管理，它有四个统一呢：

1. 统一的网络基础设施：组织基于内网建立的网络基础设施，统一管理内部网络通信和外部通信门户，并确保其安全性。

2. 统一的服务器和存储系统建设：数据中心统一负责IT设备的建设规划、安装、管理和维护。

3. 统一的应用开发：提供统一的应用软件模型，环境标准化，测试和版本更新。

4. 统一的服务：包括设备维护、人员培训、技术咨询和新技术的引入。

如果没有数据中心，各种IT应用可能会走更多的弯路。数据中心的建设是企业或组织在IT应用与发展方面的里程碑。

数据中心是为企业或组织提供管理IT和应用程序的基础架构和应用服务的部门，它还是在企业之间或机构内部进行集中管理和共享信息的平台，同时提供信息服务和决策支持。

从计算机的历史可以看到数据中心未来的发展。20世纪60~70年的数据中心以大型机为主要的计算设备，使用终端连接到大型机，强调主机的时间共享及批处理性能，这被称为"专用"大型机计算时代。

80年至90年后的数据中心采用小型机和PC服务器这样的通用计算设备，采用客户/服务器（C/S）方式进行连接，强调性价比，这一时期被称为"开放"分布式计算时代。

今天的数据中心使用刀片服务器来构建共享计算平台，使用虚拟化进行连接，强调"共享"服务导向的计算时代。

在20世纪60年代和70年代，大型机在架构和系统功能上具有高性能、高可用性和高可管理性等技术特性，如：系统分区、实时容量、基于目标的工作负载管理、高可用性监控和唤醒功能、动态中央处理器错误恢复、并增强了高I/O带宽、可以优化处理批量处理输出性能的大流量（例如在交易日结束时处理大量交易）。因此，那个时代的大型机是大型计算环境的主流，通常由许多企业或机构所建立的数据中心持有。但是随着UNIX服务器的出现，特别是高端UNIX服务器的出现，以及UNIX服务器架构设计的更新和功能的改进，大型机具有的技术优势已经逐渐失去了辉煌。UNIX服务器因其开放性和兼容性，用友易于管理和易用、投资低、回报率高等优点，被业界广泛认可和采纳。

小X：是啊，以前讲到哪里哪里的计算机很厉害，就是有大型机，现在好像都没有在提这个说法了？

老师：主机市场的萎缩是IT发展的必然趋势。一个方面是因为主机的缺点慢慢暴露出来，如：架构和操作系统专用、封闭，缺乏系统灵活性，不能轻易连接到其他平台进行集成，不容易利用新的IT技术。另外，硬集成和非兼容性保证（尤其是没有二进制兼容性保证），实现应用程序迁移需要额外的支持，甚至利用一些新功能就必须更改或升级操作系统，总投资水平（包括硬件，软件和人员）和维护成本都很高。

另一方面，基于工业标准的UNIX和PC机器的出现，根据摩尔定律，其基于微处理器的标准中央处理单元（CPU）不断地提高集成电路的密度和时钟频率，高端UNIX服务器的性能已经能够与大容量吞吐量和多实例事务处理方面的传统大型机一比高下了。而且，它们更加重视开放性、兼容性、集成性以及其他符合行业要求的标准。因此，许多企业或机构从20世纪中叶开始将数据中心从大型机的应用转移到开放系统环境的应用下。基于UNIX或基于Windows的系统比大型机提供更低的成本，并且易于集成和维护。从那时起，在80年代占据主导地位、使用"专用，封闭"技术的大型机逐渐走出了历史舞台，让位给开放系统。

在20世纪80年代至90年代，UNIX服务器和PC的广泛使用，导致新型计算模式的进一步发展变化。一方面，随着UNIX服务器（如支持多操作系统映像和Internet）、硬件架构（如CrossBar总线交叉开关）和软件开发方法

第五章
云数据中心

（如支持 Java，.Net 技术）的系统设计继续发展，随着 I/O 吞吐量和 CPU 芯片运算速度不断提高，代表服务器在线事务性能的 TPC-C 值也在上升。UNIX 服务器为部门和企业级数据中心应用程序和数据库系统开发提供了新的条件和环境，成为新时代服务器的主流构建方案。很多机构和部门开始购买自己的计算机或建立自己的数据中心，并将数据存储在部门的计算机中。

另一方面，无论是从价格还是性能，PC 和行业标准服务器都逐渐显示出了优势。PC 机不仅可以安装办公、通讯等软件，还可以安装简单、小型的数据库，进一步推动 PC 和工业标准服务器的普及。同时，随着网络速度从 80 年代初的 56kbit/s 发展到 90 年代的 10Mbit/s，高速数据传输第一次使得数据从集中处理到本地处理，这样使得数据可以在部门或部门之间共享，有个团业务也在部门一级进行处理。因此，数据中心进入客户/服务器计算的时代。

小 M：客户机/服务器计算时代是不是就是 C/S 模式呀？

老师：是这样的，客户端/服务器计算模型是一种两层结构的应用架构，即"胖客户端"和"数据库服务器"模式。一般在"胖客户端"安装相应的应用软件数据库连接程序，数据库服务器安装核心数据库系统并存储数据库数据。这种架构存在系统可扩展性差和维护困难的问题，所以很快就会被三层结构的应用模型替代。三层结构的系统具有更好的可扩展性、安全性、可管理性、模块化的可重用性和易于开发等优点，在联网环境中这些优点更加突出，所以三层架构现在被企业或机构广泛采用。

客户机/服务器模式的三层架构是一种高级的应用架构，它将企业应用分为三个组成部分：瘦客户端服务层，中间应用服务层和数据库服务层。客户服务层位于客户端，通常需要安装有支持网络连接的应用程序接口（如 Web 浏览器）和数据库访问连接程序。中间应用服务层位于应用服务器，使用中间件（例如 TP 监视器或 CGI，NSAPI，ISAPI 和 IIOP / II）用于处理客户端请求，通常使用 SQL 或 ODBC/JDBC 技术与后端数据库连接。数据库服务层位于最后端的数据库服务器，一般安装通用关系数据库和存储数据库数据。

对三层客户机/服务器应用程序的应用程序进行研究，很快就让人意识到可以将客户端上运行的应用程序移植到服务器，然后通过浏览器来执行。这种模式通过 Web 服务器处理客户端请求，被人们称为浏览器/服务器模式（B/S）。从应用程序架构角度来说，遵循分布式计算标准的系统架构广泛应用于各类应用程序的开发。

在 20 世纪 90 年代后期，企业或组织开始考虑使用集中式的系统结构，希望实现集中式计算和基础设施共享，实现基于"面向服务"的企业数据中心，比如中国金融业在 20 世纪末 21 世纪初的大型集中型数据中心就是一个例子。从 2005 年以来，无论是总体需求驱动、还是面向服务的整体规划和建

设,都改变了过去的系统规划设计,从项目需求到峰值负载导向是当前和未来的数据中心趋势——新一代数据中心。新一代数据中心采用一次性连接,模块化组件的基础设施布局,彻底改变了传统数据中心机架堆叠布线的混乱状况。

小S:新一代的数据中心是怎么解决这些问题的呀?

老师:虚拟化平台实现了灵活、快速、易于变更的资源配置,创建了一个集中部署的动态平衡基础设施环境。新一代数据中心支持面向服务的架构(SOA)模式,提供"共享"基础架构服务和"共享"应用程序服务,可以通过自动化管理工具来持续控制服务质量和优化资源利用率。在新时代,为了满足快速变化的业务需求,数据中心结构模型将发生根本性变化,传统的数据中心岛式基础架构将最终转变为新一代的数据中心面向服务的基础架构结构。

在新一代数据中心中,所有服务器,存储,网络基础架构资源将通过虚拟化技术集中形成共享基础架构资源池,然后共享资源池中的资源可以根据每个应用系统初始化分配和快速部署。随后,应用系统在运行时通过自动化资源管理工具(如WLM,Workload Manager; PRM,Process Resource Manager),根据服务水平协议(SLA)实施共享基础架构资源重新分配,按需提供动态资源。

虚拟化技术广泛应用于数据中心的系统集成,通过分区技术(硬分区、软分区、资源分区)和虚拟机技术,使多个应用共用一个高性能服务器、高性能存储阵列和同一套网络设备,提供共享的基础设施服务。对于运行关键业务的应用程序,硬分区和集群也可以使用虚拟化的方式提供高可用性的支持。使用群集技术,当硬分区系统出现故障时,系统会自动切换到另一个硬分区中的同一服务器来保持应用系统的运行不中断。

除了共享基础架构服务之外,下一代数据中心还提供共享应用程序服务和共享IT服务。共享应用程序服务包括共享Web服务器和共享应用程序服务器服务(指中间件服务)和共享数据库服务。共享IT服务包括所有ITSM服务以及数据中心客户的开发和测试服务。所有上述共享服务都通过服务目录提供。总之,理想的数据中心将基于模块化和虚拟化基础设施,构建面向服务的架构作为自动化管理的核心模型,为IT通用计算环境提供共享服务,这是关于新一代企业或组织数据中心的期望,也是数据中心新一阶段的发展。

老师:这堂课的主要内容就是这些了,今天给大家介绍了数据中心的演变,接下来我们将用一堂课的时间来讲讲现在数据中心遇到的挑战。

第五章 云数据中心

5.1.2 数据中心的挑战

老师：感谢大家回到我们的"一问一答"小课堂，今天主要给大家介绍我们数据中心遭遇的挑战。首先我想提一个问题，根据我们上堂课的学习，大家能不能总结出什么是传统的数据中心？他有些什么样的特点呢？

小S：建设周期长、维护成本高？

小X：还有提供的资源过剩、并且存储设备不好共享？

小M：还是，传统的数据中心是信息孤岛？

老师：你们答得不错，但不够全面，传统数据中心的设计理念和特点主要有下面这些：

基础资源过度供应：传统数据中心的设计始终要求满足峰值性能和运行不间断。当时的设计师们追求"维多利亚女王"式的设计理念，要求产品设计可以保持高性能和正常工作数十年。在设计人员的要求下，数据中心的很多物理设备（网络，服务器和存储等）都是按照峰值性能要求来进行采购的。所以，虽然构建传统数据中心的要求满足最高的性能要求，并保持良好的不间断工作环境，但现实情况是系统的资源利用率一直都很低。

手动和静态管理：传统的数据中心资源和工作负载管理是静态的，而不是在整个中心内实现资源和共享资源的实时动态调度，这是传统数据中心资源利用率的一个根本原因。不单是服务器的管理静态、网络和存储系统管理，大量的人工操作也容易产生大量的人为管理错误，增加管理成本。

紧密耦合的基础设施：传统数据中心中的应用和基础设施紧密耦合，IT环境不灵活，使其难以进行任何更改。

隔离架构：传统数据中心架构是基于单个项目需求来建立的"资源岛"和"信息岛"，所谓的"集成"只是集成和连接已经建立的岛屿架构体系。

存储直连：在过去几年中，尽管面向网络的存储技术和设备（如NAS和SAN）有着显著的增长，但传统数据中心的存储系统和设备仍然是大量直接服务器的形式，不利于存储设备共享。

高维护成本：传统数据中心自创建之日起就一直在扩展，以满足不断增长的业务需求。传统数据中心在不同时间使用的技术和系统扩展（加上人事变动）是的整个系统变得非常复杂，不仅管理和维护成本非常昂贵，还几乎使数据中心进入"黑盒子"。

长施工周期：基于传统数据中心的应用开发周期和施工周期很长，往往会推迟新产品和新服务的上市时间，使企业错失了很多宝贵的商机。

小X：这些特点看起来都是缺点啊？

老师：对，虽然传统数据中心在计算历史中发挥着重要作用，但随着IT

技术的不断发展和同IT连接日益密切的业务，几乎所有的业务流程都依赖于数据中心的IT资源，包括各种旧的或新的技术资产，软件应用和员工技能。目前，传统数据中心设计理念已经逐渐受到限制，使他们一般面临能源、空间、成本、集成、安全、管理等方面的严峻挑战。这个挑战主要体现在两个方面：

1. 能源消耗和空间挑战

随着计算设备的升级和高密度的广泛使用，企业在能源消耗和冷却等能源管理方面向数据中心提出了更高的要求。随着数据中心的资源需求业务发展导致服务器和存储，服务器，存储和其他设备的数量大幅增加，数据中心在环境控制，电力和冷却，空间管理等方面承担了巨大的压力。在大多数情况下，机房费用也限制了占用的服务器机架空间。因此，公司必须在传统的低密度机架和高热量、高功耗的高密度机架之间找到平衡点。如何在有限的空间内，实现更有效的能源和环境管理，是企业数据中心所面临的关键挑战之一。

小M：服务器和存储设备的能耗是怎样带来对电源和散热能力的需求的不断提高并进一步加快了成本的攀升速度的呀？

老师：根据美国环境保护局估计，在未来五年内，服务器的能源消耗将翻一番。推动功耗快速增长的两个因素是：服务器密度持续增长，应用程序数量迅速增长。对于大多数类型的服务器，每个单元的热负荷上升，服务器功率密度每年提高4个百分点。然而，这不是能源消耗五年翻一番的唯一原因。这个问题的真正原因是应用程序数量的增长，对软件的需求也增大，并且在不断的增长。今天，应用的增长速度远远超过了服务器的效率和性能的增长率，尤其是近年来数据中心的功耗和密度都在急剧增加。

所以，用更大，更快的处理器就可以解决问题吗？自20世纪90年代末以来，每瓦的服务器性能每两年翻一番，因此，与过去相比，相同的计算机数量带来的计算性能更高。但同时存储设备也是主要的电源设备，数据中心各种硬件设备（不包括空调系统）的能耗中，服务器占约48%，存储系统占37%~40%。到底是什么因素促成了能源储存成本的不断增长？一方面是因为企业需要存储数据不断的增长，另一方面企业也大大延长了信息需要存储保留的时间。而所有这些都导致了存储容量和功率需求的显着增长。

随着能源消耗的持续增长，数据中心的成本也逐渐增加。如今，服务器的能源成本将超过服务器购买的成本。如果将服务器能耗成本和相关的基础设施成本（包括数据中心发电机，电源和空调系统成本）一起计算，服务器的总功率和冷却成本将达到服务器购买成本的两倍。对于大多数企业来说，这是一个巨大的变化。在20世纪的90年代，许多公司在建设数据中心的时候忽略了电力和冷却成本。而如今如果继续忽略这些影响，能源和冷却成本会严重失控。随着能源成本的上升，目前的环境只会继续恶化。因此，降低数据中心能源消耗变得迫在眉睫。

小S：怪不得说数据中心是电老虎啊，企业的钱都被它吃掉了～

老师：嗯，还不单是这样呢，还有第2个方面的挑战：

业务连续性和灾难恢复挑战，本地化的灾难性事件，如地震，洪水，飓风，火灾或恐怖活动，可能对组织或组织的业务产生重大影响。例如，公司的收入，利润，甚至客户。虽然主要的灾难事件可能导致公司下降甚至崩溃。根据权威统计，突然发生重大灾害后，约43%的公司倒闭，还有51%的公司将在两年内关闭。

许多企业或组织数据中心不能处理许多内部和外部安全挑战和威胁，并满足业务连续性和可用性的要求，IT故障和各种灾难常常导致企业停止提供服务，造成巨大损失，据统计，许多企业10%的成本是由于IT故障造成的。

然而，业务连续性和关键信息可用性不仅仅是快速灾难或意外安全漏洞恢复。除了数据和办公室恢复，范围还扩展到风险管理、应急规划、数据安全、新的法规遵从、新的客户数据隐私、异地电子存储和许多其他领域，随着诸如虚拟化和数据中心自动化等技术的兴起，业务连续性和可用性正在发生变化。今天，企业比以往更依赖于IT，IT对业务绩效有很大的影响，维持业务连续性和关键信息的可用性对于企业和机构的成功至关重要，业务连续性和关键信息可用性解决方案必须能够在需求变化和出现新风险时适应这些变化。

由于业务连续性和关键信息的可用性对于业务的成功至关重要，因此IT部门以外的组织正在承担这一责任，最成功的业务连续性计划与业务优先级紧密集成，不仅适用于CIO和IT经理，而且还适用于CEO，首席财务官和产品营销经理。

（Tips：由于数据中心，企业面临的具体挑战是什么？这通常包括几个任务或以下的组合。1，在总体规划和应急流程建立业务连续性，灵活应对各种新风险。2.在计划和意外的安全漏洞的情况下维护业务和IT运营的连续性。3，管理IT运营可用性，然后实现服务的所有服务级目标已经提供。4，确保系统，应用和数据安全。5，防止数据丢失，损坏或被盗。6，保持企业声誉。）

小M：这些问题到底会给企业带来什么后果啊？

老师：随着越来越多的企业或机构希望能够随时通过网络进行24小时的商业交易提供服务。因此CIO和数据中心经理不希望服务器停机导致业务系统停止服务，因为数据中心的停机时间可能对组织或组织的收入和声誉造成严重影响。为此，许多IT部门花费巨额资金建设灾难恢复解决方案，甚至在新的地方建设灾难恢复中心。

这就是为什么数据中心成本在增长，但企业或组织的IT资产可能无法充分利用，是大多工作人员的主要焦点仍然集中在"运营"而不是"创新"的原因。今天，许多组织正在寻找虚拟化解决方案来解决资源低效率问题，为了响应日益增加的运营和管理要求，正在努力提高自动化水平，随着数据中心设备逐渐老化，电源、散热、房间空间、运营复杂性和技术熟练的员工缺乏等问题，成为企业或组织实现可持续发展的障碍，虽然许多组织正在寻找解决方案，但CIO和数据中心管理人员开始质疑数据中心总体规划和战略。

小M：听起来太恐怖啦，有没有一种方式让企业可以不在数据中心泥潭上深陷啊？

老师：现有的数据服务不能被丢弃，所以他们只有两种选择：数据中心的转型，或者从根本上突破当前的设计模式，我们先来看看数据中心如果要转型，怎么转型？

数据中心转型将面向构建和管理下一代数据中心，旨在加快当今关键IT计划的速度，如整合能源和提高空间效率，提升自动化以及增强的业务连续性和高可用性，它将重点关注四个领域：提高能源和空间效率；现"永远"可用性；整合和虚拟化数据中心和IT基础设施；以服务为中心，利用最佳技术进行自动化的数据中心运营资源选择。

1. 节能及空间节省

位于大城市或其周围的数据中心的功耗将占城市总用电量的很大一部分，据估计，服务器消耗了全球电力消费的约1.2%，占美国电力消费的1.5%，2006年数据中心的研究表明，大约60%的主要数据中心问题是由电源和制冷相关问题（电力短缺，热量太高）造成的，超过1/5的企业越来越头痛紧缺空间的问题。要对其进行改造，改造范围包括：

散热评估，对资产、机架和数据中心级的智能/水冷却散热处理。

数据中心评估。

基础设施现代化、性能调整、资源和工作负荷管理和虚拟化。

模块化的数据中心设计，包括站点规划、优化机架和占地空间整合。

数据中心绿色化，包括遵?环保规定、改善回收和处置流程、减少有害材料污染。

2. 业务连续性和高可用性

持续可用性对不断增长的业务至关重要，数据中心转型的主要目标之一是为整个数据中心提供端到端的可用性，并实现无缝的灾难恢复能力，而不仅仅是针对个别应用，IT应该专注于主动式策略，以在整个核心架构上构建不同级别的安全性、可用性和持久性,而不是为每个应用程序提供更多的被动解决方案,数据中心需要根据成本效益提供一系列连续性和可恢复的基本解决方案,其他改进技术可以涉及使用虚拟化来实现更高级别的逻辑安全性,减少易于出现人为错误的事件,诸如限制对数据中心的物理访问的数量和时间(无人值守)以及其他自适应技术,确保计算和存储资源提供安全可靠的业务恢复保证。其转换的范围包括:

业务连续性规划、业务影响分析、业务风险分析。
数据中心灾难恢复解决方案/服务设计和实施。
业务恢复服务,如任务外包或资源服务。
安全治理,管理基础设施,电子保险箱数据保存技术。
业务连续性、数据复制和连续性、信息生命周期管理。

3. 集成和虚拟化

设备越少越容易管理,这是一个非常简单的事实,数据中心转型是数据中心集成的主要内容之一,并且对于每个数据中心都需要尽可能集成基础设施,在集成环境中,将利用虚拟化或虚拟池技术实现更高的企业满意度,简化管理,提高资源利用率和动态容量分配,最有效的方法是开发数据中心的全球战略,以确定数据中心部署所需的数量、级别和最佳位置,"全球化"并不意味着只有国家、地区部署目标数据中心,不仅是跨国公司才能实施这样的解决方案,这也意味着企业应该考虑数据中心的现在和未来以及数据中心(大或小,如计算机室)的形式。转换的范围包括:

数据中心战略制定和总体规划;
数据中心和基础设施集成;
数据中心迁移和迁移;
数据、基础设施和应用迁移;
WAN / LAN / MAN网络设计和改造,WAN通信加速技术;
数据和语音融合,统一通信;
基础设施虚拟化;
数据中心评估和资产,工作负载和应用程序的详细文档/发现。

4. 数据中心自动化

越来越多的企业将IT(包括数据中心)作为业务服务,根据一家领先的咨询公司的调查,在北美调查的收入超过10亿美元,80%的企业正在部署或具有共享服务模式作为其数据中心的IT功能之一,改造后,数据中心可以提供清晰的服务列表,并可以支付使用服务的方式,如果技术和经济条件允许,还可以外包一些IT功能,数据中心服务设计不仅需要符合面向服务的架构的原则,而且还要满足功能的兼容性、互补性,可以快速结合以支持更大的项目目标，IT将基于IT基础设施库，基于标准的ITIL流程的"无人值守"操作管理的最佳实践，为数据中心服务，交付提供自动化的端到端服务管理，一旦面向服务的数据中心到位，并且操作过程被标准化，这些服务及其支持过程的自动化可以被更简单化并有效地进行改进。转换的范围包括：

数据中心资产（固定资产费用），运营和管理（运营费用）的选择性转型，如资源补充，任务和资源外包；

优化数据中心和IT服务资源（可选或整体）；

设计和实施远程管理和支持；

基于ITIL实施，使用和持续改进IT流程和最佳实践；

数据中心服务端到端服务管理；

自动化数据中心服务和流程；

实施支持RFID的资产和磁带管理；

实施配置管理；

实施数据中心和IT共享服务；

转型为以服务为中心的共享服务机构。

（Tips：2013年1月14日消息，为了推动中国数据中心，特别是大型数据中心的合理分配和健康发展，几天前工业部联合发改委等五个政府部门联合发布数据中心建设布局指导。据介绍，中国将加强数据中心标准化工作，已建成为数据中心，鼓励企业使用云计算，绿色能源等先进技术的一体化，转型升级[①]。）

小S：我们还有另一条路可以选择，发展数据中心？

老师：对，我们还可以发展数据中心，怎么发展呢？下一浪潮将是"一切皆服务"，这是惠普公司的首席策略与技术官的名言，我认为它概括了数据中心的发展，也就是"云数据中心"，然而这是我们下次课的主要内容了。

5.2 云数据中心的发展

老师：谢谢各位同学能够准时回到"一问一答"小课堂，上一堂课我给大家介绍了数据中心的发展，传统数据中心建设不同阶段的不同认知特点。这堂课主要给大家介绍现在最热门的话题之一——云数据中心。

小S：老师，现在经常听到"云"的说法，好像讲什么都要带上"云"才够时尚一样，这个"云"究竟是什么呢？

老师：作为一种计算机网络语言，"云"是指您作为服务对象，是云，无论在何时何地，您都可以享受云计算提供的"云"，它不意味着天空云

---

① 陈侠. 美国对华网络空间战略研究, 外交学院, 2015.06.

第五章
云数据中心

（笑），作为一个计算机网络术语，窄云计算指的是IT基础设施的交互和使用模式，指通过按需网络，容易扩展的方式获得必要的资源。广义云计算指的是服务交互和使用模式，通过网络到需求，易于扩展的方式获得所需的服务。这项服务可以是IT和软件，与互联网相关，也可以是其他服务，这意味着计算能力也可以通过互联网来流通。

小M："按需、易扩展"，不就是我们之前讲过的分布式系统的特点吗？

老师：是的，首先出现分布式才能够出现云这种东西，云存储需要通过网络以按需、易扩展的方式获得所需的资源，并且随时获取，按需使用，随时扩展，这是必须采用分布式存储的方式才能够做得到，而分布式云数据中心的核心理念在于：物理分布、逻辑统一，它可以将企业分布于全球的数据中心整合起来，使其像一台大型的服务器一样对外提供服务。

小X：这样就可以解决传统数据中心的问题？

老师：传统的数据中心给企业和组织带来巨大的成本和资源压力，提高IT资源利用率，降低功耗，简化操作和维护成为首席信息官要解决的难题，云计算技术颠覆传统ICT行业，带来按需使用、资源共享、绿色能源、业务效益的快速部署，可以为用户提供更多低成本应用，更快速和更简单的部署，创造巨大的社会效益和经济效益，已成为最受欢迎的ICT技术被公认发展的方向。

数据中心是云计算实体的实施，近年来，云计算等新的应用模式，推动了数据中心的巨大变革。互联网公司如谷歌、亚马逊、微软、eBay、中国的淘宝和腾讯、以及三大电信运营商已经建立了基于云计算技术的新一代数据中心，云计算正在将数据中心从"成本中心"转移到"利润中心"。其好处主要如下：

提高IT设备利用率。通过虚拟化技术实现云计算，实现服务器、存储、网络等IT设备共享，使多个应用可以在同一台物理服务器上运行，通过资源共享可以使服务器只有15%的CPU利用率提高到60%甚至更高。

简化管理。在云数据中心，管理者管理的是一个虚拟机，而不是一个广泛的物理服务器，云管理软件可以统一管理，调度各种虚拟机，他们不需要关心运行服务器硬件之间的差异。因此，在云数据中心的操作和维护效率可以提高5倍以上（从几个10/到500/人）。

快速部署业务，更灵活支持业务发展。全球化、信息化的市场变化越来越快，因此要求企业IT系统能够更灵活地支持业务变化，云数据中心的IT设备已经形成了资源池，新业务IT资源应用只需通过电子模板制作在线应用，审批部门批准完成后，完全重组传统数据中心需要申请，批准，测量一系列复杂的过程。从原来的三个月的在线时间缩短到几天。

绿色节能。随着服务器利用率的增加，数据中心所需的服务器数量将大大减少，随着服务器所需的电量下降，基础设施中的其他插件的热负荷和功耗同时下降，此外，随着各种新型制冷技术的出现，如联动管理、冷冻水位空调、自然冷却技术、封闭冷热通道也可以有效降低数据中心冷却所需的能耗，这种多次下降显著降低了云数据中心的功耗量，传统数据中心 PUE（电源使用效率，数据中心能效指标的评估）一般为2.5～3.0，云数据中心可降至1.5或甚至更低。

我们可以看到云数据中心的出现，基本上解决了传统数据中心的问题。

小 M：云数据中心应该也是像分布式存储一样经历了几个发展阶段吧？

老师：是的，云计算技术自2006年以来迅速发展，与云管理、二级网络、MapReduce、IT设备集成架构、SDN、云存储、云数据中心等云相关技术将变得更加强大和简单。目前的云数据中心已经处于第三阶段，每个阶段的具体定义如下：

1. 第一阶段

自2006年以来，谷歌首先提出了云计算的概念，相关公司开始运用的云操作系统，在这一阶段，IT资源类型构成一个共享资源池，例如计算资源池、存储资源池和网络资源池，以实现IT设施的有效利用。服务的交付和使用模式指的是按需和容易（软件即服务（SaaS），软件即服务（SaaS），软件即服务（SAs），也称为"软性露营模式"，是一种面向服务的服务"）。云中的资源可以无限扩展到用户，并可以随时访问，按需、随时可用和按使用付费，此功能通常被称为使用IT基础设施，如水电等。

在此阶段，计算、存储和网络设备被虚拟化为共享资源池，然而这三种设备仍然是传统的形式，它们的部署，管理和维护仍然是分开的。

小 S：部署、管理、维护仍然是分离的，那种成本还是很高吧？

老师：是的，但随着不断的发展，很快进入新的发展阶段，现在我们一起来看一下。

2. 第二阶段

是的，在第一阶段，数据中心的建设是一个非常大的项目，因为计算、存储和网络设施仍然是分开的，并且建设和维护需求非常高和耗时，为了简化IT基础设施的建设和维护，从2009年起，基础设施技术的整合快速发展，其产品开发路径分为两个部分：

第一分支是为分支机构，中小企业。如数据中心的规模、性能要求不高，缺乏专业技术人员的场景，它预先集成了预装机柜、服务器、存储、网络设备等一些常用的办公应用，如文档、打印、即时通讯等软件，为用户提供一站式的微数据中心解决方案，包括提供综合运维管理软件，这使用户能够建立和维护更简单和更快的小型数据中心，用户可以在现场使用简单的安装和开机的IT服务。华为MicroDC可以在3小时内部署，其产品包括艾默生的SmartCabinet，华为的MicroDC，APC的lnfraStruXure等。此外，业界还出现了专门针对集成应用服务器的应用，如SAP的HANA一体机，但这一台机器通常不包括机柜等IT房间设备，它通常不是数据中心产品。

另一个分支是计算，存储和网络设备的深度集成，将计算、存储和网络的各种功能整合到一套全新的设备中，用于多功能、高密度、高性能和统一管理。本产品一般部署在大型数据中心，而不是上述小型数据中心，使大规模数据中心部署，管理更简单、更高效、缩短用户部署时间，降低用户运营成本，并通过云计算技术这种组合还使得IT利用率大大提高。目前业界主要厂商都推出了这种新的集成设备，代表产品有思科的UCS，华为的Fusion-Cube，IBM的最新Pure系列和惠普的C7000等。这一阶段的特点是新一代的IT基础设施，用于计算，网络和存储融合。

3. 第三阶段

在这一阶段，2013年推出的分布式云数据中心架构是主要特点，实现了数据中心之间的物理分散和逻辑统一，使数据中心之间的资源可以在一个统一的方式下优化整体效率，云数据中心的第三阶段是一个划时代的阶段，因为云数据中心的第一和第二阶段解决了单个数据中心内的问题，例如增加的IT设备利用率，简化部署和操作维护，单个云数据中心关系仍然与云之前相同，是孤立和零散的。第三阶段将有机地连接到各种云数据中心，实现整体运行和运维维护的统一，让用户彻底解决了痛点。

分布式云数据中心不再局限于单一的数据中心效率和用户体验，而是将多个数据中心作为一个有机整体，围绕跨数据中心管理，资源调度和灾难恢复设计，包括跨数据中心云资源迁移云操作系统、多数据中心统一资源管理和调度运维管理系统、二级超宽带网络和软件定义数据中心能力等。分布式云数据中心可以大大提高多个数据中心整体的效率和可靠性，为组用户降低50%以上的CAPEX和OPEX，并通过遵循用户的工作环境减少用户对迁移站点的访问及网络延迟，极大地增强了终端用户体验。

小S：老师，有没有比云数据中心更好的数据中心解决方案呢？

老师：分布式云数据中心是数据中心发展的必然趋势，云计算技术经过多年的发展已经成熟，虚拟化、云计算等安全技术的不断发展，并改善了云计算这个大环境，云计算对IT服务产生了巨大经济和社会效益，如按需使用IT服务，高效利用IT资源，绿色能源等，不仅美国、欧盟、日本等发达国家、亚洲、非洲、拉丁美洲等发展中国家也非常重视，如孟加拉国，老挝，赞比亚，马里等国家的国家数据中心纷纷建设，云计算大规模应用的技术条件和环境已经可用，云数据中心的建设已成为行业不可逆转的趋势。

然而，目前云数据中心技术仍有很大的发展空间，云数据中心技术仍然集中在解决单个数据中心内部的问题，随着全球化的发展，越来越多的集团公司需要在各地区建立分支机构，各地区，各级数据中心也建立起来，各级部委也建立了自己的数据中心，但目前许多数据中心之间仍然比较分散，管理上也存在相关问题，具体表现如下：

整体施工成本高。作为数据中心层面，站点数量，数据中心软件应用和物理计算和存储设备的耦合势必带来更高的端到端建设成本，而L1楼的房间电源，制冷，土木工程，安全性的投资成本相比L2层的IT基础设施投资成本较高，从而降低了整体数据中心建设的投资回报率而不是效率（ROI）。

管理复杂，运营成本高。由于不同级别的数据中心所承载的服务类型不同，软件和硬件系统的管理和维护需求以及灾难恢复的备份和恢复策略不尽相同，不利于统一数据中心基础架构资源的下拉和协调管理，同时，由于物理资源和应用的强耦合，在线部署、扩容和升级等生命周期管理操作将影响整个系统，导致数据中心的管理和维护复杂。

SLA（服务水平协议）提升了难度，数据中心级别过高，用户对数据中心应用程序的访问将不可避免地造成更大的延迟，特别是对于数据中心在分层结构中的应用程序，数据中心站点通过网络链接和级别过多，这增加了网络连接失败或网络拥塞的概率。同时，由于数据中心基础设施设备是按照应用的最大峰值流量需求进行容量和部署规划，缺乏业务漫游和业务热点改变的感知，最终客户接入的业务体验会更加困难。

小X：看来，单点的云数据中心方案都不能满足客户的需求啊？得从整个数据中心集群的架构入手，解决各个数据中心之间的协同运行、统一管理和调度问题，才能从整体上解决集团IT系统的利用率、管理效率和业务体验呀？

老师：你说得很好，分布式云数据中心（DC2）旨在解决这种整体数据格局的架构挑战，Gartner Consulting在2008年数据中心会议上预测，分散式数据中心将成为未来几年对企业数据中心影响最大的两种最具破坏性的技术之一，Gartner分析师Carl Claunch在他的演讲"影响数据中心的十大破坏性技术"中指出，数据中心将随着时间推移而扩展，而不是作为一个整体结构来构建，从技术上讲，分布式云数据中心技术将主要有以下几个方面的发展：

分布式建设模型和数据中心管理工具（DCIM）的重建和发展将成为核心控制点，由于电力、土地、网络等因素的影响，集团企业，政府机构在分区域建设数据中心将不可避免，数据中心之间的数据共享，灾难恢复已成为业界主要厂商关注的投资方向，而网络交换机厂商也在深入研究和开发数据

第五章
云数据中心

中心之间的技术之间的连通性，如第二层网络将分布数据中心建设提供强有力的支持，为了实现高效的管理，统一的智能的DCIM工具是必不可少的，实现分布式管理，通过使用一个或多个数据中心的3D模型模拟、统一管理基础设施组件移动、添加和更改、以及甚至包括调整服务器功耗、提高系统工具的效率等功能，数据中心管理自动化还包括统一管理、全生命周期自动化、自助服务、快速配置和部署、动态负载平衡等功能。

数据以集中管理的方式发展，可靠性作为未来数据中心容量的基础，集中数据管理和资源整合是各行业信息技术发展的实际需要，由于IT成本、复杂性高，或资源利用率低等原因，几乎所有此类型的公司都尝试整合和集中IT资源，并集中数据，以便于备份、冗余和控制，通过Web客户端服务器协议提供集中式应用程序将成为一种标准，这样可以更轻松地管理、更新和安装补丁，以消除安全漏洞，随着数据的集中，可靠性已成为当前数据中心建设的热点，在数据中心建设的初始阶段，应当建立可靠的灾难恢复计划，或者在不同地方建立灾害备份中心，传统的数据中心灾害备份技术主要集中在三个技术中心，但灾害备份中心建设投入巨大，年运维成本非常高，如果资源处于闲置状态，资源相当浪费，随着云计算技术的发展，双活，异地双活等数据中心灾难恢复技术已经成熟并开始规模应用。

未来的数据中心将更加注重能源的有效利用，成本效益的优化，IT设备、能源消耗只占数据中心能源消耗的30%，而制冷设备，能源消耗占50%至60%，其他如照明将占10%，快速的能源增长给环境控制，电力和冷却以及空间管理中的数据中心带来了巨大的压力。此外，在大多数情况下，房地产因素的成本也限制了IT占用（服务器机架占地面积）的扩大。因此，行业强调使用能源管理，绿色低碳技术和策略等方面。

小M：这种跨时代的、颠覆性的数据中心，能为客户带来前所未有的价值吗？

老师：那当然，根据我们的总结，主要体现在以下几个方面：

实现高效的IT治理。IT支持卓越的企业运营和持续业务创新是IT部门的核心地位，是首席信息官的关键职责，商业及全球化的快速发展导致了大规模、多服务、高度复杂和跨全球的IT系统的出现，分布式云数据中心的VDC通过为每个子公司提供VDC，打破了传统IT治理框架，提高了治理效率，并快速响应业务创新，VDC可以跨多个物理数据中心进行分区管理，其资源的子公司可以采取不同的控制策略进行独立的管理和控制，企业各部门可以根据业务需求申请VDC或多个VDC，每个VDC是隔离的或基于安全的，并且可以在部门中灵活地分配资源，如果资源不足，可以灵活扩展VDC，以获得更多的IT资源。

节省TCO（Owenership的总成本）。在分布式云数据中心架构中，数据中心规模越来越大，自动化程度越来越高，数据中心基础设施在中间件和应用软件上实现自动安装和配置，计算和存储资源，自动发现和即插即用，最大限度地减少了用于监视和故障管理的手动干预，通过统一管理和调度多个数据中心，数据中心维护成本可以减少一半或更多。

高体验和SLA保护。提供卓越的业务体验是关键的ITaaS能力，对于事务应用程序，如VDI应用程序、移动办公、UC通信、多媒体会议、高清视频点播、电子书阅读和下载等，事务应用程序对延时敏感的要求小于50ms或更短，这种类型的"在线应用"被部署为最靠近服务点PoP，并且当用户移动到另一个数据中心时，管理系统可以感测用户的位置，并自动将用户的办公环境迁移到最近的数据中心，这避免了太多的网络转发链路及由于业务经验的下降带来的带宽拥塞的随机性，"在线"应用程序的近端部署为用户提供了卓越的业务体验。

老师：今天的课程内容主要就是这些了，云数据中心的出现是大势使然，它不单是海量数据存储的发展方向，也是引领未来互联网发展大趋势的，在接下来的课程里面会给大家介绍分布式云数据中心提供的关键服务与关键技术。

(Tips：云计算是基于互联网的服务的增加，使用和交付模型，通常涉及通过因特网提供动态，容易扩展和经常虚拟化的资源。国家标准技术研究院（NIST）定义：云计算是一种按需付费模式，可为可配置的计算资源池提供可用，方便，按需的网络访问。包括网络，服务器，存储，应用程序，服务），其可以以最小的管理努力或与服务提供商的少量交互来快速提供[①]。XenSystem、以及在国外已经非常成熟的Intel和IBM，各种"云计算"应用服务正在扩大，影响也是无法估量的，随着云计算应用的不断深入，对大数据处理的需求不断扩大，用户对强大，高可用性的4路，8路服务器的需求速度显着，产品的年销量突破200%年。

5.3 分布式云数据中心架构系统平台

5.3.1 分布式云数据中心总体架构

老师：感谢各位同学能够准时回到"一问一答"小课堂。上一堂课我给大家介绍了云数据中心和它的发展变革，这堂课我们就先从云数据中心的总体架构讲起，分布式云数据中心架构逻辑上包含两类数据中心：策略与备份

---
① 邹复民等. 云计算研究与应用现状综述[J]. 福建工程学院学报，2013.06.

节点类数据中心和分布式业务节点类数据中心。

策略和备份节点数据中心负责功能：跨整个数据中心的统一管理、备份和全局数据共享；统一门户Portal提供对多个分布式数据中心基础架构资源以及全球灾难恢复和业务（如用户签名和认证数据，子网间结算数据，载体间结算数据等）；在线业务应用和IT应用主数据（如用户数据），基于数据和历史数据，以及依靠这些数据进行初步BI分析和挖掘平台和应用逻辑；加快数据访问，分布式节点数据中心将缓存频繁访问策略和备份节点实现共享数据镜像，并将策略和备份节点的数据更改同步到分布式节点。

分布式服务节点类数据中心负责托管在线运营商应用以及在线内部IT办公自动化和ERP／CRM／SCM／PLM／HRM类等应用，支持各种中间件应用程序（数据库，Web框架，SDP等），读取和写入访问所需的系统配置数据，用户订阅数据以及诸如个人邮箱、电子书、照片、视频、博客内容等的用户媒体类数据，同时策略和备份节点数据中心和分布式服务节点数据中心可以物理上分离。

面向服务的虚拟数据中心，可用于承载业务平台。VDC是一个独立的实体，并有自己的管理系统，自己的IP地址管理，自己的网络通信，物理DC资源可以由多个VDC共享，并且如果在多个物理DC之间存在某种联合关系，则多个DC可以实现跨越。

由于物理数据中心的分布式部署和DC之间的"联合功能"，这里我们介绍"域"的概念，域是一组具有相同治理模型的物理DC，它们涵盖组织、流程和技术等，是域域所有者。虽然物理DC的数量和类型由域所有者处理和管理，但是"域"可以具有属于一个或多个企业组织的一个或多个VDC。因此，分布式云数据中心可以定义为Domain、DC、VDC等不同层次，每个级别都有自己的管理功能，但它们之间存在层次关系，其服务平台需要部署在VDC上，分布式云数据中心的总体架构大概就是这样。

小S：那这样的数据中心与传统数据中心是一样的部署吗，老师？

老师：分布式云数据中心优化数据部署，用户访问位置感知和资源全局调度，以确保为用户提供卓越的业务体验，同时支持多层业务灾难恢复解决方案，以确保业务连续性并提供SLA保证的云服务。

第一个是热数据的近似计算和冷数据的存储。由于数据中心之间的带宽通常比数据中心中的带宽大10到1000倍，对于需要由计算节点频繁访问的在线数据（热数据）的集群，该集群原则上被计算为热数据，运营商的存储集群应在近端部署中实现更好的性能，否则，可大大降低在线应用的性能。

对于离线类，不经常访问冷数据，例如企业备份数据、业务和操作日志数据、票据和统计数据等。数据存储和计算可以远程解耦，数据可以视为集

中存储,实现大规模集中部署,集中部署为大数据分析挖掘数据值提供了极好的条件。

分布式云数据中心基于数据的冷热、属性、战略部署数据,可以实现数据访问性能,存储成本优化,并最大限度地利用数据价值。

小M:数据中心的访问速度是很重要的指标吧,在云数据中心的部署上有没有什么不一样的地方呢?

老师:对,最佳业务体验对于云数据中心来说非常重要,通常使用两种方式来保障这一点:

1. 最近访问

云服务延迟了用户业务体验的影响,分布式云数据中心遵循接近接入的原则,尽可能从接入点到数据中心聚合接入传输延迟和带宽消耗,一般原则是确保其小于50ms的延迟,默认情况下,在离用户最近的数据中心中分发包括系统镜像、应用镜像、服务提供、用户签名、用户私有数据和媒体数据的所有"业务应用"和"IT应用"的在线处理数据。

2. 统一资源请求路由

每个数据中心内的计算、存储和网络资源在逻辑上属于相同的"数据中心资源池"或"逻辑资源池",同一逻辑资源池中的所有数据中心可以从本地门户或全局门户接收资源请求,并支持将资源请求智能路由到数据中心,确保根据预设,为策略选择最合适的数据中心政策,提供所需的虚拟机物理资源服务。

老师:同时,我们也应该想到,要给用户好的业务体验,除了速度以外,连续性也是一个非常重要的指标。

小S:那连续性是怎么保障的呢?

老师:这个也是分两种情况:

1. 数据中心内业务连续性

分布式云数据中心在数据中心提供以下业务连续性机制:物理机FT(FaulTTorelance,实时热备份故障冗余)保持主机和备机运行镜像同步,以实现零中断服务,HA是基于共享存储,当主机关闭时,备份计算机根据备用节点中的心跳机制启动并替换主机的外部服务。

2. 跨数据中心业务连续性

实时部署。如果传输距离小于300KM,并且有专用光纤带宽,以保证数据中心传输延迟小于5ms,则DC2可以是归入同一个"实时多数据中心"的数据中心的数量,实现数据中心之间的实时I/O同步,在这种统一的"多活灾备池"中,使得在站点故障后,池互相支持站点可以立即接管,对于城市之间的300KM以上的数据中心,如果同步需要带宽和延迟可以满足特定的业

第五章
云数据中心

务需求，也可以是多实时灾难恢复部署。

异步灾难恢复。分布式云数据中心默认采用异步容灾模式，即部署在异地数据中心的特定应用之间，在这种情况下，远程城市的数据中心的传输距离大于300KM，不能保证带宽和传输延迟，同时保持一定时间的数据同步，虽然同步不能保证实时的一致性，但是要保证灾备站点在最后一个周期之前的快照点数据一致性出现故障，当其中一个数据中心故障时，灾难恢复数据中心的接管应用程序可以继续在最近的快照点提供服务，以确保业务连续性。

小X：但是不管是业务体验还是连续性，都是要给用户提供服务才有价值呢？

老师：是的，提供服务是数据中心的存在目的和价值，按需提供服务是云计算诞生的源动力。我们接着给大家介绍云计算数据中心是如何提供服务的。

云计算IaaS，PaaS和SaaS的兴起，都是业界热炒的，它们都是由数据中心系统的一部分提供的单一服务，服务的内容有限，随着行业服务需求的不断提高，企业客户不仅对IT服务的资源满意，而且希望从管理、平台、IT资源、基础设施、端到端服务做到满意，企业做到这一点可以更敏捷灵活面对激烈、快速变化的市场竞争。因此，为了适应灵活的业务部署，分布式云数据中心实现了更灵活的数据中心服务模式：运营数据中心，即DCaaS（数据中心即服务），它是云计算技术，数据中心基础设施的各种能力被抽象成可计量的服务，同时也可实现多个外部或内部客户提供端到端IT服务，如VDC业务，备份服务，快照服务等。

微数据中心（如华为MicroDC）提供集成机柜、集成计算、集成网络为目的的DCaaS微数据中心是一个程序，集成机柜是包含冷却、静音、监控、传感器、UPS、电池、指纹识别等整体交付的整个机柜技术，集成计算指的是以更低的成本使用虚拟化和分布式存储计算，提供灵活的计算和存储资源，集成网络是路由器、交换机、防火墙、互联网等行为管理的集成，集成了各种网络特性，微数据中心将三个以上的组合形成一个模块化程序，为客户提供整个数据中心的功能，用户可以实现按需数据中心功能，按需扩容（只需添加部件或机柜），它可以大大降低硬件类型的设备，解决硬件产品太多，降低复杂性，减少备件投资。

小M：那么DCaaS包含什么样的内容啊？

老师：分布式云数据中心DCaaS提供数据中心基础架构功能所需的所有服务，包括IaaS（基础架构即服务）、PaaS（平台即服务）、SaaS（软件即服务）、NaaS（网络即服务）管理即服务）、FaaS（基础设施即服务）和许多其他不同级别的服务类型。

除了 DCaaS，IaaS（基础架构作为 Serive）是最常见、最基本的服务，包括计算作为服务和存储类别，其计算平台提供以下不同服务：x86 物理主机服务、提供 x86 架构的不同规格的物理主机资源；VM 虚拟机服务，资源池提供不同规格的 CPU，内存，存储和操作系统类型；单独的物理主机，如 IBM 大型机。

存储即服务存储平台以下不同方式提供服务：SAN 存储服务、提供块存储 SAN 服务，包括 IP SAN NaaS（网络作为服务器），通过网络虚拟化、安全设备虚拟化、SDN 等。同时各种用户具有以下不同的网络服务方式：

公网/私网 IP 地址服务。向任何主机（物理主机或虚拟主机）提供公共或私有 IP 地址服务，同一公共 IP 地址不能由两个或更多服务共享。

带宽服务。带宽服务为用户的虚拟主机/物理主机提供网络访问服务，带宽服务仅用于公共网络流量，用户申请公网 IP 资源后，可以应用带宽资源并与公网 IP 关联，当公共 IP 地址绑定到虚拟主机/物理主机时，虚拟主机/物理主机获得与公共 IP 地址相关联的带宽，当公共网络 IP 被取消时，与其相关联的带宽也被取消，该服务不是独立存在的，而是依靠公网 IP 资源池提供分配的带宽。

虚拟防火墙服务。资源池提供了通过物理防火墙虚拟化多个虚拟实例的虚拟防火墙，每个用户具有完全隔离的实例设备。

负载平衡服务。弹性负载平衡为用户的虚拟主机/物理主机提供负载均衡服务，以向多个虚拟主机/物理主机共享访问请求，从而提高用户系统的服务处理能力。

自动网络配置服务。资源池管理员收到网络配置业务请求后，将网络设备的配置信息分发给不同的网络设备，实现自动网络配置业务，如配置 VLAN、私网 IP 地址等。

入侵检测服务。入侵检测服务为网络设备和客户端的应用程序提供网络入侵检测服务。它实时检查和警告典型的网络攻击，以提高网络设备和应用系统的安全性。同时，它记录可疑的访问操作，可以在跟踪分析发生时提供有效的安全事件日志。

流量过滤服务。流量过滤业务为用户的网络设备和应用提供异常流量过滤业务。它过滤损害网络可用性的攻击流量，例如 DDOS 攻击，并提高客户端系统的安全性。

Web 应用程序保护服务。Web 应用保护服务为用户的网站系统提供防篡改服务，实时监控 Web 服务器的访问流程，识别和过滤对 Web 服务器的攻击，防止网页被非法篡改，自动屏蔽非法页面和页面自动恢复，提高客户网站安全性。

漏洞扫描服务。漏洞扫描服务为在用户帐户中具有内部网络IP地址和公共网络IP地址的虚拟机提供安全扫描服务，周期性地向虚拟机提供安全扫描。

VPN服务。其中包括DC和用户接入VPN服务、FC SAN架构及云存储服务，并提供基于x86的分布式对象存储服务。

小M：还有其他的方式吗？

老师：MaaS（Management as a Serive，管理即服务）通过分布式云数据中心强大的运维管理系统，实现多数据中心资源（包括应用，IT基础设施和机房）的统一管理，这不仅大大提高了数据中心对云数据中心管理的效率，而且通过灵活的权力分离和自助服务功能，VDC用户（如各级从属部门，各种VDC租户，IDC用户等）在授权范围内自由地管理和操作他们自己的VDC，即向租户提供管理服务。因此，MaaS是分布式云数据中心的一个组成部分，MaaS需要的主要功能如下：

分散域。用户只能在权限范围内管理自己的资源，以确保其他租户不影响其他用户的使用，以确保数据安全。

多数据中心统一管理能力。在分布式云数据中心中，在不同区域通常有不同的数据中心，为了提高操作和维护的效率，多个数据中心的统一管理是一个先决条件，在该技术中，可以使用VXLAN或IP网关来实现。

云和非云统一管理，异构云操作系统。因为目前在数据中心流行的是云和非云，这两种系统长时间（目前行业预测大约是10年）共存，而在数据中心内部通常存在各种云操作系统，为了提高管理效率和满足VDC租户的要求，云和非云，异构云操作系统应该以统一的方式管理。

老师：还有FaaS（Facility as a Serive，基础设施即服务）通过模块化的建设模式，可向用户提供机房空间、机柜等基础设施资源的按需服务。其实传统IDC产业中也有类似的基础设施服务，在分布式云数据中心中不同的是采用模块化机房，部署效率更高（通常可在到货1～2周完成部署），业务扩展更方便快捷。模块化机房建设通常有如下两种方式：

机房内：模块化机房集成了电源、散热、IT设备和管理组件，通过集成机柜、配电、冷却、监控、集成布线和防火系统，实现新一代数据中心房的快速部署，当扩展室可以简单增加模块化IT机柜时，当房间达到满时，可以添加新的模块化房间，所以你可以根据当前的投资业务量，从而降低投资门槛，缩短投资时间。

机房外：一般存在以集装箱形式，行业统称集装箱数据中心，集装箱数据中心最大的优点是可以现场工作，而且运动方便，可以由卡车带走，当数据中心较小时，集装箱数据中心可以在同一个集装箱中提供电力，制冷和IT设备。当数据中心扩展时，可以简单地增加容器中的IT机柜，如果需要大规模，对于集装箱，即一个特殊的电源箱，冷却箱和IT箱，电源箱和冷却箱可以是多个用于电源和冷却的IT箱。

PaaS（平台即服务）和SaaS（软件即服务）业务不是分布式云数据中心相关内容，我不在这里描述。

老师：今天的课程内容主要就是这些了，我们给大家介绍了分布式云数据中心的总体架构、其实现最佳业务体验所需的技术、及其各种服务。在下一次课里面，我们将给大家介绍如何操作这些数据中心——数据中心云操作平台。

5.3.2 数据中心云操作系统

老师：感谢各位同学能够准时回到"一问一答"小课堂，上一堂课我给大家介绍了云数据中心的总体架构，这堂课我们要给大家介绍服务中最核心的技术——云操作系统，或者叫做虚拟化操作系统。

小M：云操作系统也和我们电脑上的操作系统一样，是管理软硬件资源的程序吗？

老师：恩，操作系统是用户和计算机之间的接口，也是计算机硬件和其他软件接口，操作系统的功能包括管理计算机系统的硬件、软件和数据资源，控制程序的操作、改进人机接口、提供对其他应用的支持、最大化计算机系统的所有资源、提供各种形式的用户界面、使用户拥有良好的工作环境，为其他软件的开发提供必要的服务和相应的接口。操作系统管理计算机硬件资源，而资源按照应用程序请求，进行资源分配，如：划分CPU时间、内存空间开发、调用打印机等。

云操作系统将通过虚拟化软件将各个计算和存储硬件分离，形成资源池，为用户提供按需使用的服务模型，IaaS云计算是最基本和最成熟的服务类型，IaaS指的是消费者通过互联网（互联网）可以获得完整的计算机基础设施服务，包括处理、存储等基本计算资源，在IaaS中，核心技术是云操作系统，或称为虚拟化操作系统[1]。

老师：我们今天先来给大家介绍下云操作系统为IT基础设施交付模式与商业模式的变革带来的契机。

运营商和企业面临以下主要挑战，以通过引入云计算升级其IT基础架构和业务应用平台，降低TCO并提高核心业务部署和运营效率的核心价值：将

---

[1] 袁泽凯. 云计算服务定价问题研究[D]. 江苏科技大学，2014.04.

第五章
云数据中心

分布式、多厂商异构基础架构资源提供给云服务提供消费，同时不同的应用也将基础架构资源完全不同的需求；Vendor-Lock-In 避免了 Vendor-Lock-In 的问题，但是使得数据中心不同制造商的服务器、存储、网络和安全硬件从 Unix 到 Linux 到 Windows 的操作系统共存不可避免，这大大增加了云服务抽象和统一的难度，而不同应用所需的云服务能力（如灾难恢复，备份要求）也不同。

小S：如何在云平台的分阶段建设中为企业创造业务价值呢？

不同的企业数据中心建设模式不同，新的数据中心可以重新规划，使用新的想法可以更有效的施工，但是已经运行了多年，正在为数据中心服务，不能说转型云的转型带来的服务的价值无论多么好，而且还需要在现有建筑的基础上逐步转变建造，在逐步转型的过程中如何满足当前的业务需求，同时也是为了保护数据中心的持续演进，云建设必须应对挑战。

在面临商业和技术挑战的情况下，多个供应商如何能够完美集成到云服务中，这是一关键问题，由于IT基础架构资源池的大粒度和统一控制，用于数据中心建设的基于云的基础架构将不可避免地面临如何有效解决云服务产品和解决方案供应商的问题，即供应商锁定问题，云服务中的多厂商协作是数据中心转型的开始，云数据建设应在问题开始时采取预防措施。

OpenStack 项目涉及 87 个国家近 200 个组织（2013年5月），为所有类型的公有云和私有云提供开源云计算操作系统，致力于构建开放云计算平台标准，OpenStack 独立于任何企业，开源社区坚持完全透明的管理、设计和开发，基于开放 API 和完全解耦的模块化系统架构设计思路，使 OpenStack 系统架构具有非常好的开放性和兼容性，从结束不同结构物理硬件到异构虚拟化平台，各种上层应用都完全开放。

OpenStack 开放标准接口构建互连，核心组件和应用独立开发云计算生态系统，使运营商能够最大化来避免风险，计算、存储、网络和虚拟化平台层次化采购，构建和集成的模式演变为 OpenStack 开放式 API 云总线互连，这将使云计算平台构建交付模式和业务模式变化带来机遇。

小S：大家都支持接入 OpenStack 吗？

老师：目前 IT 产业链几乎所有制造商的硬件和虚拟化都支持访问 OpenStack，OpenStack 本身具有从硬件基础设施到虚拟化和应用程序的开放兼容性，目前的数据中心可以进行分布式、异构资源统一的云的转型处理。

当数据中心需要云转型和扩展时，用户不需要担心购买计算资源，如存储网络安全或虚拟基础设施供应商锁定等问题，应用程序可以关注底层物理资源和虚拟化基础设施，也可以透明地部署在 OpenStack 云总线的资源池上。

此外，没有必要担心 OpenStack 平台供应商/集成商/服务提供商的供应商锁定问题，因为它是在数据中心逐步构建和扩展的，因为标准的OpenStack API总线在扩展时，选择符合OpenStack标准接口的第三方供应商的云产品和服务，只要第三方供应商的云产品连接到OpenStack总线，就可以完成云资源和统一运营的统一操作和维护，通过OpenStack云总线的专业技术能力公开不同供应商之间的知识，可以继承和重用。

此外，对于跨数据中心的基础设施，可通过OpenStack云总线上的标准OpenStack API实现一站式存储和网络密集型黑盒子模式传输，在管理层通过OpenStack云总线实现高度集中化，软件战略对数据中心基础设施进行统一定义，基础设施分布到数据中心周围，因此不需要复杂的维护管理和集成，只需要有限的知识来维护和管理基础设施，它基于一盒数据中心的建设和扩展模式，它可以实现一站式包装交付和模块化数据中心，大大简化了预算、采购、规划、交付、部署、管理和维护。构建和扩展周期从几个月到几个小时，以最大限度地提高数据中心基础设施（计算，存储，网络）异构调度的构建，运营和管理的复杂性和OPEX开销成本。

无论是新的还是扩展，基于OpenStack的一体化都可以将数据中心带入构建标准的梦想，OpenStack是完全基于标准的、开放的、完全从应用程序到硬件基础设施的解耦，用户不需要从单一供应商处购买IT设施，可以购买现有供应商或第三方供应商来满足OpenStack标准接口，这不仅简化了施工模式，降低了能耗和OPEX，更不用担心供应商锁定问题，OpenStack云总线可以完美地解决多厂商集成和互操作性问题，可以实现统一的多基于OpenStack的IT基础架构，统一管理和部署资源池，最大限度地利用IT基础架构资源，降低运营，降低能源和维护成本，更有效地应对高峰业务的影响，提高业务质量（服务连接率）。

OpenStack插件异构物理和虚拟基础架构，通过OpenStack的横向和纵向可扩展性业务扩展、OpenStack标准接口到云总线、OpenStack云总线实现一站式一体机黑盒模式建设数据中心，云计算平台不仅解决了多厂商协作，而且完全解决了厂商锁定问题，我们认为OpenStack是开放兼容和标准化的，将为云计算交付模型和业务模式变化带来机遇。

小X：这种云计算平台有长期的可持续发展的生命力吗？

老师：OpenStack是云计算最受欢迎的开源社区，无论服务器、存储和网络硬件厂商、虚拟化平台厂商、甚至上游和下游软件开发商，从专业技术人员，顾问和服务专家到基于OpenStack的产品，解决方案和应用程序，系统集成服务，都在蓬勃发展持续健康发展，拥有最好的可用完整的产业链，运营商云平台的良好生态系统提供了强大的可持续发展保证。

作为分布式云数据中心的核心，云操作系统定位于实现多厂商异构计算，存储和网络安全资源池的虚拟化，自动化和云服务的横向集成，基于OpenStack的具有异构物理和虚拟化资源能力的云操作系统及其相关的集成咨询服务，帮助企业和运营商将其现有的IT基础设施转变为"云"和"智能"现有的异构计算、存储、网络虚拟化软件资源、大规模资源池，有效降低企业IT基础架构TCO，增强核心业务应用部署和生命周期管理敏捷性。"横向整合"的总体目标主要是在资源利用的前提下，使现有的IT基础设施资源调度和管理效率得到提高及挖掘的潜力。

小X：在这样的操作系统下采用什么样的系统来实现海量数据的存储呢？

老师：云管理系统可将离散的异构资源转化为统一的资源池，通过单一门户，异构虚拟化基础架构/ HyperVisor对所有硬件和软件资源进行集中管理，并可自动发现这些资源，自动配置，统一监控，它使用单板（物理服务器）来访问系统，从发现到加入资源池管理的整个过程是自动完成的。

云管理系统集中服务交付和维护，实现一键分区，自动部署必要的组织资源，并提供分散的子域灵活，全面的安全管理，通过资源池集成，云管理智能调度，可以平衡不同应用之间使用的资源，动态能源管理，通过虚拟机迁移实现资源自由的智能能源管理，应用程序部署是模板化、图形化和自动化的，基于应用程序模板实现应用程序的一键自动部署、图形拖放业务模板设计、以所需要的方式设计业务部署模板等，减少了业务部署设计的难度。

企业通用应用模板开箱即用：系统预集成企业通用基本应用部署模块，提供开箱即用的IT服务。

全自动化业务部署/卸载模式：一键部署业务，可以快速实现企业IT服务和资源回收的发布。

基于策略的资源弹性：可以通过弹性和可扩展的组及可扩展的策略，实现应用程序资源的灵活恢复能力和可扩展性，从而提高IT对服务的响应能力。

云管理系统集成了华为IT专家的经验，集中可扩展，统一基础设施的运维，实现多厂商存储、服务器、交换机监控、拓扑、告警、日志、容量、设备的统一维护状态，进行资源和非云资源统一管理，通过图形界面识别系统漏洞，实现快速定位故障，快速恢复业务等功能。

小M：那么云操作系统主要用在哪些什么地方呢？

老师：云操作系统的典型应用场景有这样一些：数据中心云化、新建分支机构及二线数据中心、运营商的IDC托管等。接下来我们一个一个来看：

1. 数据中心云

目前，如何打破数据中心与数据中心之间资源共享的瓶颈，提高数据中心的平均资源利用率，降低能耗，缩短业务上线时间是运营商关注的核心问题，运营商可以使用基于OpenStack的云操作系统来整合数据中心内的服务器、存储和网络等资源，将物理机应用程序迁移到基于标准化 OVF 格式的虚拟机，并集成基于 OpenStack 开放架构的异构物理设备和异构虚拟化平台；基于大粒度存储虚拟化，技术虚拟化和现有异构存储设备的池化，并基于业务 SLA 虚拟化存储资源管理和调度；基于 VXLAN 和 SDN 堆叠虚拟网络，不改变现有网络，实现服务器虚拟化和网络自动化联动配置；标准化接口可以灵活集成第三方软硬件厂商实现数据中心集成；基于云的操作系统跨数据中心资源调度能力跨多个地理数据中心将逻辑上呈现为统一的数据中心，构建在分布式云数据中心架构中，实现运营商的数据中心用户体验优化和 TCO 最小化。

2. 新建分支和二级数据中心建设

云操作系统的灵活架构不仅适用于大型数据中心，还适用于分支机构和第二层数据中心，在提供高性能和高安全性的基础上，通过整机的预安装和预配置将数据中心的建设周期缩短到小时级，该分支可以由集团通过 OpenStack 标准接口无人值守和集中管理，运营商使用基于云的微数据中心解决方案快速部署分支机构和第二层数据中心，利用基于 OpenStack 的大数据中心 API，微数据中心可以在分布式云数据中心访问 OpenStack 云总线，参与资源的统一调度，统一运行和维护操作，为运营商的数据中心建设带来很大的灵活性。

3. 运营商的 IDC 托管

如何找到新的业务增长点是运营商 IDC 部门面临的主要挑战之一，基于 OpenStack 云操作系统，电信运营商 IDC 为个人和企业提供的 IaaS 服务包括创新服务，如虚拟服务器、企业私有云、虚拟数据中心、应用托管、云备份和灾难恢复、以及 SAAS 等，IDC 为行业运用创造了广泛的收入来源。运营商首先使用基于 OpenStack 的云操作系统，将现有的 IT 基础设施、异构服务、存储和网络设备、虚拟化应用程序迁移到云操作系统，基于 OpenStack 的开放架构和 API 是一个强大的机制支持，以保护运营商现有的数据中心，还能快速提供云服务。随着业务的发展，运营商可以利用一体机的集成，如华为的 FusionCube，实现云数据中心的快速扩展，保护运营商数据中心云服务的敏捷和可持续发展。

老师：今天的课程主要就是这些内容了，理解了分布式云数据中心的总体架构以后，我们接着会给大家介绍云数据中心的运营管理方案，然后我们关于数据中心的介绍就结束了。

5.4 运维管理方案

老师：感谢各位同学能够准时回到"一问一答"小课堂，上一堂课我们

第五章
云数据中心

大家了解了分布式云数据中心的总体架构，这堂课我们主要给大家介绍数据中心的管理运营方案，运营管理主要是出租各种数据中心资源给用户，提供工具以实现最终用户按需使用各种资源。

首先，我将向大家介绍一般操作服务平台的技术架构，一般来说，运营和服务平台包括以下级别：

客户自助管理系统：用于为客户提供订阅资源的管理，包括用户管理、信息查询（合同，订单，费用等）、资源部署、资源状态监控。

Web访问层：用于提供用户访问功能，包括表单和页组管理、数据分析、服务接口、安全管理的具体特点。

服务管理和操作层：用于实施特定的业务管理和操作流程和功能，此解决方案中需要实施的流程和功能包括客户管理、服务目录、服务水平管理、计费管理、、合同管理、订单管理、价格管理和资源管理、故障管理、投诉管理、知识管理。

对象处理层：为各种业务管理和操作流程的后台逻辑分析和处理，提供具体功能包括流程引擎、数据管理、访问控制、集成接口、配置管理、定制开发。

数据存储层：用于存储各种数据的IT服务管理，包括虚拟数据服务的具体特性。

业务管理平台可以通过接口实现与业务支撑平台的集成，实现对业务的信息共享和IT支持，实现与邮件系统、短信系统、BOSS和4A系统的集成，信息发送将及时通知，相关人员，以及BOSS和4A系统同步业务和管理数据。

小S：这些东西用户怎么操作啊？

老师：由用户自助Portal和管理Portal组成了门户系统，它们分别面向用户和运营管理人员提供操作界面：

1. 用户自助门户

用户自助服务门户通过网页方式，为终端用户提供统一的业务订单和自助业务操作界面，用户可以通过自助功能界面完成业务操作，包括用户注册和注销、帐号和密码管理（支持图片认证码）、登录、用户信息更改、查询服务目录、订单操作、资源操作、在线客户服务、网站地图等功能。用户还可以通过门户功能界面提供业务，实现产品目录查询、产品订购、取消订阅、更改等功能。

2. 管理门户

运营管理门户可分为业务运营平台和客户服务平台，为运营管理/客户服务人员提供统一的管理接口，操作管理人员可以通过业务操作平台完成业务操作，包括用户管理（包括分销商管理）、业务管理、资源模板管理、视图和输出统计报告、资源监控、记录信息输入和查询、计费参数设置、会计参数设置等。客户服务人员通过客户服务平台完成在线客户服务、知识库查询等操作。

小X：如果我们需要建立这样的运维管理系统，需要怎么做呀？

老师：操作维护管理系统以服务管理为核心，以性能管理，数据库监控，网络流量分析，应用响应时间监控和应用监控分析为支撑子系统，为用户实现基于SLA的高效操作和维护，分布式云数据中心管理程序的运行和维护主要包括以下几个方面：

1. 业务服务管理

业务服务管理系统，集成了客户IT监控功能，并提供关键业务服务的360度可用性和性能视图。帮助客户：快速找到并找到修复程序以服务质量和可用性问题；主动控制性能风险，防止问题发生；降低IT支持时间的效率和IT成本；基于集成平台的开放接口，可以停靠IBM Tivoli，HP OpenView等第三方监控系统；基于动态服务模型，服务性能和资源性能的拓扑；输出服务SLA，健康和绩效风险报告；事件和警报对服务性能影响和根本原因分析。

2. 应用响应时间监控

应用程序响应时间是用户体验的重要指标，应用程序响应时间监控有助于监控和分析各种应用程序及其服务器的性能和SLA，以确保用户体验和满意度。具体功能包括：

监控所有应用的响应时间性能，区分网络和服务器性能，以及为客户性能确定IP地址；

监控基于Web的应用程序的SLA，业务级别事务的端到端性能以及用户ID标识的客户体验；

监控云管理节点控制协议（REST / SOAP）并控制服务器的性能；

监控云应用程序服务器的性能，如Java / .NET应用程序服务器性能，应用程序组件性能，后端组件（数据库，Web服务等）；

监控服务器配置，支持各种版本的服务器，支持集群满足大规模应用程序监控。

3. 网络流量分析

网络流量分析功能主要包括以下几个方面：网络拓扑自动发现；监控网络拓扑，网络设备及服务器设备；网络流量，趋势和容量预测的基线计算；网络流量分析。

4. 绩效管理

绩效性能管理需要对各种数据中心设备进行全面的性能监控，包括以下领域：

监控操作系统性能。使用安装在主机操作系统中的SNMP代理，可以获取性能计数器值，并执行相应的性能管理，例如历史性能统计、基线生成、阈值报警、基线动态报警和性能报告生成。

监视中间件性能。监控应用程序中间件J2EE应用程序服务器（weblogic、webSphere、Oracle IAS、Tomcat、JBOSS、SunONE等）性能、NET中间件，监视类似MQSeries消息中间件，监视Tuxedo、CICS等事务中间件。

监视虚拟化环境的拓扑、CPU、内存、I/O、网络、磁盘状态和性能。

5．数据库监控

数据库的硬件和软件性能的全方位监控和分析，包括：可以自动发现数据库，并自动监控；由于性能数据依赖于与数据库的交互，因此有必要监视操作系统和I/O活动，包括数据库内部配置、状态、SQL捕获、CPU利用率、内存利用率和I/O访问；实时和历史数据库监控、诊断、处理和综合性能管理；提供实时和历史分析，总结性能趋势和诊断信息，以确保快速解决问题的能力；关键性能指标可以分组和总结，用户可以快速发现性能异常，趋势和约束。如想进一步了解，也可以直接钻取访问的性能扫描和统计数据。

小M：老师，可以把各个部分讲得更细点吗？

老师：我们描述了数据中心基础架构监控解决方案的各个组件，从业务服务管理开始，业务服务管理系统应该能够跨主机系统、客户/服务器系统、工作组应用程序、企业网络、互联网/内联网，实现端到端管理软件产品服务。同时，业务服务管理系统是一个灵活开放，完全集成的产品套件，它可以与所有的计算资源配合使用，使客户能够使用业务服务管理系统实现对客户应用的管理，解决挑战应用程序管理。

用户可以在基于图形界面，基于策略，易于集成、易于扩展和易于定制的集中式控制台上实施全面的系统管理，在用户看来，这种管理模式已经完全屏蔽了不同平台的技术细节，用户不再关心技术本身，而是用户和应用的重要利益，可以说业务服务管理系统解决方案是用于业务应用程序。

业务服务管理系统通过创新，智能的业务建模，分析和根本原因提高服务的可预测性，质量和效率，它分析来自许多数据源的数据，计算IT服务的质量和风险，并通过灵活的服务仪表板为企业提供实时和历史数据。

业务服务管理系统统一来自所有域管理器的健康和可用性数据，整合IT服务和业务战略，该系统引入了新的服务管理层，并通过开放和可扩展的集成框架，利用现有管理技术投资的价值，同时业务服务管理系统支持第三方应用程序，此外，用户可以添加自定义集成模块以进一步扩展解决方案。

小M：业务服务管理系统主要有哪些功能？

老师：业务服务管理系统主要有以下部分功能：

1. 创新、智能服务建模

服务建模是服务质量和风险管理的基础，可简化和促进端到端、实时、统一的服务模型构建任务，智能服务建模可以从直接管理基础架构和应用程序的IT工具以及配置管理数据库（包括其创建的整个服务模型）导入IT组件（即基础架构配置项，应用程序和事务）。

2. 服务的影响和风险分析

它是指基于服务模型组件状态或服务模型结构本身的影响分析，它可以提高服务交付质量，并进行风险的动态计算，组件状态由底层域管理器（即，网络，数据库，系统和应用程序性能管理工具）监视，然后状态信息由业务服务管理系统使用，并且分析其根本确定服务质量和服务交付风险影响的原因来源。

3. 服务质量

服务质量是指IT服务的消费者（客户或最终用户）的质量水平。

4. 服务风险

服务风险是指为支持业务目标而提供的服务的总体风险，风险增加的示例可能是冗余网络服务器故障或数据库集群故障转移，业务服务管理系统具有区分和分析所接收的报警类型的质量和风险影响的能力，组件的状态由域管理器监视，例如网络、数据库、系统和应用程序性能管理工具。状态和报警信息传递到业务服务管理系统，业务服务管理系统使用根本原因分析来识别服务提供的降级来源，例如服务质量和风险。

5. 基于SOA的集成架构

主要用于基础设施、应用程序性能管理、工作负载、安全性、合规性和服务台管理的现成集成，以及具有现成集成的第三方IT管理产品，此外，它还提供了一个集成的SDK（软件开发工具包）用于自定义集成。

基于角色的服务仪表板和服务控制台。业务服务管理系统提供统一的中央控制台，相关的域报警和资源服务、告警影响的业务数量、告警状态对业务的影响、、业务告警情况的影响等。用户可以确认、分配、注释和清除警报，并可以发送通知消息以触发升级的策略，例如生成故障单，发送电子邮件或调用自定义脚本。

老师：行业经验表明，如果IT运行都是传统的模式，IT人员将花费80%的工作时间来寻找导致基础架构问题的原因，而主动性能管理系统能够帮助夺回这些被浪费的时间，并提供统一的观点，集中管理用户的整个异构架构。

小S：主动式管理模式是怎么夺回这些被浪费的时间啊？

老师：在主动管理模式下，系统可以实时监控业务应用的性能体验（如响应速度，成功率等），一旦用户遇到异常访问体验，系统将向管理员发送早期警告，并执行对请求的端到端执行的实时跟踪，以快速定位和分析性能问题的原因，接口帮助管理者准确地确定问题的责任，第一时间问题向相关技术部门、负责部门（如网络主机管理，数据库管理，应用开发等部门和人员）请求解决，从而增强应用管理效率，确保整个应用程序和用户访问体验的成功率。

这从根本上避免了传统的管理模式在用户性能上的问题，管理者不能发现问题和定位问题，网络性能管理器提供主动和实时分析，统一和自动化多层供应商、多技术网络、与其他网络、系统、数据库，应用程序管理得出综合解决方案，提供多供应商和多技术基础设施的主动服务，以确保高水平的有效性。

性能管理工具通过SNMP轮询或导入外部元素及其他网络管理系统来接收性能信息，它还通过SNMP陷阱接收有关网络设备的信息，性能和故障信息存储在数据库中以进行长期分析，并及时传递到报告引擎进行处理，这些引擎提供竞争特征的"标准化"数据，统一的出现以向用户提供信息，同时性能管理工具需要具有良好的兼容性。

性能管理工具允许操作员进行设备管理，并可以把系统和应用划分成不同的逻辑组，以更准确地反映被管理环境的情况，分组可以反映受管设备的地理分布，设备和用户特定的关系，还可以聚合一些特殊类型的设备，它可以根据预定义的要求或用户的即时需求提交报告，不仅针对特定设备，还针对组，报告可以包括关于特定性能指标的统计信息。例如给定基线的性能统计的历史平均值，该信息可以帮助操作者理解近期性能与历史性能之间的关联，以便确定发展趋势，此外，该报告为不同用户提供可自定义的性能信息，并以PDF或ASCII格式在互联网上发布。

实时性能分析识别网络、设备、系统、数据库和应用程序中的开发瓶颈和即将发生的故障，以支持维护，重新配置或额外的容量需求，同时它可以识别未充分利用的资产并减少其规模，或进行重新配置以降低成本。

小M：性能管理怎么确保指标得到监控呀？

老师：性能管理工具包括粒度级服务级别管理，可以定义不同的服务级别，并为这些服务级别分配目标、核心限制和其他性能指标。服务级别报告显示已实现的服务质量（QoS）以及是否符合报警服务提供商的外部服务级别协议（SLA），性能管理工具的主动智能基于两种技术：理解历史环境的能力和仅报告持续性降级问题的高级算法,它需要与数百个第三方IT组件(路由器、交换机、服务器、数据库和应用程序)兼容,以确保所有关键性能指标(KPI)得到完全监控和评估,包括:

1、阈值时间

该规则将比较KPI的值,并重新定义阈值和报告(如果错误的值太长),除了在每次超过阈值时产生陷阱之外,软件还注意历史数据以确定问题的真实性和持久性[①],每个KPI是固定的,开箱即用的阈值基于公司及其客户的最佳实践时间,并且可以基于独特的做法手动进行配置,除了KPI,性能管理工具还可以监控超出时间的阈值,以实现可用性和可访问性。

2. 违反常规

该规则标识网络基础设施的端到端性能,除了将当前性能与固定阈值进行比较之外,软件还使用历史数据来确定在特定日期和时间发生正常事件,然后评估当前行为是否违反正常做法,此外,规则动态地调整正常阈值(例如,基于前六周的平均值)以反映商家的企业状态。

3. 动态地图

管理员可以为每个KPI预定义的阈值,当性能管理工具超过阈值时间时,了解其最佳实践,以了解何时IT资源会出现性能问题,违反公共规则会创建一个基准,该基准每天监视用户业务中每个正常KPI的违规情况,并随时动态调整基准。

小X:那么主要监控目标是不是就是数据库呀?

老师:当然不止数据库啊,还有网络流量和应用响应时间监控。

数据库监控和管理是一个多数据库监控,诊断和性能管理程序,需要支持实时和历史数据库监控、诊断、处理和综合性能管理,包括数据库内部配置状态、SQL捕获、CPU利用率、速率和I/O访问。

它可以帮助数据库操作和维护人员在日益复杂的数据库系统性能中管理应用系统,通过"一站式"数据库监控系统提供对所有类型的数据库系统的集中和统一监控,提供数据库性能警报,深入诊断功能和解决问题能力,提高数据库性能和可用性,确保整个应用程序和业务的性能。

流量分析模块使网络专业人员能够了解应用程序流量如何影响网络性能,为了优化用户的网络基础设施,以提高应用方面的性能,用户需要在其网络中的每个链路上的网络流量的完整视觉视图,流量分析模块提供快速验证任何性能问题所需的视图信息,帮助用户规划增长并就路由器配置、带宽分配和升级等问题做出明智决策。

---

① 郝益勇. 提升移动网络用户体验质量的理论与方法研究[D]. 北京邮电大学,2012

第五章
云数据中心

流量分析模块为管理者提供所需的客观数据，以更好地评估带宽升级要求，管理人员可以轻松评估其他具有成本效益的功能，例如任务重新安排，清除不必要的流量或重新配置应用程序，以快速确定最佳解决方案并确认结果，使管理者能够基于完整数据而不是部分数据做出网络性能决策，确保他们为整个企业的成本节约，容量规划，故障排除和网络流量分析做出正确的决策，在数据泛洪和分布式数据中心的时代，网络作为一个桥梁将起到决定性的作用，流量分析将帮助运营和维护人员创建一个高效、安全和具有成本效益的网络。

应用程序响应时间监视和负责收集故障排除信息，跟踪和测量应用程序响应时间，并帮助用户确定应用程序、网络或服务器性能问题的根本原因，该模块提供端到端性能监控，使用户能够监控服务的性能质量。

现在即使设备可用，仍然存在可触发最终用户投诉的应用程序性能问题，应用程序响应时间监视通过全天候监视所有 TCP 用户事务，提供真正的最终用户体验视图，应用程序响应时间监控提供了数据，弥补了功能部门之间的差距，减少了"撤销责任"现象，从而避免了故障排除成本，应用程序响应时间监视可以准确地检测最终用户体验对应用程序的影响和后果。例如网络、服务器或用户基础架构的更改，以及它们对最终用户体验的影响。

应用程序响应时间监视将响应时间划分为应用程序、服务器和网络延迟，从而使用户能够快速解决网络性能瓶颈问题并保持卓越的应用程序性能，它持续分析所有 TCP/IP 事务的性能，根据其计算的基准比较响应时间，并在性能下降时向用户发出警告，此外，应用程序响应时间监视可以在问题发生时调查问题的原因，并提供可执行的诊断数据，以帮助用户快速解决性能问题。

即使没有正式的服务水平协议（SLA），应用程序响应时间监视可以为内部用户和外部服务提供商提供一组一致的通用服务质量标准，以监视应用程序性能。

老师：今天的课程主要就是这些内容了，到这堂课为止，我们关于数据中心的介绍就结束了，在接下来的课程里面，我会在存储的海量数据怎么来应用这个话题上，和大家做一些基础的讨论。

第六章 海量数据挖掘

6.1 大数据挖掘

老师：感谢各位同学能够准时回到"一问一答"小课堂。通过前面几堂课的学习，大家应该对分布式存储技术及应用分布式存储技术构建的云数据中心的建设与管理都有了一定的认识，之前学习的知识可以帮助我们存储海量数据，但数据需要使用才有价值，从这堂课开始我会给大家介绍如何使用这些数据的技术——大数据挖掘。

小S：老师，数据挖掘是什么意思啊？挖出想要的数据来吗？

老师：数据挖掘（Data Mining）是有组织有目的地收集数据，通过分析数据使之成为信息，从而在大量数据中寻找潜在规律以形成规则或知识的技术[1]。我们先通过几个数据挖掘的实际案例来看看数据挖掘是如何解决商业中遇到的问题的。

第一个故事是最经典的数据挖掘案例——一个关于尿布和啤酒的故事。

沃尔玛是世界上最大的数据仓库之一，是世界上最大的零售商之一。为了准确了解客户在他们的商店购买习惯，沃尔玛队购物行为进行分析，对客户购物进行关联规则分析，分析客户经常一起买什么商品，在沃尔玛的庞大数据仓库中，对所有商品在原始交易数据中的收集，基于这些交易数据，沃尔玛使用数据挖掘工具来分析和挖掘，一个意想不到的结果出现了：尿布湿和啤酒在一起购买的数量最多，这是数据挖掘技术来分析历史数据得出的结果，反映了数据的固有规律。这个结果符合现实吗？这有使用价值吗？

为了验证这一结果，沃尔玛发布了一份市场调查，分析师进行调查这项分析的结果，经过大量的实际调查和分析，他们揭示了隐藏在"湿布尿和啤酒"背后的美国消费者的行为模式：在美国，在超市买婴儿尿布湿是一些年轻父亲每天的工作，他们30%到40%的人也会自己买一些啤酒，这种现象的原因是：美国的妻子经常告诉他们的丈夫下班后不要忘记为孩子买尿布湿，丈夫买湿布尿，然后很容易带回他们最喜欢的啤酒。另一种情况是，买啤酒的丈夫突然想起了他们的责任，并去买了一袋尿布湿。啤酒与尿布湿在一起购买的机会较大，所以沃尔玛将尿布湿和啤酒并排放在所有商店中，从而增

---

[1] 李建中，刘显敏. 大数据的一个重要方面：数据可用性[J]. 计算机研究与发展, 2013(6)

第六章
海量数据挖掘

加了尿布湿和啤酒的销售量。

小M：那些经验丰富的店员有没有可能在平时的销售中发现这种规律呢？

老师：很难，根据传统思维，尿布湿和啤酒是无关紧要的，如果不使用数据挖掘技术进行大量的交易数据进行挖掘分析，沃尔玛不可能在规律中找到这个有价值的数据。

小X：那有没有直接用在互联网领域的例子呢，老师？

老师：当然，数不胜数。比如说网站流量分析，是指在获得网站访问量基本数据的情况下对有关数据进行的统计和分析，其常用手段就是Web挖掘。Web挖掘可以通过对流量的分析，帮助我们了解Web上的用户访问模式。

小S：那么了解用户访问模式有哪些好处？

在技术架构中，我们可以合理地修改站点结构和适当的资源分配来构建后端服务器组，以帮助改善网络拓扑设计，提高性能，以便快速有效的访问路径之间高度相关的节点。

帮助企业更好地设计网站主页和安排网页内容。

帮助公司改进营销决策，例如在适当的网页上放置广告。

帮助公司更好地根据客户的利益安排内容。

帮助企业细分客户群，为不同客户开发个性化促销策略。

人们访问网站时，它提供了对网站内容的个人反馈：点击链接，哪些网页保持大部分时间，哪些搜索项，整体浏览时间等，所有这些信息都存储在网站日志中，从信息的角度来看，虽然网站有大量的网站访问者，但并不代表他们能够充分利用这些信息。

那么如果这些数据会被转换到数据仓库？具有大量信息的这些数据不能由数据仓库报告系统（通常称为在线分析处理系统）告知，尽管它可以向站点的信息模式提供可直接观察并且相对简单和直接的信息处理，这样通常不可能分析复杂的信息，所以对于这些相对复杂的信息或者不那么直观，我们只能通过数据挖掘技术来解决，就是通过机器学习算法在数据库中查找隐藏模式，报告结果或跟踪结果。

为了充分利用电子商务网站的数据挖掘技术，我们需要收集更全面的数据，更全面的数据收集，分析可以更准确。在实践中，可以收集数据的以下方面：

访客的系统属性。如操作系统使用、浏览器、域名和访问速度。

访问功能。包括逗留时间、点击网址等。

条款功能。包括网络内容信息类型、内容分类和访问网址。

产品特点。包括产品编号、产品目录、产品颜色、产品价格、产品利润、产品数量和特殊等级。

当访问者访问该网站时，以上有关此访问者的信息将逐渐累积，然后我们可以使用这些累积的数据来整理与该网站相关的信息供访问者使用，可以分为以下几个方面进行组织信息：

访问者购买记录和广告点击历史记录。

访问者点击的超链接的历史信息。

访客的总连结机会（指向访客的超连结）。

访问者总访问时间。

访客浏览的所有网页。

访客的每次会话利润。

每月访问者访问次数和最近访问时间。

访客对商标的整体正面或负面评价。

在互联网上，使用大数据挖掘技术更能创造价值，而互联网现在是大数据挖掘的主要战场。

小S：大数据挖掘是怎么做到这些的？

老师：大数据挖掘技术首先从数据分类开始，24小时美国反恐怖运动的一个情节，当恐怖分子从手机打电话，智能系统立即警告CTU的计算机系统的恐怖分子，许多好莱坞大片这样的智能系统的应用比比皆是，可以从庞大的人群中实时地发现是难以追踪恐怖分子或间谍，在2008年北京奥运会上，最显著的是"实时人脸识别技术"在奥林匹克安全系统中的应用，这种技术通过人脸的关键部分收集数据，系统可以准确识别所有的观众出奥运场馆的身份。

人脸识别技术被广泛应用于各种安全系统中，警察只要将犯罪分子面部关键部分数据收集到数据库，那么只要犯罪分子出现，系统就可以准确识别他们，现在面部识别技术比较成熟，Google在Picasa的照片共享软件工具中已经增加了面部识别功能。当然，面部识别技术涉及隐私，是一把双刃剑，同时面部识别技术需要借力于其他技术，但主要技术就是来自于数据挖掘的技术——分类算法（Classification）。

小M：计算机也能根据事物的外部特征来进行分类吗？

老师：分类（分类或分类）实际上是根据标准对象的标签，然后根据标签分类进行分类，分类算法在统计学中有一种方法—贝叶斯分类算法，它是一种分类的统计方法，它是使用概率分类算法的一类来统计知识，在许多情况下，朴素贝叶斯（NB）分类算法可以与决策树和神经网络分类算法进行比较，可应用于大型数据库，方法简单，分类精度和速度快。

让我们从最简单的事实解释分类的算法，想象一下，有一天中午，你到我们花溪大学城服务中心，站在几家从来没有去过的餐馆前面，现在的问题

第六章
海量数据挖掘

是选择哪家餐厅，我们应该如何选择？如果你没有手机，你不能访问互联网，那么可能有以下两种情况：

第一个，你还记得一个朋友去了其中一个，如果他对这个家的评价不错，那么你可能直接去这个家。

例如，你可以比较餐厅的品牌和餐饮环境，因为似乎以前的经验告诉自己，品牌餐厅，好的餐饮环境可能会味道更好。

无论我们是否有最后决定吃饭，我们都根据自己的标准判断这些餐厅的候选人分类，可分为好，中，差或值得去，不值得两类，最后去了自己选择的餐厅，吃完饭后，我们会自然根据自己的真实经验来判断我们的标准是否正确，同时根据经验修改或改进自己的标准来确定下一个是否会来到这家餐厅或推荐给朋友。

选择餐厅的过程其实是一个分类过程，这样的分类并不罕见。在古代，人们依靠信息的长期积累，通过观察天空进行分类来预测是否会有自然灾害，古人通过观测每年四季的雨，总结了作物的最佳播种时间。

事实上，在数据挖掘领域，有大量的基于数据的分类问题。通常，我们首先将数据划分为训练集和测试集，在大量的训练集之后，我们可以生成一个或多个分类器，并将这些分类器应用于测试集，可以判断分类器的性能和精度，如果没有，我们或者重新选择训练集，或者调整训练模式，直到分类器的性能和精度满足要求。最后，将所选择的分类器应用于新数据来预测新的数据类别。

老师：今天这堂课的主要内容就是这些了。通过今天的学习，大家应该了解了存储起来的海量数据是多么有用吧，而且我们还对如何挖掘到有用的信息——分类算法有了初步的了解，下一课我们将会给大家介绍分类算法的应用和相关的数据挖掘分类技术。

（Tips：朴素贝叶斯算法：让每个数据样本用n维特征向量描述n个属性的值，即：$X = \{x_1, x_2, ..., x_n\}$，假设m个类，...，Cm。给定未知数据样本X（即，没有类别标签），如果朴素贝叶斯分类器将未知样本X分配给类别C_i，则根据贝叶斯定理，由于$P(C_i|X) X$对于所有类是恒定的，则最大后验概率$P(C_i|X)$可以被变换为最大先验概率$P(X|C_i) P(C_i)$[①]。如果训练数据集具有许多属性和元组，则计算$P(X|C_i)$的成本可能非常大。为此，通常假定属性的值彼此独立，使得可以获得先验概率$P(x_1|X_2|C_i)$，...，$P(x_n|C_i)$从训练数据集。根据该方法，对于未知类别的样本X，可以分别计算属于每个类别C_i的X的概率$P(X|C_i) P(C_i)$，然后概率最大

---

① 林士杰..ID3算法、朴素贝叶斯算法和BP神经网络算法的比较和分析研究[D]. 内蒙古大学，2013.

的类别是选择为类别。朴素贝叶斯算法建立的前提是彼此的属性独立。当数据集满足此独立性假设时，分类精度较高，否则可能较低。此外，该算法不输出分类规则。)

6.2 分类算法的应用与技术

老师：感谢各位同学能够准时回到"一问一答"小课堂。上一堂课我们了解了大数据挖掘，本次课将为大家介绍数据挖掘中的分类算法在一些行业中的代表性应用。

我们将算法的应用划分为两个阶段：表示问题和解决过程。表示的问题是可以被数据挖掘理解和处理的语言，最重要的是将业务问题转化为正确而实用的方式，数据挖掘通常决定后续工作是否可以有效地进行，以尝试解决业务问题，如果不能满足实际数据挖掘经常会使数据的工作进入盲目状态，既耗时又难以获得期望的结果，解决方案的过程，顾名思义就是通过数据挖掘方法来解决问题。

当我们把业务领域的问题变成一个清晰的数据挖掘问题时，问题解决变得相对直接，只要它涉及到客户、人、地区、商品等场景数据，分类算法被广泛使用，同时可根据场景的不同属性区分分类算法的使用。谁可以举两个例子？

小S：例如我们可以通过人群分类来评估酒店或饭店如何定价。

小M：还可以通过商品分类来考虑市场整体营销策略。

小X：还可以通过客户分类构造一个分类模型来对银行贷款进行风险评估。

老师：我们知道当前营销行为的最重要的特征之一是强调目标客户细分，银行对贷款或市场目标客户（或市场）细分的风险评估，实际上属于客户类别中的分类算法，客户分类分析功能还在于：使用数据挖掘分类技术，将客户分为不同的类别，以提高决策的效率和准确性。例如，呼叫中心设计可以分为频繁呼叫客户、临时呼叫客户、稳定呼叫客户等，帮助呼叫中心了解这些不同类型客户的特点，这样的分类模型让呼叫中心能够理解不同行为类别中的客户的分布特征。

接下来老师会给你们一些更成熟的具体分类应用程序实例来说明一下：

1. 直邮邮件营销

直销邮件营销是一种直接营销，传统邮件直接发送给消费者营销，而许多传统行业直接邮件营销作为一个整体营销体系，涉及的主要是大型购物中心、大型超市、商业链商店等。当然，因为直接邮件营销的应用非常广泛，所以这种方法也适用于其他行业。

案例描述：一家公司是汽车4S店，它拥有完整的客户消费数据库历史，

第六章
海量数据挖掘

公司准备举办高端品牌汽车促销活动,根据促销活动,公司计划为潜在客户(主要是新客户)发送一份漂亮的小礼物。由于资源有限,公司只有1000份礼品的预算。

问题表达:一个新客户在商店留下详细信息,但没有客户的消费记录,促销的要求将这些1000份礼品送给新客户,使许多新客户最终能成为4S店的消费客户。

解决问题:公司首先利用促销活动的历史数据进行分类,从历史数据的训练中导出分类器,并且如果使用决策树,我们还可以导出诸如If-Then的规则,该规则揭示了最终销售的客户的主要特征的影响,由于分类结果可以表示为最终形式的概率,因此测试集通过测试分类器对新客户进行分类,肯定客户的概率将按降序排序,以便可以生成客户列表,营销员从上到下根据表计数前1000名客户并送给他们礼品。

小M:需要先收集数据,然后设计出规则,才能得到想要的结果?
老师:对,分类算法基于海量数据设计,我们接着来看后面的案例:

2. 客户流失模式

该模型在中国移动通信行业的应用,其主要目的是降低客户流失率。

案例描述:几年前中国移动通信行业发展迅速,但近段时间发展步伐逐渐放缓,注册用户经常处于动态变化的状态,也就是说,有来自网络的老客户,而且还继续有新的客户网络,大量的低消费客户和大量的老客户离线使得移动通信公司不能快速前进。

介绍问题:紧急任务是减少流失率,这里的问题是如何识别这些客户会失去,如何采取适当的措施减少客户损失。

解决问题:我们需要建立客户流失模型。而直邮邮件营销,其目的是为新客户分类,但客户流失模型是找到那些不稳定和容易失去客户,整个建模过程类似于直接邮件营销,移动通信公司的最大优势是这些公司通常规模大,数据收集和存储能力也比一般企业强,因此他们将有更详细的客户消费数据,这对数据挖掘的最终成功很重要。

3. 垃圾邮件处理

案例描述:对于企业和个人,如何处理垃圾邮件是一件非常麻烦的事情,在Panshi开发的泛邮件系统中,每个客户可以拥有300G的邮件存储容量,虽然有足够的容量来容纳垃圾邮件,但没有过滤的垃圾邮件仍然会导致糟糕的用户体验。

表示问题:如何处理在每个邮箱中收到的每个邮件,将有用保留邮件和过滤掉垃圾邮件是用户的主要关注点。

解决问题:目前的垃圾邮件过滤方法主要用于文本挖掘技术(Text Mining），作为数据挖掘的重要分支，文本挖掘在传统的数据挖掘方法的基础上引入了语义处理和其他学科知识，垃圾邮件过滤中最常见的分类技术是贝叶斯分类，贝叶斯分类主要通过消息标题的信封，主题和内容进行扫描和确定。

4. 信用卡分类

案例研究：金融业的竞争激烈，在美国，每个邮箱中最大的字母数量可能是信用卡邀请函。如何吸引合适的用户使用信用卡，并准确分析申请人的信用风险，是每个商业银行最关心的事情，银行希望不惜一切代价吸引低风险，高价值的客户，以避免高风险的信用卡申请人。

介绍问题：如何将信用卡申请人划分为低、中、高风险。

要解决这个问题：我们需要建立客户风险分析的客户风险模型。整个建模过程类似于直接邮件营销，但是由于行业的特殊性，申请表中包含了大量的个人信息，与用户通常的客户信用查询相比，建模精度会更高。

除了上面列出的四个典型问题，还有许多不同类型的分类数据挖掘应用程序，如文档搜索和搜索引擎自动文本分类技术、安全性、入侵检测等。

小S：分类数据挖掘真厉害，是不是只要给系统海量的数据，他都能分析出问题来啊？

老师：没有这么完美的事情，不是所有分类的场景使用分类数据挖掘都有实际操作性。

美国政府在9·11事件后提出了全面利用数据挖掘技术的的信息项目，旨在建立一个使用数据挖掘技术记录美国各地居民来电和信用卡付款的系统，利用其进行数据和分析，并使用这个系统来识别所有在美国隐藏的恐怖分子，除了个人隐私和如何获取、处理海量数据的问题，从数据挖掘本身，该计划的可行性也是一个很大的问题，。

假设99%的分类器通过数据挖掘技术识别恐怖分子，该分类器的准确性已经相当好，但美国全天可用的相关数据的保守估计约为10亿，这99%分类器必须每天以如此大的增量来忽略至少1000万个可疑数据，使得分类器几乎无用，由于这个原因，该计划在2003年终止，尽管自那时以来提出并试行了若干类似的计划，但成效有限。除非有快捷方式，否则计划将很难成功实施。

小X：这么多的分类问题，应该都是由不同的分类技术来达成的吧？

老师：目前为止，已经提出了很多具体的分类技术，以下是四种最常用的分类技术的简要介绍，在我们学习这些算法之前，我们必须明确分类算法将不是100%准确，每个算法在测试集上以精度度量运行。使用不同算法制作的分类器在不同数据集上的行为也会不同。

第六章
海量数据挖掘

1. K最近邻算法

K-Nearest Neighbor（KNN）分类算法可以说是整个数据挖掘分类技术中最简单的方法，所谓的K表示每个样本可以用于表示其最近的K个邻居。

我们使用一个简单的例子来说明KNN算法的概念。如果你住在一个城镇中心，同样大小的房子周围的一些小房子的价格在280万到300万之间，那么我们可以把你的房子和它的邻居分类在一起，估计也可以售出280万到300万，同样，你的朋友住在郊区，他周围的类似房子的价格在110万到120万之间，然后他的房子和类似的房子在附近分类，价格在110万到120万之间。

KNN算法的核心思想是，如果特征空间中的大多数K个最相似的样本属于某个类别，则该样本属于该类别并且具有该类别上的样本的特征，该方法基于最近的一个或多个样本的类别来确定要分类的样本的分类[1]，KNN方法仅关注类决策中的非常少数的相邻样本，KNN方法更适合于具有更多重叠类的交叉或重叠样本集。

2. 决策树

如果KNN是最简单的方法，则决策树应该是最直观和容易理解的分类算法。，最简单的决策树是If-Then决策的树形分支的形式。

决策树上的每个节点都是新的决策节点，或者表示分类的叶子，每个分支代表测试的输出，决策节点是根据判断的属性完成的，所有的叶节点都是一个类别，决策树解决问题是什么属性用作节点的树的问题，其中最关键的是根节点，没有其他节点在其中，所有其他属性是其后续节点。

大多数分类算法（如神经网络，支持向量机等）都类似于黑盒子的输出，你无法找出具体的分类，而决策树一目了然，非常方便。决策树可以根据分割标准划分为基于信息的方法和基尼指数方法。

3. 神经网络

在KNN算法和决策树算法中，我们看看神经网络，神经网络就像一个爱学习的孩子，你教他知识，他不会忘记，并会应用他们的知识，我们将学习集中的每个输入添加到神经网络，并告诉神经网络输出应该是什么，在所有的学习集已经运行之后，神经网络基于这些示例总结他自己的想法，并且放入一个黑盒子，然后我们可以测试测试集，在测试实例中分别用来测试神经网络，如果测试通过（如80%或90%的精度），那么神经网络就构建成功，然后我们可以使用这个神经网络来确定事务的分类。

神经网络是人类大脑的基本单位—神经元建模和连通性，探索人类大脑模型功能的模拟，以及人工系统的学习、关联、记忆、模式识别等智能信息

---

[1] 孙兵率，基于MapReduce的数据挖掘算法并行化研究与应用[D]. 西安工程大学，2015.

处理功能，神经网络的一个重要特征是它们可以从环境中学习并将学习结果存储在网络的突触连接中，神经网络学习是一个过程，其中环境在激励下，网络必须输入一些样本模式，并且按照一定的规则（学习算法）来调整网络层矩阵的权重，直到网络层权重收敛到一定值，学习过程结束后，可以使用生成的神经网络来分类真实数据。

4. 支持向量机SVM

与上述三种算法相比，支持向量机理论可能有一些抽象，我们可以尽可能地理解样本中的样本，从较高维度出现在一起，例如在一维（线性）空间中，从可以被划分为不同类别的二维平面中出现，散布样本可以被分类，如果它们从三维空间观察的话。

支持向量机算法的目的是找到最佳超平面，以最大化分类间隔，最佳超平面是分类器，不仅可以正确地分离两个类，而且还可以最大化分类间隔，在两种类型的样本中，最接近分类器平面并且位于与最佳超平面平行的超平面中的点是支持向量，为了找到最佳超平面，找到所有的支持向量，对于非线性支持向量机，通常的做法是将线性不可分性转换为线性可分性，通过非线性映射将低维输入空间中的数据特征映射到高维线性特征空间。

支持向量机（SVM）是数据挖掘应用中最重要的算法之一，也是自其成立以来最有效的分类算法之一。

小M：刚才老师说了，这么多的分类算法没有能够百分百正确的，任何分类算法都会发生一定的误差。那么我们怎么知道某个分类算法用在某个场景里面是不是合适呢？

老师：在分类数据挖掘工作的最后阶段，分类器评估的效果不容忽视，在大数据的情况下，一些数据分类本身更模糊，在实际应用之前评估分类器的效果是重要的，有许多方法来评估分类器的效果，由于图形表示更可接受，这里有两种最常用的方法，即ROC曲线和提升曲线，用于评估分类器，有兴趣的可以查阅相关资料了解一些，这里我们不再做详细探讨。

老师：今天这堂课的主要内容就是这些了，分类是挖掘数据的一个重要技术，是数据挖掘中最有应用价值的技术之一，其应用遍及社会各个领域，理解了分类算法，下一堂课我们才好给大家介绍数据挖掘是怎么做的。

6.3 数据挖掘过程与结果

老师：感谢各位同学能够准时回到"一问一答"小课堂，不知不觉已经到最后一堂课了，很高兴在我的课堂上与各位分享大数据采集与存储的相关知识，上一堂课我们了解了分类算法，我们的最后一次课将为大家介绍数据挖掘中的过程与结果。

第六章
海量数据挖掘

在这次课开始以前,我想先问下大家是否知道,我们研究大数据的目的是什么呢?

全体:是为了让数据有价值?

老师:对,在2012年网络运营商会议上马云曾说"假如我们有一个数据预报台,就像为企业装上了一个GPS和雷达,你们出海将会更有把握。"

我们在大数据研究中的主要目标是通过有效的信息技术和计算方法来捕获,处理和分析大量应用行业的大数据,发现和提取数据的深度价值,为相关行业服务,因此,大数据研究的核心目标是价值发现,其技术手段是信息技术和计算方法,其效率目标是为行业提供高附加值的应用和服务。

小X:数据的价值能体现在商业上?

老师:数据挖掘的最终目标是实现数据的价值,商业智能是实现企业数据价值的最好方法之一。在1996年提出商业智能(Business Intelligence,简称BI)的概念,当时,BI被定义为一种技术和应用,包括数据仓库(数据市场)、查询报告、数据分析、数据挖掘、数据备份和恢复等,帮助企业做出决策。Gartner的Howard Dressner将商业智能定义为将数据转换为信息,并通过迭代发现将其转化为商业上有用的知识[1]。

在我们看来,BI是可以从大量业务和相关数据中提取有用信息,将该信息转换为知识,然后根据该知识使用正确的业务实践的工具。在本书的上下文中,我们指的是BI(商业智能)工具是基于数据挖掘工具。

现在数据挖掘技术已经广泛应用于商业应用,因为数据挖掘技术支持的三种基本技术已经成熟,三种技术为大规模数据采集和存储技术、强大的计算机集群和分布式计算和数据挖掘算法。

我们知道,目前商业数据库以前所未有的速度增长,数据仓库正在行业中广泛的使用,在计算机硬件性能要求越来越高的情况下,也可以利用现在成熟的并行多处理器技术来满足,此外,经过近十年的发展,数据挖掘算法已经成为一种成熟、稳定、易于理解和操作的技术。

尴尬的情况是现在丰富的数据,缺乏信息,大量数据的快速增长,已经远远超出了人们的理解能力,如果不是借助强大的工具,很难理解知识中包含的数据堆,因此,重要决策只基于决策者的个人经验,而不是信息丰富的数据,而将数据挖掘成为现实,填补了数据和信息之间的空白。Erik Brynjolfsson曾经说过,数据支持(业务)决策总是更好的决策。

小M:为了让数据在商业运营上能起到作用,我们要做些什么呢?

老师:我们必须做到下面几点:

---

[1] 卢辉.数据挖掘与数据化运营实战:思路、方法、技巧与应用[M].北京:机械工业出版社,2013.

了解数据的上下文,了解数据是否支持该过程的商业操作。

简化流程,使数据更易于管理。

在不同的通道,应用程序和设备之间集成数据。

丰富,匹配和清理数据,提高数据质量。

利用数据,例如整合关于消费者、市场和机会等数据。

选择适当的存储介质,例如私有云,公共云或特殊设计的云存储。

最终结果数据被获取并且在视觉上(包括移动终端)显示在各种终端上。

在开发商业智能数据战略时,考虑的不应该是技术,而是从商业的角度来看,看需要在业务目标中完成什么,然后开发数据挖掘过程。

例如,在商业银行信用卡部门,我们需要做信用卡欺诈监控,业务目的很明确,就是以最快的速度找到90%以上的欺诈交易,并且可以提供所有以前的交易数据,那么如何识别交易可能是诈骗?常用的数据挖掘方法是通过神经网络,通过正例和负例训练神经网络,然后对每个事务进行评级,如果它低于某个值,则确定交易是正常的,否则,它被判断为欺诈交易。

商业智能也是竞争的重要原因,商业竞争不一定来自同一个国家,商业竞争的全球化导致了中国企业需要增加商业智能的重要性,因为欧美的商业智能在企业中颇受欢迎。

数据挖掘通用流程 CRISP-DM 的缔造者之一 Tom Khabaza 曾总结了在数据挖掘上的九大定律[①],如下所示:

1. Business Goals Law:每个数据挖掘解决方案的根源都是有商业目的的。

2. Business Knowledge Law:数据挖掘过程的每一步都需要以商业信息为中心。

3. Data Preparation Law:数据挖掘过程前期的数据准备工作要超过整个过程的一半。

4. NFL Law:对于数据挖掘者来说没有免费的午餐,数据挖掘的任何一个过程都是来之不易的。

5. Watkins' Law:此定律以此命名是因为 David Watkins 首次提出这个概念,这个定律说的是在数据的世界里,总是有模式可循的,您找不到规律不是因为规律不存在,而是因为您还没有发现它。

6. Insight Law:数据挖掘可以把商业领域的信息放大。

7. Prediction Law:预测可以为我们增加信息。

8. Value Law:数据挖掘模式的精准和稳定并不决定数据挖掘过程的价值,换句话说技术手段再精妙,没有商业意义和合适的商业应用是没有价值的。

---

① 谭磊. New Internet:大数据挖掘[M]. 电子工业出版社,2013.03。

第六章
海量数据挖掘

9. Law of Change：所有的模式都会变化。

上面这九条其实归根到底就是一条，商业决定数据挖掘，数据挖掘各类技术和算法的飞速发展不能让我们偏离以商业行为为核心的方向，只是纯粹为了追求高深的技术而忽略或损害到商业目的就本末倒置了。

小S：数据这么有用，如果没有得到及时的使用就太浪费了？

老师：数据挖掘的世界是既是雷区也是金矿，以前很多数据不能及时处理，被称为风暴，虽然会保存相关数据，但对于日益繁重的数据存储工作量，许多公司可能选择丢弃一些数据。大数据时代即将到来，无论它是多么困难，我们需要考虑从现在开始评估和整合数据挖掘应用程序，即使我们找不到合适的数据挖掘方法来处理数据，至少我们需要使用数据仓库来保留原始数据以备将来使用。

对于数据挖掘的问题，存在很少的现有解决方案，并且可能存在各种可用的数据挖掘算法之中，但是通常只有一个最佳算法，当我们选择数据挖掘算法时，我们必须首先确定是否适合解决问题，如果方法本身不合适，那么无论如何执行都没有用。

从市场的角度来看，数据挖掘仍然面临着其他挑战，数据挖掘虽然是非常有前途的，但是市场上太多的数据噪声，导致大大降低数据的价值。例如，大量虚假申请的下载和使用，以及错误评论等不良评论严重干扰数据的准确性，大大降低了数据的价值。

目前我国的数据挖掘市场作为一个整体还没有成熟，从某种意义上说，一些商界领袖仍对数据挖掘持怀疑态度，不愿意做输入；另一方面，使用数据挖掘公司只追求最终结果，不重视数据挖掘的过程、数据存储及数据挖掘知识积累等方面。

数据挖掘有时候结果并不完美，每次导出和应用的结果数据集都是直接相关的，如果数据集改变，则需要重新进行挖掘，如果不考虑数据更改并在更改策略之前盲目使用数据，那么结果是不可预测的。这些数据挖掘问题确实存在，而数据挖掘过程中的这些问题需要数据分析师，数据应用用户来提高他们的经验来解决，这样数据挖掘的问题才会有所改善。

(Tips1：最近，大数据的讨论来来去去，公司越来越关注大数据的管理。但事实上，许多公司并不真正了解什么是大数据，也没有部署相关工具来有效地管理它们。"很多人不明白什么是大数据，因为没有明确的定义，我们都觉得很困惑。LogLogic公司首席营销官Mandeep Khera说。最近，LogLogic和IT安全研究公司Echelon一起完成了大型数据管理调查。调查发现，49%的企业对大数据管理问题有一些或非常高的兴趣。)

(Tips2：大数据将被新一代的热门话题云计算所取代。这是不可避免的结果：随着时间的推移，企业生成的数据量不断增长，这些数据包括客户购买偏好趋势，网站访问和习惯，客户审核数据等；这么大的传统BI工具（关系数据库和桌面数学软件包）在处理大量数据时有多少不足。当然，数据分析行业也有开发工具和框架，以支持数据研究人员和分析师挖掘大数据集，并可以承受信息负载。）

（Tips3：灾难恢复系统的有效性涉及灾难恢复建设的实际目标和符合目标的灾难恢复技术路线。有必要了解灾难恢复系统的有效性。必须实现更深层次的理由：灾害恢复系统建设防御全面，不仅针对自然灾害的小概率，而且防止大型设备故障和逻辑故障的可能性，严格的多方向防护网是赢得胜利的方式。不仅一般的人说防灾，而且对于各种设备和网络容易发生的事故是缺乏有针对性的，甚至备份系统已经完成了这样的防御目标，这只能说继续走传统失败的许多灾难恢复建设的老路。）

老师：今天花了不少时间给大家说了很多大数据这么用的事儿，接下来我就给大家介绍数据挖掘的基本流程，数据挖掘有很多不同的实施方法，如果只是把数据拉到Excel表格中计算一下，那只是数据分析，不是数据挖掘，今天我们主要讲解数据挖掘的基本规范流程，CRISP-DM和SEMMA是两种常用的数据挖掘流程。

从数据本身来看，数据挖掘通常需要信息收集、数据集成、数据协议、数据清理、数据转换、数据挖掘实现过程、模型评估和知识表示8个步骤。

（1）信息收集：根据识别对象的数据分析，对特征信息进行抽象数据分析，然后选择适当的信息收集方法，将收集的信息放入数据库中，对于大量数据，选择适合数据存储和管理的数据仓库至关重要。

（2）数据整合：将不同的来源、格式、特性等数据的逻辑或物理性质进行有机集中，从而提供全面的数据共享。

（3）数据协议：如果你执行运用多种数据挖掘算法，即使少量的数据将需要很长时间，并且做业务数据挖掘数据量通常非常大，数据缩减技术可以用于导出数据集的规范，其小得多，但仍接近于保持原始数据的完整性，并且协议之后的数据挖掘结果与预先确定的数据集相同或几乎相同。

（4）数据清理：数据库中的一些数据是不完整的（一些感兴趣的属性缺少属性值），噪声（包含不正确的属性值）和不一致（相同的信息不同因此需要数据清理，将数据信息的完整性保存到数据仓库中，否则挖掘结果将不能令人满意。

（5）数据转换：通过平滑聚合，数据泛化和归一化将数据转换为数据挖掘。对于一些实型数据，通过分层和数据离散的概念来转换数据也是一个重要的步骤。

第六章
海量数据挖掘

（6）数据挖掘过程：根据数据仓库中的数据信息，选择适当的分析工具，应用统计方法，基于案例的推理、决策树、规则推理、模糊集、甚至神经网络，遗传算法等进行有用信息的分析。

（7）模式评估：从业务角度来看，行业专家验证数据挖掘结果的正确性。

（8）知识表示：数据挖掘分析信息通过可视化呈现给用户，或作为新知识存储在知识库中供其他应用程序使用。

数据挖掘过程是一个循环重复的过程，每一步如果你没有达到预期的目标，需要回到上一步，重新调整和实现，不是每一个数据挖掘都需要这里列出的每个步骤。例如，当作业中不超过一个数据源时，可以省略步骤（2），步骤（3）数据协议、步骤（4）数据清理、步骤（5）数据转换又合称数据预处理，在数据挖掘中，至少60%的费用可能要花在步骤（1）信息收集阶段，而其中至少60%以上的精力和时间花在了数据预处理过程中。

小X：之前老师说过，分类是数据挖掘中的一种技术，能不能多告诉我们一些数据挖掘中的常用概念呢？

老师：除了之前讲过的分类，还有一些概念是我们在数据挖掘中常用的，比如聚类算法、时间序列算法、估计和预测以及关联算法等，我们接着来了解几个常用概念吧：

1. 聚类

所谓的集群，是一个类或集群（Cluster）聚合，并且该类是数据对象的集合。而分类的目的是将所有对象分成不同的组，但是与分类算法最大的不同是聚类算法不知道将数据分成几个组之前，不知道那个变量会依赖于分组。

聚类有时也被称为分割，意味着具有相同特征的人被分组在一起，并且特征被平均以形成"特征向量"或"向量"。聚类系统通常能够通过静态分类将类似对象分类为不同的组或更多的子集，使得同一子集中的成员对象具有类似的属性，一些提供商使用聚类来直接报告不同组的访问者或客户组的特征，聚类算法是数据挖掘的核心技术之一，除了聚类算法，聚类分析也可以用作数据挖掘中，作为其他算法的预处理步骤。

在商业中，聚类可以帮助消费者数据库的市场分析，以区分不同的消费者群体，并且总结每种类型的消费者的支出模式或消费习惯，作为数据挖掘中的一个模块，它可以用作单个工具来发现在数据库中分布的一些深层信息，或者专注于特定的类进行进一步的分析，并总结每个类的数据特性。聚类分析算法可以划分为分区方法、分层方法、基于密度的方法、基于网格的方法和基于模型的方法。

小M：有些什么场景是比较适合聚类算法的呢？

老师：适合聚类算法，同时又有相应的商业应用的场景其实很多，比如：

喜欢租同一类型车的是哪一类客户？
网络游戏上增加什么功能可以吸引哪些人来？
哪些客户是我们想要长期保留的客户？

聚类算法除了本身的应用之外还可以作为其他数据挖掘方法的补充，比如聚类算法可以用在数据挖掘的第一步，因为不同聚类中的个体相似度可能差别比较大。例如，哪一种类的促销对客户响应最好？对于这一类问题，首先对整个客户做聚集，将客户分组在各自的聚集里，然后对每个不同的聚集，再通过其他数据挖掘算法来分析，这样效果会更好。

老师：接下来我们将描述两个更常见的数据挖掘应用：估计和预测，应用估计用于猜测当前未知值，并预测未来的应用以预测未知值，估计和预测在许多情况下，可以使用相同的算法。估计通常用于填充现有但未知的值，预测的数字对象将出现在未来，通常不存在。

例如，我们如果不知道一个人的收入，我们可以通过估计与收入密切相关的收入特性，然后找到具有相似特征的其他人来估计未知的收入和信用价值，或者以某人的未来收入为例，我们可以分析收入和变量之间的关系以及历史数据的变化，并预测未来对某一收入的影响程度。

小X：感觉估计和预测在很多时候也可以连起来应用呢？

老师：对，例如根据购买模型估计一个家庭和家庭人口结构中的孩子数量，或者根据购买模式估计一个家庭的收入，然后预测未来最需要的产品和家庭的数量，以及他们需要的时间点。

估计和预测可以被称为预测分析，并且因为应用是常见的，预测分析现在与数据挖掘行业中的许多商业客户和从业者的数据挖掘同义。

回归分析，我们经常在数据分析中听到的，是经常用于估计和预测的分析方法，回归分析或简单回归，是指对技术的多个变量之间的关系的预测，并且这种技术在数据挖掘应用中是非常广泛的。

在所有的数据挖掘算法中，决策树可能是最容易理解的数据挖掘过程，策略树本质上是导致用于做出决定的问题或数据点的流程图。例如决策购买车的需求情况，从购买汽车需求，到所需汽车型号，到用户最终的购买，决策树系统尝试创建最佳路径，对其存在的问题进行排序，以便可以以最少步骤进行决策。

据统计，2012年数据挖掘行业中使用的最高频率的三种类型算法是决策树，回归和聚类分析，由于决策树的直观性质，几乎所有的数据挖掘专业书籍都是从决策树算法开始谈起的：如 ID3 / C4.5 / C5.0，CART，QUEST，CHAID 等。

一些决策树是细粒度的，并且使用数据的大多数属性，在这种情况下，

第六章
海量数据挖掘

在决策树算法中需要避免的一个问题，就是避免其决策树的数据量太大太复杂，这种过度复杂的决策树往往不稳定，有时不能解释，如果决策树遇到问题的数据量较大时，可以通过将大的决策树分解成许多较小的决策树来解决这个问题。

CRISP-DM 提供了数据挖掘生命周期的全面概述，它包括项目的相应周期，它们各自的任务和这些任务之间的关系，在这种描述级别下，不可能识别所有关系，所有数据挖掘任务之间的关系取决于用户的目的、背景和兴趣，最重要的是数据。数据挖掘项目的生命周期包括六个阶段，六个阶段的顺序不是固定的，经常需要在前后调整这些阶段，是否需要调整，则取决于每个阶段或阶段中的特定任务的输出是否是下一阶段的所需输入。

我们把 CRISP-DM 的数据挖掘生命周期中的六个阶段概念解释如下：

1．业务理解

初始阶段着重于了解项目目标，从商业角度理解需求，同时将此知识转换为数据挖掘问题的定义和实现目标的初始计划。

2．数据理解

数据理解阶段从初始数据收集开始，并且通过一些活动来处理，以熟悉数据，识别数据的质量，首次发现数据的内部属性或探索兴趣子集形式隐式信息。

3．数据准备

数据准备阶段包括从未处理的数据构造最终数据集的所有活动，该数据将是模型工具的输入值。此阶段的任务可以执行多次，没有任何指定的顺序，任务包括表、记录和属性的选择，以及模型工具的数据转换和清理。

4．建模

在这个阶段，您可以选择和应用不同的模型技术，将模型参数调整到最佳值。一般来说，一些技术可以解决一类相同的数据挖掘问题，一些技术对数据形成有特殊要求，因此它们经常跳回到数据准备阶段。

5．评价

在这个阶段，您已经从数据分析角度构建了高质量的显示模型。在开始最终部署模型之前，重要的是彻底评估模型，检查构建模型的步骤，以确保模型可以完成业务目标，这一阶段的主要目标是确定重要的商业问题是否未得到充分考虑。在这一阶段结束时，必须做出关于使用数据挖掘结果的决定。

6．部署

通常不会在项目结束时创建模型，模型的作用是从数据中发现知识，获取知识需要以用户友好的方式重新组织和展示。根据需求，此阶段可以生成简单报告或实施更复杂和可重复的数据挖掘过程，在许多情况下，这一阶段由客户承担,而不是由数据分析师承担。

除了CRISP-DM,还有SEMMA是一个常见的标准数据挖掘过程,SEMMA(样本,探索,修改,模型,评估英语的首字母缩写)意味着采样、检查、修改、建立模型和评估,由SAS公司启动。

小M:数据挖掘该怎么评估呢?

老师:评价一个数据挖掘系统主要从准确性、性能、功能性、可用性和辅助功能五个主要方面来考虑。

1. 精度

评估数据挖掘系统最关键的因素是准确性。通过实现数据挖掘系统中的算法来进行预测和分类的准确性,我们可以确定该算法在系统中是否合理,数据收集是否全面及数据预处理的完成情况。

2. 性能

系统是否可以在我们需要的商业平台上运行,软件的体系结构是否可以连接到不同的数据源,当操作大数据集时,性能变化是线性还是指数,如何运行效率能够满足实际应用要求,它是否基于开源框架,是否容易膨胀,操作的稳定性如何等特性。

3. 功能

算法是否可以应用于许多类型的数据,用户是否可以调整算法和算法的参数,软件是否可以从数据集中随机提取数据,该算法是否可以在各种类型的数据中使用,挖掘结果是否可以用不同的形式表达等。

4. 可用性

系统的用户界面是否友好,视觉效果如何,是否易于学习和使用,系统面对用户是初学者、高级用户或专家,错误报告对用户调试是一个很大的帮助。

5. 辅助功能

是否允许用户更改数据集中的错误值或数据清除,是否允许全局替换的值,是否可以离散连续数据,是否根据用户定义的规则从所述数据集中提取所述子集,是否清空数据值由适当的平均值或用户指定的值替换,或者是否可以将一个分析的结果反馈到另一个分析中等。

对于不同的数据挖掘算法,我们使用的评估方法不同,然而,数据挖掘系统的最终评价是它是否能产生商业价值,如果没有商业价值,那么在完美的系统也是无意义的。

老师:数据挖掘系统的最终结果需要在美学和直观上呈现给用户,不幸的是,在中国和其他亚洲地区,数据可视化工作被严重忽视,我们国内数据挖掘可视化在很多情况下是使用微软的Office来展示。

第六章
海量数据挖掘

Google提供了一个用于数据分析和数据挖掘的开放映射工具，Google图表，您可以在https://developers.google.com/chart/上试用。

您可以轻松地在Google图表中嵌入数据，例如可以直接从Google网站将程序复制并粘贴到您的网页上以显示数据，有关如何使用Google图表进行编程的信息，请参阅Google提供的在线文档。

Tableau Software是最近两年最热的数据可视化工具，显示最终数据挖掘结果没有问题，但不幸的是，如果我们需要显示纯原始数据，如果显示器太大，数据量则不能保证，数据可视化是数据挖掘学者的重要研究方向之一，在不久的将来，我们将看到一个类似Tableau软件的图形显示程序，它应该建立在像Hadoop和NoSQL这样的分布式数据系统上。

这些是数据可视化，对数据的可视化如何适当表示还一直在研究当中，有些描述是将这种数据的视觉表示，被定义为以包括相应信息单元的各种属性和变量的提取。数据可视化是一个持续进化的概念，它的边界不断扩大，主要涉及允许通过使用图形、图像处理、计算机视觉和用户界面的立体、表面、属性和动画的表示。

老师：数据的采集、数据的存储、数据中心、数据的挖掘，我们这个课堂的主要内容就是这些了，希望大家能够通过我们的课程，能够更多的了解大数据的一些知识，希望通过我们浅显的介绍，让大家能够走入大数据的大门，利用数据创造出更多的价值。

第七章 大数据应用发展趋势与局限

7.1 适应商业社会的未来趋势

老师：目前，大数据已扩展到公共卫生、教育、金融等相关行业，尤其在商业方面，下面就商业方面的未来发现我们做一下探讨。

老师：近年来，信息技术的发展极大地推动了数据的增长，自上世纪90年代的互联网繁荣以来，数据共享和传播操作变得非常方便，原始的纸张信息数据被电子数据如互联网取代，并且在规模上的扩张速度达到了前所未有的强度，自2010年以来，随着通信技术的进一步发展，特别是3G和4G技术的普及，数据增长带来了新的增长点，而无线端已经成为增长最快的数据领域，中国联通的3G业务量每户增长超过5倍，现在接近300M/月。目前，世界各国已经开辟了大型数据研究技术，通过投资2亿美元，奥巴马政府推出了大数据研究与开发计划，以加快科学和工程的步伐，加强国家安全，并通过提高从大型和复杂数字数据集中提取知识和想法的能力，改变教学研究。

此外，欧盟已经花费了数十亿欧元用于大数据等科学研究，2012年3月，"全球数据研究基础设施：大数据挑战"报告提出了大数据带来的挑战，并提出了相关建议。除了政府机构，世界上的技术巨头也是早期开始的大数据研究和开发计划。

小Y：大数据应用越来越广泛，发展趋势上有哪些特征？

老师：这个问题很好，就目前来讲，大数据发展趋势具有以下的特征：

1.大规模数据量的产生变得越来越重要，随着科技的发展，数据规模不断扩大，未来将呈指数级增长，中国互联网用户数量居世界第一，每天产生的数据量也位于世界，淘宝网站每天都有超过数千万的订单，百度搜索请求每天超过50亿次，这将产生一天的TB级数据，除了互联网领域，在传统行业还会产生大量数据，形成大数据。如公共交通，北京日常交通干线道路交通变化，假日拥堵记录，属于大数据库数据类别，此外，在医疗领域还有大量数据爆发的关键区域，每个人的身体状况记录（体检记录，病历，CT，B记录），流行病学记录的发生率，患者CT图像数据量到几十万亿，每年中国门诊数十亿的运营商数量，产生的数据量不小于EB级。此外，在工业传感领域，在零售，娱乐，金融和保险行业怀有大数据，大数据已成为一个重要的生产要素。

第七章
大数据应用发展趋势与局限

2.大数据已逐渐形成新的增长点。数据的爆炸式增长不仅导致规模的增长，也产生了更多的价值。如公共交通数据，日常交通拥堵情况的变化，反映了城市在建设功能规划问题和缺点，此外，随着城市的不断变化，数据将呈现一定的变化趋势，信息数据对未来的城市规划，道路设计，拥堵具有重要的指导意义和价值，在医疗领域，大数据变得更加重要，用于区域疾病爆发，流行病学感染和其他医学研究的大数据提供重要的数据支持，通过分析大数据，可以帮助找到一些疾病原因，旺季和起始因素，这在预防疾病中具有重要作用。此外，身体的居民检测大数据的形成也具有非常重要的价值，其中你可以找到定期的结论，通过饮食特性，运动行为等相关内容，可以找到与身体健康的关系，这是社区健康生活的下一步具有重要价值。

小T：有人说，我们现在大数据时代是一个存储的世界，它的出现对商业产生了很大影响，这也是适应商业社会趋势发展吧。

老师：首先，我非常同意这个观点，大数据的出现首先对企业有重大影响，敏锐的商人逐渐放弃被动的销售模式，反过来，通过分析客户以前的消费习惯。主动推荐可能需要的产品，如卓越，当当等网站会推荐"可能对这本书感兴趣"。在"淘宝"网站购物会出现"浏览这个婴儿谁也看过……"等信息，不难发现电子商务业务领先于其他领域，牢牢把握大数据的机会，通过分析客户消费习惯，总结客户的喜好选择，从而开发个性化推荐服务。

小M：通过上面讲解，我认为大数据在商业方面的应用关键是在于对数据的分析吗？

老师：问题很好，在商业应用中的数据，其自身简单的数据和常数的价值，关键是这些数据的分析，数据采集和存储很重要。但是，数据分析更重要，换句话说，如果大数据比做一个行业，那么这个行业实现盈利的关键是要提高数据"分析"，通过"分析"实现数据"价值"[1]。可以说，数据分析是决策过程中的决定性因素，而且也是大数据时代最重要的一部分数据的价值。

小Y：那大数据时代下，数据分析岂不是发展需求更大吗？

老师：是的，数据分析已经越来越多地应用于经济发展的各个领域，以零售、电子商务、大众消费品、通信、金融服务等行业领域为例，这些领域是目前数据分析应用相对较为成熟的领域，商家可通过对消费者兴趣、需求、购买动机，以及对品牌的情感和忠诚度等的数据分析，来制定服务和营销的智能决策，通过对用户的通信、金融活动记录的数据分析，来科学地拓

---

[1] 李建中，刘显敏.大数据的一个重要方面：数据可用性[J].计算机研究与发展，2013（6）.

展业务和更好地服务客户。

小U：大数据目前应用很多，典型的实例能否说一下？

老师：当然可以，如ZARA用大数据知晓顾客所需。

目前，在全球56个国家和地区，ZARA有超过2000家商店，同时，ZARA也被称为第一个快时尚品牌，ZARA作为世界领先的快时尚品牌，推出了一款新产品，在最短的时间内只有3天，每年总共可以大约12000种新款车型，可以引进时尚，高效率，业界的高速，那么，ZARA推出的新设计灵感源于哪里？调查发现，原ZARA通过其强大的全球信息网络，每个售出的商品信息（价格、时间、客户等）都被记录下来，然后通过后台的自动化程序分析客户喜好，做好未来的生产决策。

小U：它如何分析顾客需求？

老师：我不知道，同学们有没有注意过，如果仔细考察了，你会发现商店柜台和角落都配有相机，当客户给店员反映"这件衣服的口袋花边看起来不好""腰围装饰很漂亮"，这些细节问题，其他店铺可能不会引起关注，但ZARA工作人员将收集的视图发送给店经理，管理人员使用自己的PDA工具向ZARA的内部全球信息网络的总部设计师发送消息，从而根据数据的分析结果来改变产品风格。

目前，ZARA拥有600多名专业设计师，所有的设计都在客户意见的基础上进行设计，不采取高端流行线路，而是根据本季度和目前客户需求，一年就能够设计出4万多种款式产品的惊人速度，创造了客户购买ZARA产品的奇迹。

同时每天结束业务后，店员除了库存工作外，还会对客户采购退货进行统计，结合柜台现金，交易系统做销售分析，退货率、产品赞誉度等数据情况，这些数据直接到ZARA存储系统。

收集大量的客户意见，并据此做出生产和销售决策，这种方法大大降低了库存率，根据这些数据，ZARA分析"区域流行"，在颜色、板材设计和生产方面，做最接近客户需求的市场细分。对每次销售出售的商品价格、时间、客户等数据的准确记录，是ZARA全球企业网络的魅力，总部决策部门可以使用自动化分析程序，从大数据中收集大量数据分析，总结和预测客户对产品的偏好，然后作为引入新决策的基础，存储数据资源已经成为ZARA不可或缺的强大备份，在节省人力，物力和时间成本方面，为公司更准确地预测商机，做出了巨大贡献。

小Y：说的是线下的店面吗，它线上店面数据怎么存储？

老师：这里说的它是基于线上和线下整个队大数据的运用。ZARA在六个欧洲国家同时设立网络商店，形成海量数据互操作性，这是ZARA在2010

第七章
大数据应用发展趋势与局限

年行业领先创新的举措，在2011年，ZARA在美国和日本分别建立了一个网络平台，建立网上商店，不仅增加了收入，同时还加强了双向搜索引擎和数据分析及预测能力，通过在线和离线闭环系统，商店运营过程中产生的大量数据可以直接反馈到生产端，使决策部门明确脉搏市场趋势，从而可以确定突破性的目标，ZARA在后台分析得时尚信息也可以第一时间传递给消费者，供他们选择并提供参考，据统计，网络商店的建立，ZARA的性能至少提高了10%，这是"大数据"的好处！

此外，网上商店除了促进交易行为外，还是在活动前上市产品的试金石，ZARA经常在网络上进行消费者意见调查，然后从网络反馈中检索客户意见进行数据分析，使产品进行引导改进。ZARA可以搜索网络上的时尚信息，掌握信息的能力更强。另外，海量数据作为网络上的物理店面测试前的索引，也是ZARA大数据应用的一个方面，这些客户数据，除了在生产方面的应用外，还在ZARA公司各部门内使用，包括客户服务中心、营销部门、设计团队和分销渠道，根据这些庞大的数据量，形成各部门的KPI（关键绩效指标，关键绩效指标），ZARA完成了垂直整合的主轴，可以预期在未来的时尚圈，除了设计能力外，大数据还将开辟更重要的隐形战场。

小T：它对大数据的处理有什么特殊之处吗？

老师：大数据最重要的功能是缩短生产时间，使生产端按照客户的意见，第一时间快速修正，ZARA从设计、制作、服装到货架，只需2周，而新的货物交付到世界其他地方只有36到72小时，当大多数服装品牌需要提前六个月时间库存时，ZARA库存率保持在15%至25%，如果突然出现新的趋势，ZARA可以立即跟上，这是很多竞争对手做不到的。

通过类似的信息反馈机制，如果ZARA发现产品畅销，他们将立即生产，所以在快速决策背后，感谢ZARA大部分生产基地位于西班牙总部附近，而其他品牌的原产地分散在亚洲，中美洲和南美洲，跨境通信的时间，延长了生产的时间成本，这样即使一天产生的客户意见的数据，也不能立即改进，信息分离和生产结果大大限制了大数据系统。

总之，大数据操作信息系统的成功关键是能够与决策过程紧密结合，对消费者需求的快速反应、纠正和立即决策，只有这样才能使企业在竞争中立于不败之地。

小T：大数据在医疗方面价值很大，能否具体说一下？

老师：我们知道随着老龄化，生态环境的恶化，食品安全和不健康的生活习惯越来越突出，中国癌症发病率持续上升多年，根据世界卫生组织发布的"2014年世界癌症报告"，2012年中国新诊断的癌症病例数为307万，年死亡人数为220万，分别占全球世界的21.8%和26.9%，成为世界上第一癌症大国①。目前，随着中国大数据技术的快速发展，疾病诊断和治疗与大数据的结合可以实现准确的医疗，从而有效地解决公共卫生领域的问题。

小Y：精准医疗如何与大数据结合应用？

老师：精确的治疗，作为疾病治疗和大数据技术的结合，可以影响和改变未来的医学、药物开发和使用模式，使诊断，治疗和药物更准确，精确的治疗方法正在成为现实，将成为疾病诊断和治疗应用的重点。

精确治疗是在基因测序技术和基因测序数据依赖大数据分析的前提下进行的，因此大数据分析将在精准医学中发挥重要作用。此外，实验室稳定性和操作专业知识的遗传检测有很高的需求，基于技术、成本等因素，目前医院基因检测服务，预测性格特征等相关服务模式将在未来几年内保持主流模式，大数据为基因检测服务行业提供了机会。

小T：大数据应用基于疾病诊疗方面解决哪些问题？

老师：遗传诊断，精密医学"核武器"。通过遗传诊断技术，可以做到"早期检测，早期治疗"，达到精确医疗的效果，使基因诊断成为精确医学"核武器"，遗传诊断中突破传统诊断方法，不再将疾病的表现作为推测疾病发生机制的主要依据，而是将大数据与云计算技术相结合，分子遗传学和分子生物学方法直接检测特定基因的结构或功能是异常的，因此诊断相应的疾病。

首先，人类基因组数据，电子病例信息和成像结果以及通过可穿戴设备收集数据的组合，使用大数据技术和遗传测试技术，科学研究基因组数据库，包括健康人类数据库和疾病数据库，探究基因组变化和其他健康因素影响疾病发展的过程。

其次，研究整合基因组和个体数据的数据库，通过筛选和解码个体患者样本，将个体基因测序和患者疾病的数据与大型基因组研究数据库进行比较，进行基因组关联分析，找到家庭和个人遗传缺陷的影响，发现异常调节基因的情况，评估疾病的风险，及时做出正确的医学诊断，避免临床误诊。及时检测癌症疾病、艾滋病、结核病及其他传染病等。

进行个性化治疗，随着科学技术的进步，个性化治疗的出现，正式打破了传统的"处方为同一疾病"的治疗，由于不同的药物对相同疾病的不同个体具有不同的治疗效果，因此需要不同的治疗方法，个体化治疗在准确诊断后进行，主要利用清晰编码的疾病基因信息，结合患者的蛋白质组、代谢组等相关内部环境信息，经过大量数据分析和筛选确定患者的疾病过程后，量身定做符合自身特点的治疗方案，使治疗最大限度地发挥最小化副作用的效果。

---

① http://roll.sohu.com/20150520/n413379818.shtml

第七章
大数据应用发展趋势与局限

小D：在新的医疗研发模式上，大数据有哪些方面的作用？

老师：这个问题很好，这就是我准备和你们讨论的，我们经历了几十年的发展，中国医药行业进入了一个缓慢的增长阶段，市场需求一直难以突破发展瓶颈，供应方结构改革一直处于箭头方向，供应方的改革不能依靠政策激励，制药企业也应该利用自身发展的信息技术积极改变研发生产模式。目前，制药公司一般面临药品研发成功率下降，产品线停滞，大数据作为信息技术产品的发展成为解决这一问题的有效途径。

小U：怎么基于大数据进行医疗的研发？

老师：谷歌研究和斯坦福大学潘德实验室联合发表了"大规模多任务药物发现网络大规模多任务网络的药物发现"一文，该文章揭示了来自各种来源的分子化合物的筛选可以用于加速有效药物的开发，并且使用大数据技术证明实验数据的量和预测的准确性之间的正相关性，为药物筛选提供了理论基础。

"大数据+医疗供应"是利用大数据技术收集实验室数据、临床数据、公开研究数据、智能设备等数据，将其进行整合、挖掘、分析，从而确定化合物潜在的有效作用，帮助企业提高药物研究和临床试验的效率，更加科学，全面的评价疗效。

小P：大数据和医药供给侧改革解决方案，主要实现哪些方面的功能？

老师：主要实现以下两大功能：

1．研发决策支持。（1）药物重新定位，即使用新药。新药研发需要强大的财力支持并伴有高风险，新药的使用是不可或缺的药物开发，整合临床数据，研究数据，药物使用案例数据和患者数据，使用大数据技术结合生物信息学、遗传学和其他分析，重新筛选，组合发现新的药物。（2）创新药物开发。在新药开发阶段，分子生物学，化合物数据和临床数据的结合，利用大数据技术建立预测模型，成功开发成药物化合物。另外大数据技术还可用于分析网络搜索记录，预测公众对药品需求的趋势，确定投入产出率的高效率，合理配置有限的研发资源，节省研发成本。

在研发管理上，积极打破研发部门内部的信息障碍，以及外部研究机构连接动态研究信息，制药公司不仅可以提高其内部协作能力，还可以实时获取更多数据，结合这些数据和临床数据，并通过大规模数据技术模拟不同阶段的研发，可以提供更多的方向来控制研发风险。

2．科学评价疗效。基于大数据的疗效分析可以避免基于少量药物使用与局部最佳结果获得的情况，使用大数据技术建立了某种疾病的药物使用数据库，提取患者的基本信息，包括基因组数据，过敏史和病史。另外，根据智能穿戴设备传输实时数据，也可以进行功效分析，也可以搜索诸如在线医生社区，论坛和电子病历的信息用于获得患者体验和不良反应，采集、分析这些数据可以用于识别药物安全信号，从而提供援助。

老师：我们关注的遗传神秘也是在大数据的产生下逐渐破解，我们知道随着生物技术，大数据技术的发展，通过个人基因测试治疗疾病已成为现实。中国基因组学一直致力于肿瘤基因组研究，已研究了20多种癌症，共有国内外12000多个样本，超过1.5P（1P为1T 1000倍）数据，华达基因还启动了肿瘤基因检测服务的自我研究，利用高通量测序手段对癌症患者进行癌症相关基因分析，肺癌、乳腺癌、胃癌等常见高发癌率的早期，创伤检测。

小M：肿瘤基因检测服务基于大数据下是如何进行的？

老师：肿瘤基因检测服务分为四个主要步骤，即：样品，基因测序，数据分析和报告反馈[①]。首先，取患者样本，测序获得基因序列，然后进行大数据技术和原始基因比对，锁定突变基因，通过分析做出正确的诊断，对肿瘤药物与突变基因之间的关系进行全面、系统、准确的解释。同时根据患者的个体差异，协助医生选择正确的治疗方案，开发个性化治疗方案，实现同一疾病或不同治疗疾病的同治，从而延长患者的生命。目前遗传检测一直面向大众，惠及人民，我们享受它带来的精度，效率，也面临着巨大的挑战，因为完全测序的人类基因组包含数百千兆字节的数据，所以在解释上有很大的困难，需要精湛的大规模数据分析技术，尽管如此，我们相信随着高科技的进一步发展，个性化医疗服务的基因测序将是趋势。

7.2 大数据的发展趋势方向

老师：2013年中国大数据技术白皮书指出，网络大数据、金融大数据、健康医疗大数据、企业大数据、政府管理大数据和安全大数据将成为2014年最具发展优势的六大应用领域，今天我们一起探讨一下它未来的发展趋势。

小R：大数据的发展实在太快了，一般每一个事物或者事件的发展都有其发展的趋势规律，大数据有没有类似的发展趋势？

老师：关于大数据的发展趋势，许多专家学者已经探讨，发展趋势总结如下几点：①数据资源。大数据已经成为企业和社会关注的重要焦点，其重要性是不言而喻的，大数据作为一家公司的重要竞争战略资源来，甚至对一个国家的成败都起到了关键的作用，使用大型销售数据公司可以做精密营销，因此，如果企业要及时抓住市场机遇，使自己处于竞争优势，就必须推进大规模数据营销战略的发展。②与云计算的集成深度。近年来，云计算和大数据，正在成为信息时代的热门话题，此外，物联网、移动互联网等新兴

[①] 王赵琛. 医学情景下基因检测的伦理学探究[D]. 北京协和医学院，2014.09.

计算模式，也势必积极推动大数据革命，使大数据在营销方面发挥更大的影响力。

③数据泄漏。大数据技术使我们可以把自己的记录、视频文件、图片文件和文件放在云中的文档，使我们可以随时随地查看和数据同步，提高方便性，企业还可以操作、营销、生产一系列产品数据，也可以使用云收集整个行业相关信息，最终通过移动终端将能够快速获得生产和运营的相关数据报告和未来趋势预测。

总之，大数据的发展趋势很难定位，但是我们每个人的未来肯定会与大数据不可分割，我们将生活在大数据时代，未来大数据资源将真正成为核心业务或国家竞争力。

7.3 大数据挑战和机遇

老师：我们知道大数据将强烈影响人们的想法，单向、孤立、静态视图是缺乏大数据思维的典型特征，大数据时代"独立版权"将撤退到第二位，信息技术本身的重要性已经让位于数据资产的重要性，数据治理需要关注"数据质量"，包括数据的正确性、数据质量、完整及一致性，目前缺乏必要的法律法规来定义数据资产的所有权和使用权，客观存在的数据资产以商业价值和侵犯隐私之间存在矛盾，缺乏系统的约束也成为了限制大数据开发的关键因素。

老师：就目前来讲，我们大多数还缺少大数据思维和意识，没有紧迫感。

有人曾问，大数据开发使用的技术，工具等是什么，其实大数据本身是一种思维方式，它可以判断行业的发展趋势，选择公司战略，同时还涉及到技术层面如何实现的问题，以企业为例，目前存在四个典型的单方面理解阻碍企业家完成数据：第一是认为是一种炒作，二是单方面理解，三是视力狭窄，四是只有技术方面的理论，这些都是缺乏对大数据性能的认识，虽然还有其他各种客观原因，但企业家的意识形态理解，阻碍了大数据的深入应用。

首先，这只是另一个炒作。这是最常见的错读类型，如果把大数据归因于炒作一种方式，行业上肯定会错过竞争机会，大数据和以前的技术概念有很大的不同，最大的区别是大数据已经远远超出了技术、互联网、智能终端的概念，社交网络已经到了一定的发展阶段，大数据的发展成为必然，过去，信息技术一直在提高企业运营的效率，而大数据将企业智能运用推广到企业决策中心。

第二，单方面理解。有人听说大数据，说10年前我们就有很多数据，单以前说的大量数据与现在的大数据概念是不一样的，事实上，海量数据是大数据的特征之一，但大量数据与大数据不同，大数据更强调数据的多样性、及时性。Web日志、文档、视频、图片等都是大数据关注和处理对象，更重要的是，大数据技术总是需要尽可能快地发现决策信息，快速测量单位不超过1秒，实时要求和强调数据的多样性也是大数据的重要特性，如果说大数据仅仅是在于数据量上，这种说法太片面。

　　第三，视野狭窄。只是在自己的理解范围内，很难了解大数据的所有魅力，大数据的出现，肯定会推动新产业的诞生，同时会使一些行业死亡，几乎所有行业的竞争格局都将是大数据颠覆，作为投资者，还是公司的决策者，如果你不能建立行业竞争的战略思维，还不够谈论大数据。

　　以企业在线服务市场为例，这个看起来很朝阳的产业，并没有在中国取得引人瞩目的成长，国内最大的几家公司，营业收入大约1亿元左右，前段时间和业内人士辩论能否免费为企业提供在线服务，大多数业界人士认为企业市场与个人市场不同，企业客户担心免费服务的质量，不收钱人家反而不敢用云，事实上，已经有公司免费为企业提供在线的企业管理服务，其盈利模式变成为它的在线客户提供金融贷款业务，在线业务加小额贷款服务已经成为极具颠覆性的商业模式，这种商业模式如果进展顺利，传统的在线服务商，将面临行业性的灭顶之灾，这种新模式，其核心竞争力体现在拥有大量的、真实的客户运营数据，借助对这些数据的收集分析，预测客户的运营风险，最大限度的降低借贷违约风险，阿里巴巴公司刚刚提出的平台、数据、金融的战略，则是大数据前景的最佳诠释。

　　广告产业将重新洗牌。大家都知道广告预算至少有一半被浪费掉，可悲的是不知道浪费的是哪一半，借助大数据，广告将变得及时和精准，而且能够评估量每个渠道的广告效果，看起来具有非常诱人的前景，广告主将大大节约资金，消费者也得以避免垃圾广告的骚扰，理论上，如果大数据技术得到充分运用，那么我们每个人将不会收到垃圾信息，在日常消费中，冲动型的购买决策越来越普遍，商家必须在消费者最感兴趣的时候，及时触发刺激消费者的购买欲望，离开大数据的支持，这种精准的营销则难以实现。

　　制造业将重新定义核心竞争能力，在制造业发展的不同阶段，其核心竞争力是不同的，在发展初期，产品质量是非常重要的因素，就是能够做到人有我优，这个阶段的关键资源是拥有先进的生产设备，产品同质化后，对于渠道的掌握和控制成为生命线，关键资源是优质经销商队伍，当渠道成熟到一定的阶段，谁能掌控终端，谁将占据竞争优势，关键资源终端营销团队，考察制造业关键资源的迁移，我们发现它逐渐向最终用户端迁移，换句话说，谁能掌握最终用户，谁就能笑傲江湖，这方面例子还有很多，各行各业都不在少数。

第七章
大数据应用发展趋势与局限

第四，技术理论。大数据是一种思维方式，并且没有数据的大小，使用任何技术，没有严格的正相关。没有最新的技术，你可以从数据资产中获利，即使用最先进的技术，缺乏数据思维，也没有数据资产，往往是徒劳的，不能简单地认为只有在hadoop（指大数据技术）发展的新兴公司，是大数据公司，不能认为没有技术不是一个大数据公司，相反，在大数据领域，那些缺乏公司数据资产的人，往往可以点江山，主宰大数据既不等于数据挖掘也不等于统计分析，也不等于人工智能。大数据技术和算法需要大量的数据支持，使用相同的算法，如果你使用所有的数据集，而不是一个小的样本大小，甚至得出不同的结论，这是大数据的魅力，他可以掌握宏观规模的趋势，但也可以预测微粒的未来。

小U：感觉挺起来有点复杂哪？在障碍上还有其他方面吗？

老师：数据治理缺位，数据割据、数据孤岛和数据质量，是典型的三大数据治理问题。如系统的局部性和局限性，导致数据分散的现象，称之为"数据分离"，由于技术差距，历史问题等数据分散现象，称为"数据岛"。数据分离现象存在于国家各部门之间，各地区之间，大企业内部的数据分离现象普遍存在。

中国政府面临着更严重的数据分离困境，数据保护主义只是信息领域部门保护主义的延伸，有必要在国家层面引入顶层设计，以从上而下消除数据共享的障碍，并建立一种共享数据和分享利益的机制，改进数据分离的问题。

数据质量直接影响数据资产的价值，数据的质量主要包括数据的真实性、完整性和一致性，数据质量的解决非在一时，需要技术、制度、文化等各方面的努力，如果数据分析基于资产与价值方面，那数据质量是需要面对第一个问题。

小H数据资产有没有专门的界定？

老师：关于数据资产的定义和安全性，越来越多的政策问题将其变得越来越重要，越来越多的数据被数字化并跨组织边界流动，但不限于隐私、安全、知识产权和责任，显然，随着海量数据的价值明显性的增加，隐私是一个重要的问题（特别是对消费者而言）。个人数据，例如健康和财务记录，往往能够提供最重要的福利，例如通过帮助确定适当的医疗护理或最适当的金融产品，然而消费者将这些类别的数据视为最敏感的个人隐私，显然，社会和个人之间必须努力平衡数据隐私和数据之间的权衡。

另一个密切相关的问题是数据安全，例如如何保护竞争数据或其他应该保护私有的数据。，最近的例子表明，数据窃取不仅暴露了消费者个人信息和企业机密信息，而且暴露了国家安全秘密，通过技术和政策工具解决数据安全问题将是至关重要的，因为数据窃取现象越来越严重。

大数据的经济意义与价值也标志着一系列法律问题，特别是当数据与许多其他资产存在一致时，数据可以与其他数据组合，很容易进行复制，相同的数据可以由多个人同时使用，这些是与实物资产相比独特的数据，知识产权附加到数据的问题是不可避免的，谁拥有数据，如何合理使用数据变成重要问题，而"合理使用"数据的定义是什么？此外，还有与责任相关的问题，当不准确的数据导致负面结果时，谁负责？这些法律问题需要澄清，以最大限度地发挥大量数据的潜力。

大数据人才的缺乏。即使政府和企业意识到大数据可以打开下一波经济增长潜力，认识到数据资产是企业未来的命脉，但是，如果要成功使用大数据技术实现业务战略目标，最大的制约因素往往是缺乏大数据人才，这已经成为推动大数据技术使用的致命弱点，但很多高校近期的举动令人欣喜，北京大学、上海交通大学、中国人民大学、北京航空航天大学等大学都在建立数据科学研究机构和引进相关专业人士，未来也许数据科学家将是受到尊重的职业。

老师：马云说过"大家还没搞清楚Pc时代的时候，移动互联网来了，还没搞清楚移动互联网的时候，大数据时代来了。"大数据时代的到来，对于我们来说，的确有些匆忙和突然，说实话，前面的PC、移动互联网，人们还没搞清楚，大数据时代就已经来了，大数据时代究竟是怎样的时代呢？在这个时代我们享受便利的同时，又会面对什么样的新问题那？

小U：大数据不是万能吧？

老师：虽然大数据可以产生一些价值，但无论在过去，现在和未来都不能描述它为万能。换句话说，无论数据的规模有多大，覆盖范围有多广，数据永远不会结束。因此，大数据不是万灵药。

认为大数据是万能的人往往不了解预测分析方面的局限性，数据预测分析是预测未来行为趋势的好工具，但不是预测未来的魔法晶体，预测分析通过假设当前的情况和趋势保持不变来预测未来。如果有任何东西干扰或显著改变其路线，则先前的预测分析将不再适用，管理者和数据爱好者必须明确这一点，以便正确使用信息。此外，大多数大数据科学团队仍在开展相当基础的项目和实验，大多数人仍然根本不能操作复杂的项目，如果管理层预期太多，可能会在早期阶段失望，这对数据科学团队和企业高管来说不是一件好事，事实上可能会导致大数据项目和所有努力报废，因此，最重要的是从期初进行理性地调整，采取最适合的处理数据的信访室，并最快地传达所需要得信息，这是数据分析的一项重要因素。

小F：我觉得在大数据时代下，个人都没有隐私了吧。

第七章
大数据应用发展趋势与局限

老师：这是其中一点吧，在大数据时代环境下，我们同样会面临像刚才这位同学所说的这些类似的非技术问题，总结下来主要有个人隐私泄露问题、政策监管问题、市场垄断问题、个性发展问题、智力分化问题以及组织安全问题。

小E：个人隐私泄露问题靠技术不能解决吗？

老师：这不是一个单纯的技术问题，我们知道大数据时代是数据突发的一个重要特征，各种数据，无论是公共还是私有，过去或现在，虚拟或物理，都将在网络中普遍存在，这些数据存在泛化，就像空气一般在人周围扩散，加上当前的信息感知技术正在增加，那些与个人隐私相关的数据被其他人获取，这些在技术上都是可能的，所以，我们目前问题在于人们如何保护他们的数据，而不被其他人窃取，每个人对于保护隐私数据安全问题很重要，因为一旦数据泄露，由个人本身造成的损害将非常大，大数据风险，可能出现在一个小的不显眼的细节，一个小的错误，可能造成不可挽回的损失。

小M：比如有人窃取照片之类的都属于吧。

老师：是呀，闹得沸沸扬扬的好莱坞艳照事件，此次艳照事件的起因疑为一些外国黑客利用苹果公司云盘系统的漏洞，非法盗取了众多全球当红女星的裸照，继而在网络论坛发布所引起，从这件事件中，我们不难发现，随着大数据技术的进步，窃取私密信息将成为越来越容易的事情，这就给大数据时代提出了新要求，如何避免隐私泄露的问题。

小X：政策监管方面的问题指的是什么？

老师：在数据采集技术日趋成熟的大数据时代，虽然可以通过建设反病毒、防火墙等技术手段，来减少隐私泄露的代价和提高泄露的难度，但要真正保障每个个体的隐私和安全，除了技术手段，还需要法制手段，需要国家在政策方面加以监管，做好更高层面的筛查，保证大数据技术真正为社会所用，发挥其正面作用。

小R：在大数据时代下，也存在市场垄断的问题吗？

老师：是的，大数据时代的数据是多样的，不同类型、不同结构、不同层次、不同大小的数据是由人们随时产生的，然后通过人工集中形成一个数据库，通过技术手段来组织、分类、分析、判断和汇总，形成所有类型的组织和个人的信息市场，但这种对数据的分析，倾向于在某些技术上有这资本实力，垄断的大公司，而一些技术较弱的公司可以访问数据，以及使用的数据质量相对较低，那么如何使这些数据真正被大众使用，为更多的人服务呢？这与大数据时代面临的非技术问题一致。

小T：它会影响个性发展吗？

老师：不能否定，在大数据时代，人们能够获得越来越多，甚至是同步的信息，这虽然大大方便了人们的生活．但也引发了一些问题。那就是我们每天接收到的信息越来越雷同，有个性、有特色的信息越来越少。比如，经过科学地分析各种数据，相关应用软件可以告诉我们穿什么样的衣服，说什么样的话，如此一来每个人都可以被打造成完人，就如同今天韩国那些整容后的人造美女一般，看起来虽美却让人心颤，缺少了真实与个性。

小Y：在大数据时代下，智力分化会越来越严重吗？

老师，在大数据时代，这个问题不仅是可能的，而且有恶化的趋势，在大，数据时代下，高科技的要求使得掌握这些技术的人们必须使用各种方法来获得丰富的知识和足够的资源，以快速提高他们自己的水平，在这种情况下，这部分人的智力水平很可能会大大提高，另一方面，技术的发展使得普通人的生活更加方便，如购物，相关软件会告诉我们什么品牌的产品更适合我们，什么时候产品的价格最优惠，所以，人们甚至不会需要思考，就很容易用最有利的价格买到最需要的东西，在这样简单的情况下，生活的各个方面，很多人会失去主观性，这些人的智商是否会因此变得更弱化？这是一个令人关注的问题。

小S：对于企业、机构等各种组织来说．大数据在产品开发、市场营销等方面存在着各种优势，能够给人们提供海量数据，帮决策者提高洞察力，帮企业对消费者有准确掌控等优势，对于组织安全指的是哪方面的问题呢？

老师：优点和风险总是共存的，我们说个人，企业，组织在获取信息的同时，自己的信息也可能被盗，泄露个人信息，企业的损害相对较小，而对于组织，国家安全问题，这个问题不能忽视。

总之，大数据时代，最困难的问题不是技术问题，安全问题是比技术本身更难以处理的问题，与此同时，人们面临的技术问题外带来的麻烦和挑战也更加困难，因此，在大数据时代除了考虑技术问题外，非技术问题需要更多的关注，,,，只有真正解决这些问题，大数据时代才能带给人们真正的实质效益。

小S：那基于它的极限挑战性，有没有可以采取的措施哪？

老师：正在研究和实施一些措施，主要在三个方面：①引入大数据战略规划，加强政策指导和支持作为新的商业模式和技术，以促进大数据产业的健康和可持续发展，不仅要在企业内部开发自己的大规模数据开发战略规划，国家还应尽快介绍大数据战略规划指南的制定或者政策引导数据产业，高效稳定发展。②高度重视基础软件研发，确保大数据的稳定发展。大数据正在快速发展，存在许多用于大数据开发的技术或方法，然而，为了更有效地发展大数据行业，必须高度重视基础软件的开发和升级，保证质量和保证

第七章
大数据应用发展趋势与局限

速度,让新技术应用于大数据产业,积极抢占大数据生态系统的主导作用,让解决数据存储,分析和检索问题的软件产品始终占据生态系统的领先地位。③深化大数据的应用,智能布局城市的大规模数据的快速发展,使尽可能让城市布局变得更合理,目前大数据被广泛应用于各个行业,它可以通过数据收集、数据挖掘、数据过滤和强大的、计算系统跨部门、跨区域的大数据进行快速数据处理,对相关行业进行具体方案的应用,帮助企业健康发展,因此,大数据可以用于城市、农业,工业和服务业的建设中,可以使用大数据进行数据分析和管理,大数据将是城市建设的驱动力,而城市建设是大数据深化的进一步应用。

小F:哪大数据在安全性上有没有要求?

老师:当然,正如Gartner所说:"大数据安全是一个必要的斗争",信息数据安全已成为大型企业部署数据的第一问题。

首先,大数据网络更有可能成为攻击目标,网络大数据社会提供开放的环境,在不同地区的资源分配可以快速集成,实现数据和计算资源集中存储,大数据平台包含大量数据和巨大潜在价值的大型数据集群,成为攻击者、黑客等攻击的目标,他们也有比较先进的攻击技术和方式,系统一旦被攻击,数据被窃取量巨大,造成的损失会很严重,所以在大数据时代,网络安全可以说是至关重要的。

小Y:大数据安全问题主要体现在哪里?

老师:如何进行大数据安全访问控制,安全审计、安全监控等都是问题,数据时代的应用安全性比传统IT应用安全问题更突出,主要体现在以下几个方面:

(1)大型数据集群在上线时经常运行各种类型的应用程序(统称为作业),这些作业将访问各种硬件和软件资源,如CPU/硬盘/网络/内存和各种业务数据,群集下的数据,作业和资源的安全访问和隔离是一个巨大的挑战.

(2)同一个集群可能共存更多的计算框架,以确保不同的应用程序,相同或不同的计算框架之间的安全性更加困难。

(3)专用于作业权管理,即如何实现从客户端访问、作业提交、作业执行、作业监视、作业资源管理等端到端的全流程权限控制。

(4)大量的数据服务,如何通过各个组件之间的权限来控制,服务的安全管理是必须解决的问题。

(5)大数据服务访问控制、如数据和应用访问控制、集群管理访问控制、Web访问控制、如何访问审计。

(6)大数据用户认证,授权和企业拥有权限系统和大数据访问控制也是一个难题。

(7)数据传输安全管理,保证数据传输过程的安全性。

因此,大型数据系统的建设需要根据系统的特点,整体规划与安全相关的部署,建立大型数据安全系统,当然,我们还需要认识到安全是一个全系统的工作,投资的安全性可以说是没有尽头,它还需要根据项目的需要,安全工作的边界,安全规划和资源投入达到合理平衡。

参 考 文 献

[1] 韩国《新华报》

[2] 王武彬，大数据浪潮中的传媒业一兼谈大数据讨论的若干误区，新闻记者，2013年．

[3] 夏海元．面向Big Data的数据处理技术概述[J]．数字技术与应用，2012（3）：179-180．

[4] 严霄凤，张德馨．大数据研究[J]．计算机技术与发展，2013（4）：1-5. YAN Xiao feng, ZHANG De xin. Big Data Research[J]. Computer Technology and Development，2013（4）：1-5．

[5] 陈坚《大数据架构师指南》[M]．清华大学出版社，2016（05）：22-101．

[6] 覃雄派，王会举，杜小勇，等．大数据分析——RDBMS与Mapreduce的竞争与共生[J]．软件学报，2012，23（1）：32—45．

[7] 张意轩于洋．人民日报：大数据时代的大媒体[EB/OL]．[2013-01-17]．http：//www. peopledaily. me/ar-chive/6797．

[8] ESnet，Network introducing ESnet5：The fifth genera_tion of thr ener-guSciences network a new 100gigabit persecond nationwide platform for science discover [EB/OL]．[2013-07-24]．http：//www. es. net/intro-ducing-esnet5．

[9] 余长慧，潘和平．商业智能及其核心技术[J]．计算机应用研究，2002（9）：14-16，26．

[10] 熊忠阳．面向商业智能的并行数据挖掘技术及应用研究[D]．重庆：重庆大学，2004．

[11] FOSTERi，ZHAO Y，RAICU I，et at. Cloud compu-ting and grid computing 360-degree compared[C]. // Proceedings of the Grid Computing Environments Workshop2008 GCE. Austin：IEEE，2008：1-10．

[12] BBC纪录片．地平线．大数据时代．大咖汇．http：//dakahui. com/p/9696. html. 2013-07-12．

[13] 陆嘉恒．Hadoop实战[M]．北京：机械工业出版社，2011. 09 1．

[14]（美）怀特（White. T）著，周敏奇，王晓玲，金澈清，钱卫译. Hadoop权威指南[M]．北京：清华大学出版社，2011. 07 8～9．

[15] 百度百科. http：//baike. baidu. com/albums/908354/908354/1/0. html#0$．

[16] 炼数成金云计算．http：//www. DATAGURN. cn．

[17] 蔡斌，陈湘平著. Hadoop 技术内幕：深入解析 Hadoop Common 和 HDFS 架构设计与原理实现. [M]. 北京：机械工业出版社，2013. 03 4~5.

[18] 赵磊. 各种分布式文件系统简介[J/OL]. http：//elf8848. iteye. com/blog/1724382，2012-11-13

[19] 董西成. Hadoop 技术内幕：深入解析 MapReduce 架构设计与实现原[M]. 第一版. 北京：机械工业出版社，2013-05：91-93.

[20] 李建中，刘显敏. 大数据的一个重要方面：数据可用性[J]. 计算机研究与发展，2013（6）.

[21] 孟小峰，慈祥. 大数据管理：概念、技术与挑战[J]. 计算机研究与发展，2013（1）.

[22] 荆涛，王仲. 光学字符识别技术与展望[J]. 计算机工程，2003（2）.

[23] 覃雄派，王会举，杜小勇，等. 大数据分析—RDBMS 与 Ma-pReduce 的竞争与共生[J]. 软件学报，2012，23（1）：32—45.

[24] 潘昊；鄂海红；宋美娜等. 布隆过滤器在网页消重中的应用[J]. 软件学报，2015，12.

[25] Stahno M, Wrembel R. RLH: bitmap compression techniquebased on run—length and Huffman encoding[J]. InformationSystem, 2009, 34（4—5）：400—414.

[26] Urbani J, Maassen J, Drost N, et al. Scalable RDF data com-pression with MapReduce[J]. Concurrency and Computation: Practice & Experience, 2013, 25（1）：24—39.

[27] Liang Gan, Li Runheng, Jia Yan, et al. Join directly on heavy—weight compressed data in column—oriented database[C]//Proceedings of the 11th international conference onweb—age information management. [s. l.]：[s. n.], 2010：357—362.

[28] 林士杰. . ID3算法、朴素贝叶斯算法和BP神经网络算法的比较和分析研究[D]. 内蒙古大学，2013.

[29] 李国杰，程学旗："大数据研究：未来科技及经济社会发展的重大战略领域——大数据的研究现状与科学思考"，《战略与决策研究》，2012 年 06 期.

[30] 张平："故事里的大数据——从求因果到重相关"，《企业管理》，2013 年 04 期.

[31] 吴祐昕："互联网大数据挖掘与非遗活化研究"，《新闻大学》，2013 年 03 期.

[32] 王通讯："大数据与人才管理升级"，《中国人才》，2013 年 17 期.

[33] 林小勇："云服务下信息用户隐私权保护"，《图书馆学研究》，2010年07期.

[34] 康书生，曹荣，《互联网大数据技术在融资领域的应用研究》，金融理论与实践，2014（1），108-110.

[35] 谢平，邹传伟，《互联网金融模式研究》，金融研究，2012（12），11-18

[36] 张君燕，《移动互联网时代的商业银行运营框架重构》，商业银行经营管理，2013（5），46-48.

[37] 冯娟娟，《互联网金融背景下商业银行竞争策略研究》，现代金融，2013（4），14-16.

[38] 张超，《商业银行发展电子商务市场策略研究》，吉林金融研究，2012（9）36-38.

[39] 维克托，迈尔-舍恩伯格，《大数据时代》浙江人民出版社，2012.

[40] Bill Franks，《驾驭大数据》，人民邮电出版社，2013.

[41] 闫冰竹，《大数据时代的银行业发展》，中国金融，2013（10），19-20.

[42] 蔚赵春，《商业银行大数据应用的理论实践与影响》，上海金融，2013（09）.

[43] 范彦君，《大数据时代银行资产管理业务探索》，银行家，2013（11）.

[44] 井华，《大数据时代下的互联网金融》，国际融资，2013（11）.

[45] Google App Engine Blog. Back to the Future for Data Storage[EB/OL]. http：//googleappengine. blogspot. com/2009/02/back-to-future-for-data-storage. html

[46] Wikipedia. Amazon. com[EB/OL]. http：//en. wikipedia. org/wiki/Amazon. com

[47] 张亚勤. 与云共舞——微软云计算的新进展[J]. 中国计算机用户，2009，（2）：12-13.

[48] 郝益勇. 提升移动网络用户体验质量的理论与方法研究[D]. 北京邮电大学，2012

[49] 石嘉. 基于流行度的Web缓存与预取模型研究[D]. 北京：北京理工大学，2006

[50] 石嘉，张岳，裴云霞等. 基于Web对象流行度的PPM预测模型. 小型微型计算机系统，2006，7（27）：1378-1583.

[51] Venkataramani A, Yalagandula P, Kokku R, et al. The potential costs andbenefits of Iong2term prefetching for content distribution[J]. Computer-Communications, 2002, 25（4）：3672375

[52] Wu B, Kshemkalyani AD. Objective2greedy algorithms forlong2term-Webprefetching[C] PPProc of the 3rd IEEE IntSymp Network ComputingandApplications. Los Alamitos, CA：lEEEComputer Society, 2004：61268

[53] Davison B D. Predicting web actions from html content[C]//Proceedings of thethirteenth ACM conference on Hypertext and hypermedia. ACM, 2002：159-168.

[54] 刘丽文.服务运营管理[M].清华大学出版社有限公司，2004.

[55] Gabrielli A, Caldarelli G. Invasion percolation and critical transient in theBarabasi model of human dynamics[J]. Physical review letters, 2007, 98（20）：208701.

[56] 韩晶，宋美娜，大数据2[J]. ZTE TECHNOLOGY JOURNAL. 2013. 4

[57] 陈立玮，冯岩松，赵东岩.基于弱监督学习的海量网络数据关系抽取[J].计算机研究与发展，2013（9）.

[58] 李建中，刘显敏.大数据的一个重要方面：数据可用性[J].计算机研究与发展，2013（6）.

[59] 李宾、刘淑媛、刘衍珩.基于散列表的快速分组分类算法[J].吉林大学学报，2005（06）.

[60] 王元卓，靳小龙，程学旗.网络大数据：现状与展望[J].计算机学报，2013（6）.

[61] 李军.大数据：从海量到精准[M].北京：清华大学出版社，2014.

[62] CHUNK L M. Hadoop实战/（美）[M].北京：人民邮电出版社，2011.

[63] 卢辉.数据挖掘与数据化运营实战：思路、方法、技巧与应用[M].北京：机械工业出版社，2013.

[64] 李涛等.数据挖掘的应用与实践：大数据时代的案例分析[M].厦门：厦门大学出版社，2013.

[65] 张晓波.浅谈分布式内存数据库系统设计[J].计算机光盘软件与应用，2011，（7）：7-11.

[66] 张龙，肖琬蓉.集群数据库内容管理系统的设计与实现[J].情报杂志，2012，（2）：23-25.

[66] 陈洋，罗四维.异构数据库数据集成的研究与发展[J].计算机技术与发展，2006，16（7）：192-194.

[67] 殷晓岚，付远彬，李京. 企业数据集成模式的研究[J]. 计算机工程与应用，2002，12：253-255.

[68] Diego Calvanese, Giuseppe de Giacomo et al. Data integration in data warehousing[J]. Computer Science，2001，10（3）：237-271.

[69] 马得云，俞时权等. 异构数据库的集成[J]. 计算机工程，2002，28（10）：283-284. [6] Hernandez，M. A. Stolfo. Real-World data is dirty：data cleansing and themerge/purge problem[J]，Data Mining and Knowledge Discovery，1998，2（1）：9-37.

[70] 谷岩，冯华. 利用数据仓库技术解决异构数据库的集成问题[J]. 计算机应用与软件，2005，22（6）：24-26.

[71] 卢峰，李昕等为什么是中国——"一带一路"的经济逻辑[J]. 国际问题研究，2015，第3期，9-33.

[72] 孙兵率，基于MapReduce的数据挖掘算法并行化研究与应用[D]. 西安工程大学，2015.